教育部产学合作协同育人项目配套教材

高等院校动画与数字媒体专业系列教材

3ds Max

三维动画设计与制作　第三版

唐杰晓　　赵媛媛　主编

罗　雪　李艳霞　刘珍珍　副主编

化学工业出版社

·北京·

内容简介

本书从当前动画技术发展和岗位人才需求的实际出发，通过 46 个实践性案例，由浅入深、循序渐进地介绍了 3ds Max 软件的常用概念和基本操作。全书共 10 章，内容涵盖三维动画的概念及发展，3ds Max 软件基础知识，基础建模，高级建模，材质、贴图与渲染，灯光与摄影机，基础动画制作，高级动画制作，MassFX 物理模拟引擎，粒子系统及空间扭曲等。

本书采用"功能介绍—课堂案例—课堂实训—课后拓展"的编写思路，力求通过软件功能解析，使读者深入学习软件功能和基本制作技能；通过典型案例演练，使读者快速掌握软件功能和艺术设计思路；通过课堂实训和课后拓展，拓展读者的实际应用能力。书中所有案例、课堂实训均配有微课视频，扫书中二维码可查看。教师登录化工教育网可下载课件、教案、教学大纲。本书配套的文件包含有书中所有案例、课堂实训、课后拓展的贴图文件和 3ds Max 源文件，可登录化学工业出版社官网，搜索本书，在"资源下载"处免费下载使用。需要说明的是，案例源文件需用 2024 版软件打开，如果无法打开，可转换版本后打开。

本书可作为高等院校动画、数字媒体、游戏设计及其他艺术设计类专业的教学用书，也可作为相关培训机构的培训教材，以及动漫、影视等相关行业人员的参考用书。

图书在版编目（CIP）数据

3ds Max 三维动画设计与制作 / 唐杰晓，赵媛媛主编.
3 版. -- 北京：化学工业出版社，2025. 3. --（教育部产学合作协同育人项目配套教材）（高等院校动画与数字媒体专业系列教材）. -- ISBN 978-7-122-47247-2

Ⅰ. TP391.414

中国国家版本馆 CIP 数据核字第 2025RM5625 号

责任编辑：张　阳　　　　　　　　　　文字编辑：谢晓馨　刘　璐
责任校对：李雨晴　　　　　　　　　　装帧设计：张　辉

出版发行：化学工业出版社（北京市东城区青年湖南街 13 号　邮政编码 100011）
印　　装：中煤（北京）印务有限公司
787mm×1092mm　1/16　印张 14　字数 371 千字　　2025 年 8 月北京第 3 版第 1 次印刷

购书咨询：010-64518888　　　　　　　售后服务：010-64518899
网　　址：http://www.cip.com.cn
凡购买本书，如有缺损质量问题，本社销售中心负责调换。

定　　价：69.80 元

PREFACE 前言

进入21世纪以来，随着国家经济的迅猛发展和人民物质生活水平的不断提高，广大群众的精神文化需求日益增长。在国家大力提倡发展文化产业的背景下，国内的动画产业得到空前的发展。新的人民需求、社会需求、时代需求要求国内动画教育工作者和动画设计人员紧密结合动画产业发展趋势，不断学习动画产业的新技术、新思想，成长为满足新时代动画产业发展要求的高素质人才。

目前各种AI软件和平台的出现，为艺术行业带来更多可能，尤其是市面上出现的一些AI建模、AI动画的软件，为影视动画行业发展提供了更多的便利。但即便是AI生成的模型和场景，也需要通过三维软件进行编辑和修改。因此，掌握三维软件的使用方法具有重要意义。3ds Max软件是主流三维软件之一，它由Autodesk公司出品，功能强大，易学易用，深受国内外三维动画、影视特效、游戏制作人员的喜爱。目前，我国大部分高等院校的影视动画、数字媒体、游戏设计等专业将3ds Max软件的学习和应用作为重要的专业核心课程内容。

本书紧密结合当下影视动画技术的发展和岗位人才的实际需求，建立了完善的3ds Max软件知识结构体系，从软件基本操作入手，采用"功能介绍－课堂案例－课堂实训－课后拓展"的思路编排，力求通过软件功能解析，使读者快速熟悉软件的各项功能和操作方法；通过项目案例演练，使读者深入学习软件功能和三维动画的制作思路；通过课堂练习和课后习题，拓展读者的实践应用能力。书中精选基于产教融合实践的46个案例，通过对这些案例的全面分析和具体讲解，开拓读者的艺术创意思维，提升读者的动画制作水平，进一步满足实际工作需求。总体而言，本书在内容编写方面，力求细致全面、突出重点；在文字叙述方面，坚持言简意赅、通俗易懂；在案例制作方面，强调案例的针对性和实用性。书中所有案例、课堂实训均配有微课视频，扫书中二维码可查看。所有案例、课堂实训、课后习题的贴图文件和3ds Max源文件，可以在化学工业出版社网站免费下载使用。教师可登录化工教育网，注册后下载课件、教案、教学大纲。

本书编写队伍集合了高校教师、行业企业主管和项目设计师等，基于十年多教学经验和行业经验，全面、系统地梳理3ds Max三维动画设计与制作相关知识与技能，使读者能够通过学习逐步熟练地运用3ds Max软件开展动画、游戏、虚拟现实等行业的设计项目。本书由唐杰晓、赵媛媛担任主编，罗雪、李艳霞、刘珍珍担任副主编，胡江波、陈杰、陈星担任参编人员。其中，唐杰晓编写第1～4章，赵媛媛编写第5～7章，罗雪编写第8章，李艳霞编写第9章，刘珍珍编写第10章，胡江波、陈杰、陈星负责整理编辑实践案例和数字资源等。在成书的过程中，得到了华娱众禾（北京）教育科技有限公司、武汉荆楚点石数码设计有限公司、顽皮机器CG工作室，以及合肥师范学院、安徽新闻出版职业技术学院、安徽文达信息工程学院等相关单位领导、一线设计师及教师的指导与帮助，在此一并表示感谢。本书为2024年教育部产学合作协同育人项目（项目号：230905242071052）、2024年教育部供需对接就业育人项目（项目号：2023122298170）的阶段性成果。

由于编者水平有限，书中难免存在疏漏之处，敬请广大读者批评指正。

编者

2025年6月

参考学时

章节	课程内容	讲授	实训
第1章	三维动画概述	4	一
第2章	3ds Max软件基础	2	2
第3章	基础建模	4	8
第4章	高级建模	4	8
第5章	材质、贴图与渲染	4	8
第6章	灯光与摄影机	4	4
第7章	基础动画制作	4	4
第8章	高级动画制作	4	8
第9章	MassFX物理模拟引擎	2	6
第10章	粒子系统及空间扭曲	4	8
总学时		36	56

CONTENTS
目录

第 3 章 基础建模 023

第 4 章 高级建模 050

第 5 章 材质、贴图与渲染 080

第 6 章　灯光与摄影机

第 7 章　基础动画制作

第 8 章　高级动画制作

第 9 章　MassFX 物理模拟引擎

第 10 章　粒子系统及空间扭曲

参考文献

第1章

三维动画概述

● **本章内容** 主要介绍三维动画的概念、发展和应用领域，以及常用的计算机三维动画软件、三维动画的创作流程等。

● **学习目标** 了解三维动画的概念、发展和应用；熟悉三维动画制作的主流软件名称及特点；掌握三维动画整体创作的流程。

1.1 三维动画的概念

三维动画又称3D动画，是20世纪随着计算机软硬件技术的发展进步而产生的动画形式，属于计算机图形图像技术与动画、艺术设计等相结合的交叉学科，主要通过计算机平台制作具有三维空间效果的、连续的动态效果，生成的动画画面更加真实生动，更具有感染力。基于计算机技术的三维动画解放了动画师们的创作限制，提供了一个充分展示想象力和艺术才能的新天地，使动画创作更为便捷，动画艺术更加丰富多彩（图1-1）。

随着计算机软硬件技术、信息技术、可视化技术以及人工智能技术的进步，三维动画的制作愈加趋于技术与艺术的紧密结合。一方面，在技术上充分实现剧本创意的要求；另一方面，在画面色调、构图、镜头组接、节奏等方面进行艺术的再创造。与其他视觉艺术设计相比，三维动画艺术需要充分发挥时间和空间的优势，除借鉴视觉传达设计的相关法则外，更多的是要遵照影像艺术规律进行创作和表现。

1.2 三维动画的发展历程

相比传统的二维动画，三维动画的画面内容更加生动，能带给观赏者更真实的视听感受。随着计算机软硬件技术的普及，三维动画的设计制作愈加便捷高效。到目前为止，三维动画的发展历程大致分为三个阶段。

第一阶段是1995—2000年，此阶段是三维动画的初步发展时期，标志性事件是1995年皮克斯动画工作室制作的《玩具总动员》（图1-2）。虽然这之前已经出现过一些三维动画作品，但是该动画的上映及产生的影响力标志着动画艺

图1-1 《长安三万里》

图1-2 《玩具总动员》

术开始进入三维时代。在该阶段，三维动画影片的制作公司主要是皮克斯和迪士尼。

第二阶段是2001—2003年，此阶段是三维动画的迅猛发展时期，其间不断有精彩的三维动画作品出现。2001年，迪士尼与皮克斯联合制作了《大眼仔的新车》和《怪物电力公司》（图1-3），梦工厂工作室出品了《怪物史瑞克》，二十世纪福克斯电影公司出品了《冰河世纪》等。尤其是迪士尼与皮克斯公司合作的《海底总动员》，通过三维动画完美地表现了亲情、勇敢等影片主题，创造了动画史上的票房奇迹。

第三阶段是从2004年至今，三维动画步入发展的全盛时期。在这一阶段，三维动画的制作公司由美国逐渐发展到其他国家。传统的三维动画公司依旧强大，新崛起的三维动画公司也有佳作出品，全球各地的三维动画作品数量飙升，出现了《小鸡快跑》、《超人总动员》、《功夫熊猫》、《疯狂原始人》（图1-4）等具有影响力的作品。

在中国，近年来有不少制作精良的三维动画作品出现。自2006年中国第一部三维动画作品《魔比斯环》出现之后，国产三维动画的发展日新月异，佳作不断，如《秦时明月》《天行九歌》《斗破苍穹》《少年锦衣卫》《沧元图》等动画系列片，以及《西游记之大圣归来》《大鱼海棠》《白蛇：缘起》等动画电影。其中，获得近10亿元人民币票房的《西游记之大圣归来》（图1-5），上映后在中国乃至世界引起了巨大的轰动和反响，再一次向世人展示了中国故事加三维动画艺术的独特魅力和巨大潜力。2019年7月上映的《哪吒之魔童降世》（图1-6），也以极佳的口碑成功引爆了暑期档，上映第一天就创造了内地影史上动画电影单日票房的新纪录，最终登顶中国动画电影票房冠军。2023年7月，由追光动画制作的《长安三万里》历史动画电影在中国上映。该片以盛唐为背景，以边塞诗人高适的视角，回顾他与李白的一生，牵涉出千年前璀璨的盛唐气韵和百花齐放的盛世华章，以群像抒发诗人的落寞和抱负，用传诵千古之诗篇勾勒大唐文人的风骨，该动画的产生也为中国三维动画的发展指明了方向。这一系列制作精良、故事丰满的三维动画影片的出现，代

图1-3 《怪物电力公司》

图1-4 《疯狂原始人》

图1-5 《西游记之大圣归来》

图1-6 《哪吒之魔童降世》

表了中国三维动画艺术的巨大进步。

1.3 三维动画的应用领域

1.3.1 影视动画

从简单的场景模型到复杂的生物模型，包括古代、现代和科幻的不同景观和风格各异的生物角色，以及眼花缭乱的影视特效等，三维动画突破了传统影视的拍摄局限，设计出更加宏大的叙事画面，带给人们真实和刺激的视听感受（图1-7）。

1.3.2 电子游戏

最近几年，电子游戏消费需求旺盛，市场潜力巨大。当前，各种终端游戏普遍使用三维动画技术制作，包括游戏中的模型、动作、特效等，通过逼真的画面效果带给游戏玩家强烈的体验感。在今后相当长的时间内，电子游戏都是三维动画应用的重要领域（图1-8）。

1.3.3 建筑、园林景观动画

现阶段，三维动画已经广泛应用于建筑、园林景观领域。依赖三维动画创作手法的多元化，建筑、园林景观动画可以通过优质的文字脚本、精良的模型制作、沉浸式的镜头语言、情感式的剪辑手法，配合原创音乐及音效，制作出更具有感染力的动画效果（图1-9）。

1.3.4 产品演示

产品演示动画涉及交通工具产品演示动画，如汽车演示动画（图1-10）、飞机演示动画等；电子产品演示动画，如手机演示动画、电脑演示动画等；机械产品演示动画，如机械零部件演示动画、开采设备演示动画等；产品生产过程动画，如产品生产流程、生产工艺演示动画等。产品演示动画可以直观地展示产品的设计、制作、使用等，可用于指导生产、展示产品效果、吸引消费者的关注等。

1.3.5 广告动画

广告动画是现代广告普遍采用的一种表现方式（图1-11）。广告动画可以是完全的三维动画制

图1-7 《复仇者联盟》幕后制作

图1-8 《王者荣耀》

图1-9 三维建筑设计

图1-10 汽车动画

作，也可以是实拍和三维动画相结合。三维动画可以将最新的三维技术和最好的创意应用到广告制作中，提升广告的感染力和体验感，深刻地影响着广告行业的制作模式和发展趋势。

1.3.6 虚拟现实

虚拟现实（Virtual Reality，简称VR）常应用于酒店、别墅、商品房、地铁、机场的宣传展示，园林景观、公园、博物馆的虚拟游览，以及游戏、影视等交互类项目。虚拟现实的场景必须基于三维动画制作生成，因此它的最大特点是实现用户与虚拟环境的交互，将被动式观看变成更逼真的体验与互动（图1-12）。

1.3.7 其他领域

三维动画技术还广泛应用于医学、教育、生物、化学等诸多领域，不断地为人们的工作、学习以及生活提供便利。

1.4 三维动画的制作软件

目前，三维动画的主流制作软件有 3ds Max、Maya、Blender、Rhino、LightWave 3D、Cinema 4D 等（图1-13）。

图1-11　广告动画

图1-12　模拟驾驶室

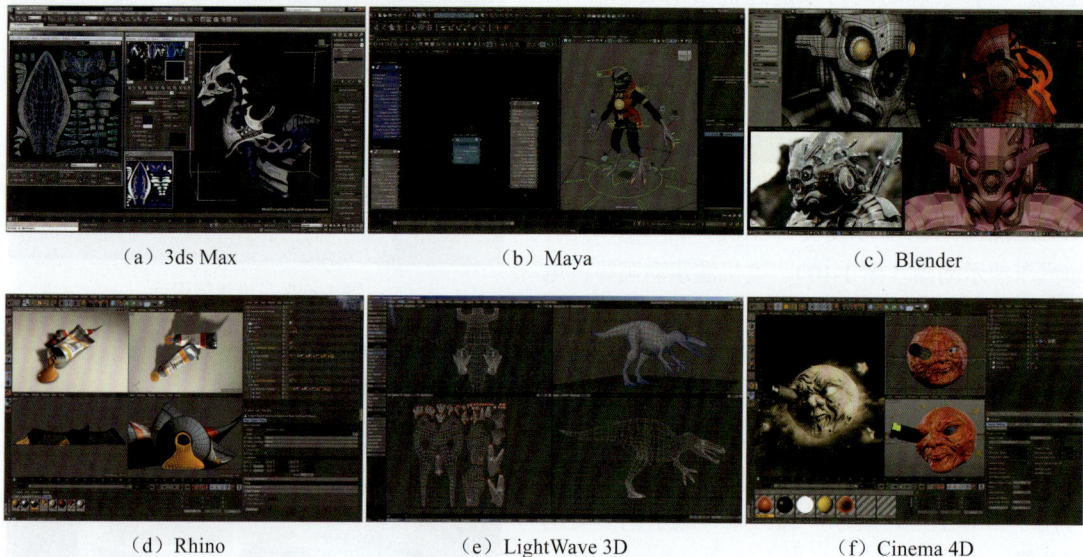

（a）3ds Max	（b）Maya	（c）Blender
（d）Rhino	（e）LightWave 3D	（f）Cinema 4D

图1-13　常用三维软件的启动界面

1.4.1 3ds Max

3ds Max 软件最初是由 Discreet 公司开发的基于 PC 系统的三维动画渲染和制作软件，该公司后被 Autodesk 公司合并。它支持 Windows 系统、macOS 系统，具有优良的多线程运算能力、丰富的建模和动画能力、出色的材质编辑系统，支持多处理器的并行运算，吸引了大批三维动画制作者和公司使用。目前最新版本是 3ds Max 2024，最大的改进是提高效率、性能和稳定性，无论是导入数据、视口画面更新还是动画预览，都可以得到更准确的三维可视化效果，最大限度地缩短制作的时间。3ds Max 参与了多部影视动画的制作，例如《X 战警 2》《最后的武士》等。

1.4.2　Maya

Maya 软件是美国 Autodesk 公司出品的三维动画软件，自推出以来就凭借功能完善、操作灵活、制作效率高、渲染真实等特点收获三维动画制作者的关注和使用，成为电影级别的高端制作软件，长期应用于影视动画和特技制作中，《星际战队》《指环王》等影片中的电脑特技部分制作都是由其完成的。

1.4.3　Blender

Blender 软件是由荷兰的动画工作室 NeoGeo 研发的一款免费开源三维图形图像软件，能够完成从建模、动画、材质、渲染到音频处理、视频剪辑等动画影片制作内容。该软件拥有多种用户界面，内置绿屏抠像、摄像机反向跟踪、遮罩处理、后期节点合成等高级影视工具，内置有 Cycles 渲染器与实时渲染引擎 Eevee，同时支持多种第三方渲染器。目前，全世界大量的媒体工作者和艺术家在使用 Blender 软件进行三维可视化，创作广播和电影级品质的视频等，代表作品有《寻龙记》《钢铁之泪》《宇宙自助洗衣店》等。

1.4.4　Rhino

Rhino 软件是由美国 Robert McNeel & Assoc 公司开发的三维造型软件，广泛应用于三维动画、工业制造以及科学研究等领域，能轻易整合 3ds Max 与 Softimage 的模型功能，以出色的 3D NURBS 模型功能受到科研工作者的关注。

该软件可以输出 OBJ、DXF、STL、3DM 等格式，尤其适合三维建模人员使用。

1.4.5　LightWave 3D

LightWave 3D 软件是由美国 NewTek 公司开发的一款三维动画制作软件，它从 Amiga 系列游戏开始，被广泛应用在电影、电视、游戏、网页、广告、印刷等领域。该软件操作简便，易学易用，在生物建模和角色动画方面功能强大，并具有光线跟踪、光能传递等渲染功能。火爆一时的好莱坞大片《泰坦尼克号》中细致逼真的船体模型、《红色星球》中的电影特效，以及《恐龙危机 2》《生化危机：代号维罗妮卡》等许多经典游戏均由 LightWave 3D 开发制作完成。

1.4.6　Cinema 4D

Cinema 4D 软件是由德国公司 Maxon Computer 开发的一款三维建模、动画和渲染软件，采用模块化的软件结构。当下国内使用 Cinema 4D 的艺术家逐渐增多，这与国内动态图形动画（Motion Graphics Animation）艺术兴起有关，有许多工作室将 Cinema 4D 与 After Effects 软件相结合进行动态图形动画开发工作。电影工业的发展以及动态图形动画的兴起使 Cinema 4D 快速普及起来。

需要强调的是，在现今三维动画制作领域还有其他软件，它们具有各自的操作特点，也拥有自己的用户群体。这里只对主流的软件作简单介绍，其他不再赘述。

1.5　三维动画的制作流程

一部完整的三维动画在制作流程中可分为前期设定、中期制作与后期合成三个部分。

1.5.1　前期设定

前期设定是指在正式制作前，对动画进行的规划与设计，主要包括文字脚本创作、分镜头脚本创作、概念图设计、角色设定、场景设定等。

（1）文字脚本创作

文字脚本是动画影片的基础，即用文字表述故事内容。动画的文字脚本来源可以是神话、科幻故事、民间故事等，要求积极向上、思路清晰、逻辑合理，能够完整地表现故事情节。

（2）分镜头脚本创作

分镜头脚本是把文字脚本进行视觉化的重要一步，是导演根据文字脚本进行的再创作，并体现其创作思想和艺术风格。分镜头脚本创作包括画面和文字说明（图1-14），内容包括画面内容、镜头的类别和运动、构图和光影、时长、音乐与音效等。其中，每个图画代表一个镜头，文字用于说明镜头长度、角色台词及动作等内容。

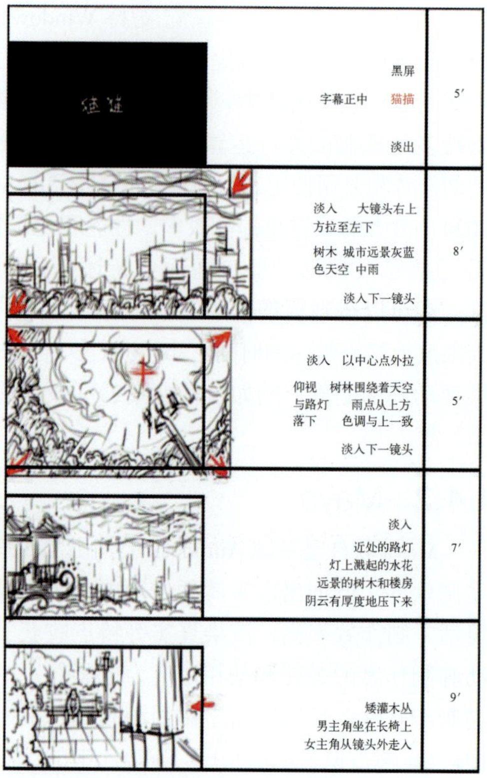

（3）概念图设计

概念图设计是指创作者针对文字脚本和分镜画面进行一系列的草图、概念图的设计（图1-15），用以展示导演的想法和思路，要求以灵感性的表达为主，不拘泥于具体形式。画面内容包括角色、场景、空间、光影等，为后期的角色和场景设定提供参照。

（4）角色设定

角色设定包括角色的形象设计、动作设计、服饰设计、武器设计等（图1-16）。角色设定内容包括标准造型、转面图、结构图、比例图、道具与服装分解图等，还包括典型动作设计，如用带有情绪的角色动作表现角色的性格和心理，并附以文字说明。

（5）场景设定

场景设定涉及动画中景物、环境和空间等内容，具体内容包括平面图、场景分解图、色彩气氛图等（图1-17）。

1.5.2 中期制作

中期制作即根据前期设定，在计算机中使用相关软件制作动画的阶段，包括建模、材质贴图、灯光设置、动画设置、摄影机、渲染输出等，属于三维动画制作的核心部分。

（1）建模

建模需要模型师根据前期的造型设定，通过三维软件制作出精准的模型效果（图1-18）。这是三维动画中一项繁重的工作步骤，需要花费大量

图 1-14　分镜头脚本

图 1-15　概念图绘制

图 1-16　造型设定

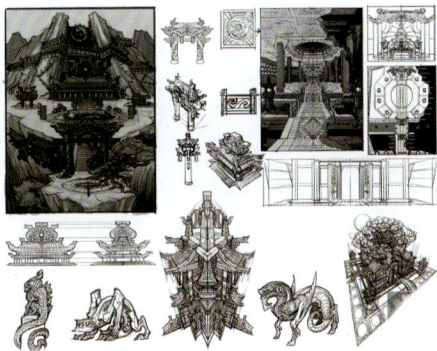

图1-17 场景设定

图1-18 角色建模

的时间进行角色和场景的建模。

（2）材质贴图

材质赋予模型真实的表面特性，具体包括肌理、质感、颜色、透明度、反光、高光、自发光等特性。贴图指把二维图片通过软件贴到三维模型，形成表面的肌理效果。需要指出的是，只有模型的材质、贴图与现实生活中的对象保持一致，才能表现出真实质感（图1-19）。

（3）灯光设置

设置灯光的目的是模拟真实世界的照明效果。三维软件中的灯光主要有自然灯光（如太阳、蜡烛等四面发射光线的光源）和光度学灯光（如探照灯、电筒等有照明方向的人造光源）两大类。灯光可以用于照亮场景、投射阴影及营造氛围等，其使用效果与材质、贴图有着紧密联系。

图1-19 材质贴图

（4）动画设置

根据分镜头脚本，在动画软件中制作摄影机动画、角色动画、特效动画等。其中，动画设置主要通过关键帧实现，如角色说话的口型变化、喜怒哀乐的表情、走路动作等。对于角色动画，可以通过蒙皮工具将模型与骨骼绑定，制作出合乎角色运动规律的动作（图1-20）。

（5）摄影机

依照摄影机摄像的相关原理，在三维软件中使用摄影机工具实现分镜头脚本的镜头效果。摄影机的运用应根据情节和画面的需要，关系到最终形成的影片效果，也是导演意志的体现。其中，画

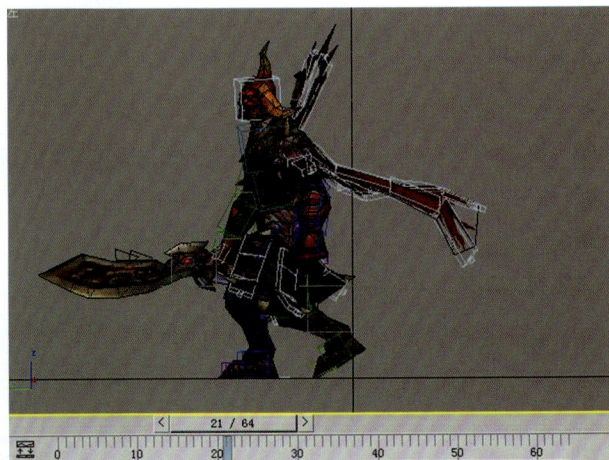

图1-20 动画设置

面的稳定流畅是使用摄影机的第一要素（图1-21）。

（6）渲染输出

渲染是指根据场景的设置以及赋予物体的材质、贴图和灯光等，由渲染器工具计算出一幅完整的画面或一段动画。三维软件的渲染器和参数设置决定了最终的画面效果，可以输出静态图片或连续的动态视频（图1-22）。

1.5.3 后期合成

后期合成是将之前完成的动画、声音等素材，按照分镜头脚本用视频编辑软件进行剪辑、合成、输出等，生成最终的动画视频。

（1）特效

根据故事情节和镜头需要，在画面中添加各种特效，包括水、烟、雾、火、光等特效，这些可以在三维软件中制作，也可以使用一些插件制作（图1-23）。

（2）合成

动画、灯光、特效等制作完成后，根据导演意见或分镜头脚本的要求把各镜头文件分层渲染，并提供合成用的图层和通道。合成一般在后期合成软件中进行（图1-24）。

（3）配音配乐

根据画面内容和镜头要求配音，结合画面剧情配上合适的背景音乐、音效等（图1-25）。

（4）剪辑输出

制作的图层文件由后期人员合成完整成片，并根据客户、监制及导演意见剪辑成不同版本，以供不同需要之用（图1-26）。

三维动画的每一个制作环节相辅相成，每个细节都会决定整部动画的成败，所以每一个制作环节的工作人员不仅要对自己所完成的环节了如指掌，还要对其他制作环节有所了解。

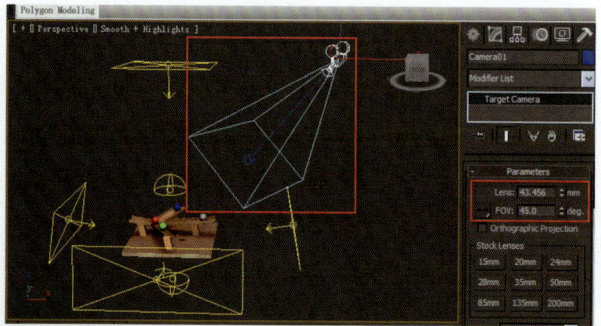

图1-21 摄影机设置

图1-22 渲染输出

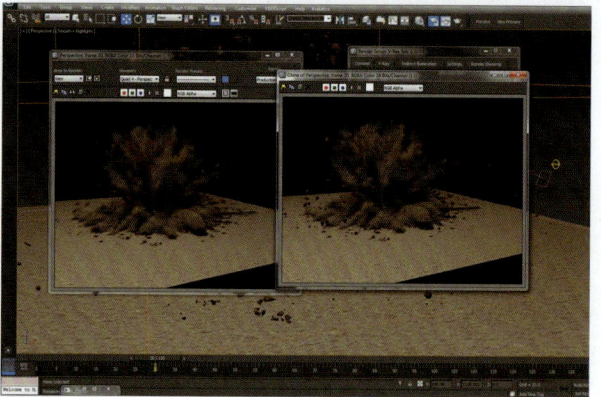

图1-23 添加特效

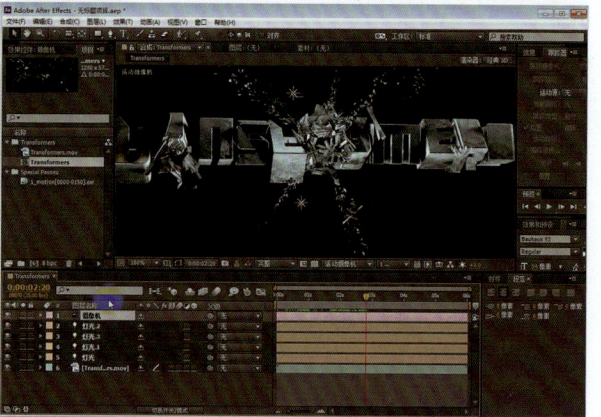

图1-24 合成

图1-25　配音配乐

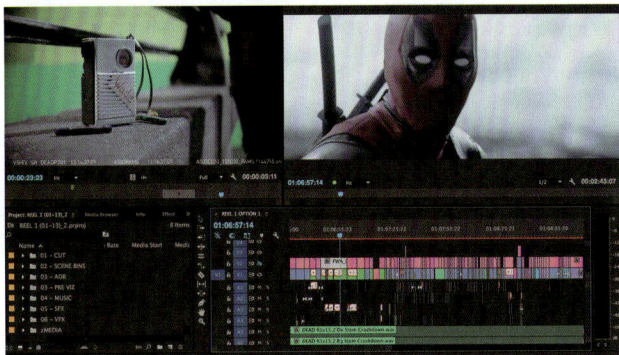

图1-26　剪辑输出

课后拓展

1. 动画电影《姜子牙》《小门神》《长安三万里》是由哪些动画公司制作的？

2. 三维动画软件3ds Max 2024是哪个公司出品的？

3. 三维动画的应用领域有哪些？

4. 简述三维动画创作的具体流程。

第2章
3ds Max软件基础

● **本章内容** 主要介绍3ds Max软件的基本概况以及3ds Max软件的基本操作方法。

● **学习目标** 了解3ds Max软件的基本概况；熟悉3ds Max软件的操作界面及坐标系统；掌握3ds Max软件的选择、变换、复制等工具命令，以及保存、导入、导出、撤销和重做等命令。

2.1　3ds Max 软件概述

3ds Max 软件的前身是 3D Studio 系列版本软件。2023 年 3 月 28 日，Autodesk 公司发布 3ds Max 2024 版本（图 2-1）。在 Windows NT 出现以前，工业级的计算机图形制作被 SGI 图形工作站所垄断。"3D Studio Max+Windows NT" 组合的出现，降低了计算机动画制作的门槛，并被尝试应用于电脑游戏的制作，后来又参与到影视特效的制作中，例如《X 战警 2》《最后的武士》等。

最初的 3D Studio 产品是 Yost Group 团队为 DOS 平台开发的，由 Autodesk 公司发行。从第 2 版开始，Autodesk 公司买下后期两个版本的标志和内核开发。在 3D Studio Release 4 版本后，产品转到 Windows NT 平台，名称改为 "3D Studio Max"，此版本由 Yost Group 团队制作。1999 年，Autodesk 收购 Discreet Logic 公司，并由新成立的 Discreet 部门负责 3D Studio Max 的发行。随后，软件改名为 "3ds max"（开头字母小写）。之后，Discreet 公司被 Autodesk 公司收购，在第 8 版产品上加上 Autodesk 的标志，名称又变为 "3ds Max"（开头字母大写）。3ds Max 软件功能强大，内置工具丰富，也留有外置接口，可以完成从建模、渲染到动画的全部制作任务，其强大的功能立即使它成为制作电脑效果图和三维动画的首选软件，因而被广泛运用于各个领域。

2.2　3ds Max 软件基础操作

2.2.1　3ds Max 2024 的启动

3ds Max 2024 安装完成会自动在系统的"开始"菜单中创建程序组，执行"开始" > "程序" > "Autodesk" > "Autodesk 3ds Max 2024" > "3ds Max 2024-Simplified Chinese"（简体中文），或双击桌面上的快捷方式图标，即可

图 2-1　3ds Max 2024 启动界面

启动 3ds Max 2024 软件（图 2-2）。

（a）　　　　　　（b）

图 2-2　启动 3ds Max 2024

2.2.2　3ds Max 2024 的退出

选择"文件">"退出"命令，即可退出软件。如果此时场景中文件未保存，则会出现一个对话框，询问是否保存更改（图 2-3）。如需将场景保存，单击"保存（S）"按钮，不保存则单击"不保存（N）"按钮。

图 2-3　保存对话框

退出软件还有以下两种方法。

① 确认 3ds Max 2024 软件为当前激活窗口，按 Alt+F4 组合键即可。

② 直接单击 3ds Max 2024 窗口右上角的"×"按钮。

2.2.3　3ds Max 2024 的打开、保存文件

打开 3ds Max 文件有以下三种方法（图 2-4）。

① 双击 3ds Max 文件即可打开。

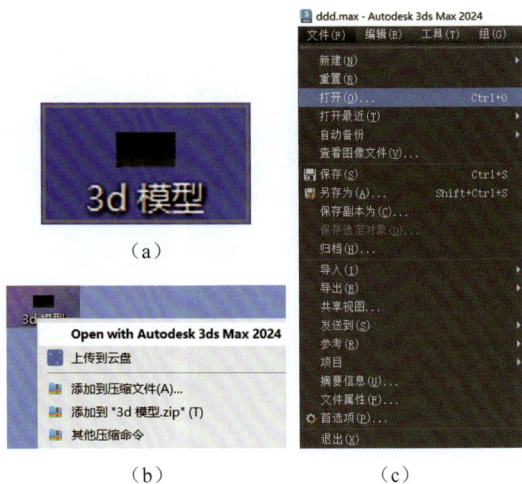

（a）

（b）　　　　　　（c）

图 2-4　打开 3ds Max 文件

② 选择 3ds Max 文件，点击右键，在弹出的对话框中选择 **Open with Autodesk 3ds Max 2024** 即可。

③ 打开 3ds Max 软件后，点击"文件">"打开"，查找文件路径并选择文件。

保存 3ds Max 文件有以下两种方法。

① 在 3ds Max 软件中，点击 Ctrl+S 即可保存文件。

② 打开 3ds Max 软件后，点击"文件">"保存"，即可设置保存文件路径并保存文件（图 2-5）。

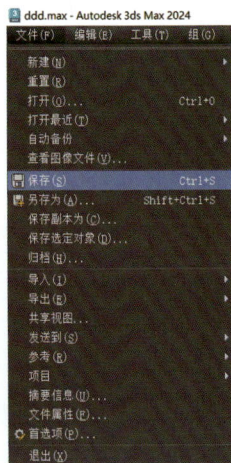

图 2-5　保存 3ds Max 文件

2.2.4　3ds Max 2024 的导入、导出文件

导入 3ds Max 文件时，点击 3ds Max 软件的"文件">"导入"，在弹出面板中点击"导入"或者其他选项即可导入文件（图 2-6）。

导出 3ds Max 文件时，点击 3ds Max 软件的"文件">"导出"，在弹出面板中点击"导出"或者其他选项即可输出文件（图 2-7）。

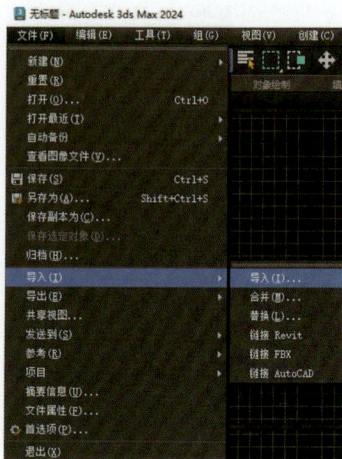

图 2-6　导入 3ds Max 文件　　　　图 2-7　导出 3ds Max 文件

> **提示：** 导入、导出功能可以实现不同三维软件中模型的转换，可以将 Maya、Rhino、Zbrush 以及 3ds Max 的模型转化为其他格式，并轻松导入另一软件中，提高利用率，节省操作时间。

2.3　3ds Max 软件操作界面

　　学习 3ds Max 软件的使用，首先要认识它的操作界面，熟悉各控制区的功能和使用方法，从而在动画制作时提升工作效率。

2.3.1　操作界面简介

　　3ds Max 软件操作界面主要由 15 个区域组成（图 2-8）。如果操作界面的工具栏和命令面板不能全部显示，可通过拖动滑动条显示。

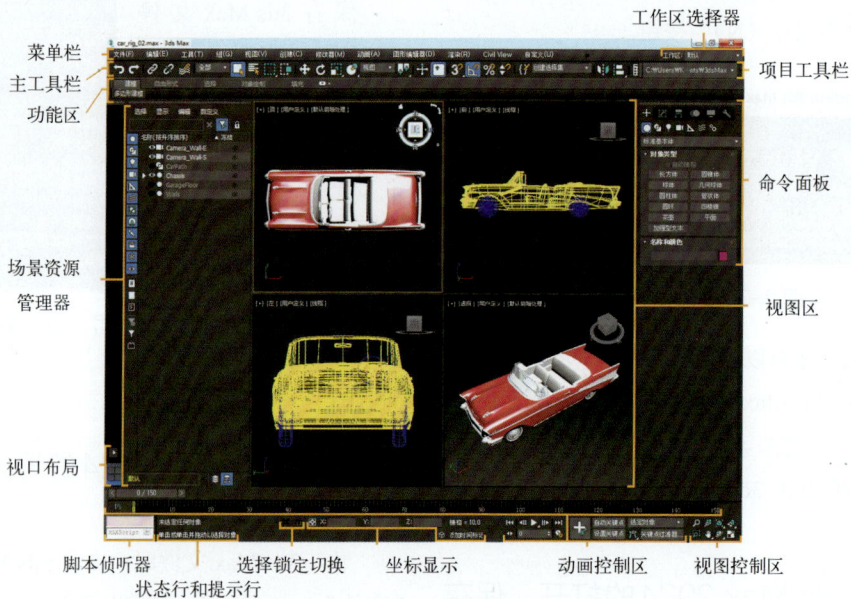

图 2-8　3ds Max 软件操作界面

2.3.2　菜单栏

　　菜单栏包括文件、编辑、工具、组、视图、创建、修改器等 17 个菜单（图 2-9）。使用鼠标单击其中任意一个菜单，就会弹出该菜单的下拉菜单。表 2-1 为各个菜单的功能。

图 2-9 菜单栏

表 2-1 菜单栏主要功能简介

名称	主要功能
文件菜单	该菜单用于文件管理，包括新建、重置、打开、保存、另存为、合并、导入、导出等常用操作命令
编辑菜单	该菜单用于对文件的编辑，包括撤销、暂存、复制、删除等命令
工具菜单	该菜单中提供了各种常用工具，如镜像、阵列、对齐等
组菜单	该菜单包含一些将多个对象编辑成组或者将组分解成独立对象的命令
视图菜单	该菜单可以用来控制视图的显示方式以及设置视图的相关参数等
创建菜单	在菜单中可以创建模型、灯光、粒子等对象
修改器菜单	在菜单中可以为对象添加相关的修改器
动画菜单	该菜单主要用来控制动画，包括正向动力学、反向动力学、骨骼的创建和修改命令等
图形编辑器菜单	该菜单是场景元素间关系的图形化视图，包括曲线编辑器、摄影表编辑器、图解视图、粒子视图和运动混合器等
渲染菜单	该菜单包括渲染、环境设置、效果设定等功能，是重要的功能菜单之一
Civil View	该菜单是一款供土木工程师和交通运输基础设施规划人员使用的可视化工具
自定义菜单	该菜单用来更改用户界面或系统设置，使操作更加个性化
脚本菜单	该菜单中包括创建、测试、运行脚本等命令
Interactive	该菜单中提供 3ds Max 的帮助手册功能
内容菜单	该菜单中提供 3ds Max 的资源库功能
Arnold	该菜单中提供 Arnold 渲染器的相关功能和使用说明等
帮助菜单	该菜单提供帮助功能，包括脚本参考、用户指南、快捷键、新产品等信息

2.3.3　工具栏

工具栏位于菜单栏的下方，包括各种常用工具的快捷按钮，方便使用。通常在 1280 像素 ×960 像素的显示分辨率下，工具按钮才能完全显示在工具栏中。工具栏中的所有快捷按钮如图 2-10 所示。

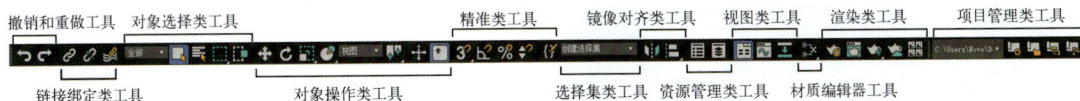

图 2-10　工具栏

如果电脑显示器分辨率低于 1280 像素 ×960 像素，可以在工具栏任意位置按住鼠标滚轮不放，此时光标变成小手标志，拖曳光标显示其他工具按钮。

一些快捷按钮的右下角有一个"小三角"标记，这表示该按钮有隐藏按钮。单击该按钮并按住鼠标左键不放，会展开一组按钮，移动鼠标即可选择（图 2-11）。

还有一些按钮在浮动工具栏中，要想选择这些按钮，可在工具栏的空白处单击鼠标右键，在弹出的菜单中选择相应的命令（图 2-12），系统会弹出该命令的浮动工具栏（图 2-13）。

图 2-11　显示隐藏按钮

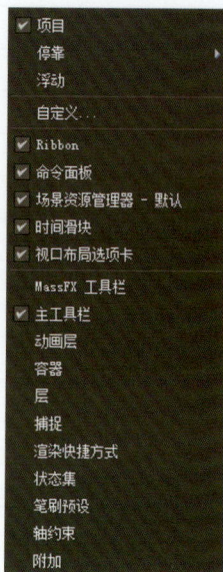

图 2-12　浮动工具栏菜单

2.3.4　命令面板

命令面板位于 3ds Max 2024 操作界面的右侧，提供了用于模型的创建与编辑、动画的制作和修改、灯光和摄影机的控制等实用工具。

单击命令面板顶部的选项卡即可切换至不同的命令面板，从左至右依次为 ➕（创建）、◢（修改）、▦（层次）、◯（运动）、▤（显示）、➤（工具）（图 2-14）。点击面板的"+"或"−"按钮可以开启或关闭卷展栏。

图 2-13　浮动工具栏

图 2-14　命令面板

2.3.5　视图区

视图区位于操作界面的中部，是主要的工作区。在视图区中，系统默认为 4 个基本视图（图 2-15）。

顶视图：从场景正上方向下垂直观察对象。

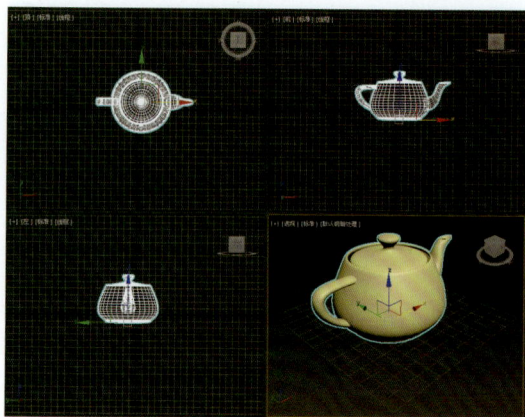

图 2-15　视图区域

前视图：从场景正前方观察对象。

左视图：从场景正左方观察对象。

透视图：能从任何角度观察对象的效果，可以自由地变换观察角度。

透视图是从三维角度观察场景，其他 3 个视图以平面形式观察场景。

系统默认的 4 个基本视图是可以改变的，激活视图后，按下相应的快捷键，就可以切换不同视图。快捷键如表 2-2 所示。

切换视图还有另一种方法，在每个视图的左上角都有视图类型提示，单击视图名称，在

表 2-2　常用快捷键图表

快捷键	英文名称	中文名称	快捷键	英文名称	中文名称
T	Top	顶视图	F	Front	前视图
B	Bottom	底视图	P	Perspective	透视图
L	Left	左视图	C	Camera	摄影机视图
U	Use	用户视图			

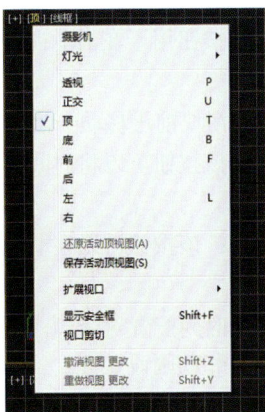

图 2-16　视图控制菜单

弹出菜单中选择要切换的视图类型即可（图 2-16）。

此外，视图区各视图的大小是可以调整的，光标移到视图分界处时会变为"十字形"，按住鼠标左键不放并拖曳光标，就可以调整各视图的大小（图 2-17）。如果需要恢复为初始状态，可以在视图的分界线处单击鼠标右键，选择"重置布局"命令即可（图 2-18）。

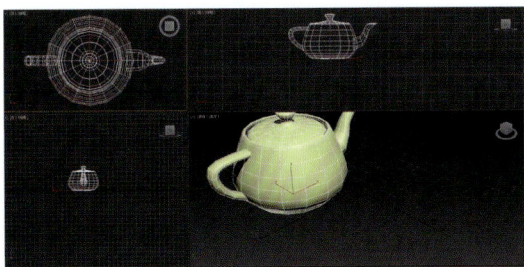

图 2-17　更改视图区域

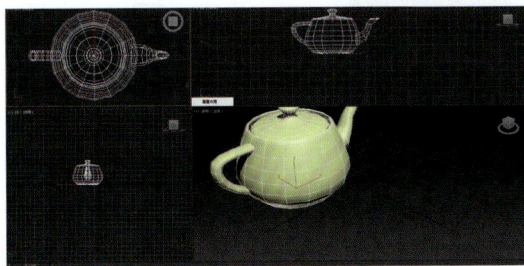

图 2-18　复位视图

2.3.6　视图控制区

视图控制区位于操作界面的右下角，该控制区内的按钮主要用于控制各视图的显示状态，部分按钮内还有隐藏按钮（图 2-19）。熟练运用这些按钮，可以大大提高工作效率。下面介绍这些按钮的功能。

图 2-19　视图控制区

（缩放）：单击该按钮后，在视图中按住鼠标左键不放并拖曳光标，可以拉近或推远场景。该按钮只作用于当前被激活的视图窗口。

（缩放所有视图）：单击该按钮后，在视图中按住鼠标左键不放并拖曳光标，所有可见视图都会同步拉近或推远场景。

（最大化显示）：单击该按钮后会自动缩放被激活的视图，显示视图中的所有对象。

（所有视图最大化显示）：单击该按钮后会自动缩放所有可见视图，以显示所有视图中的所有对象。

（缩放区域）：单击该按钮后可以在视图中任意框选，视图将放大成被框选的场景。

（平移视图）：单击该按钮后，在视图中按住鼠标左键不放并拖曳光标，可以移动视图位置。

（环绕）：将视图中心作为旋转中心，如果对象靠近视图边缘，它们可能会旋出视图范围。

（最大化视口切换）：单击此按钮，当前视图满屏显示。再次单击此按钮，可恢复原来的状态。

2.3.7 动画控制区

动画控制区位于操作界面的下方，包括时间滑块、轨迹条及动画控制工具，主要用于制作动画帧的选择、动画的播放或停止等。图2-20、图2-21所示为动画控制区。

图2-20　动画控制区（1）

自动关键点：启用"自动关键点"后，对象的位置、旋转和缩放的修改都会自动设置成关键帧。

设置关键点：在任意时间创建任一类型的关键帧。在需要设置关键帧的时间点单击＋按钮，即可创建关键帧。

（新建关键点的默认入/出切线）：该弹出按钮可为新的动画关键点提供快速设置默认切线类型的方法。

关键点过滤器…：显示设置关键点过滤器对话框。对话框中可以定义哪些类型的轨迹可以设置关键点，哪些类型不可以。

（转到开头）：单击该按钮可以将时间滑块移动到时间段的第一帧。

（上一帧）：将时间滑块后退移动一帧。

（播放动画）：播放按钮用于在活动视口中播放动画。

（下一帧）：将时间滑块前进移动一帧。

（转至结尾）：单击该按钮可以将时间滑块移动到时间段的最后一帧。

（关键点模式切换）：该按钮可以在动画中的关键帧之间直接跳转。

（时间配置）：开启时间配置对话框，包括帧速率、时间显示、播放和动画设置等。

图2-21　动画控制区（2）

2.3.8 坐标显示

提示对象所在的空间位置（图2-22）。

图2-22　坐标显示

2.3.9 状态行和提示行

用于对象的操作说明（图2-23）。

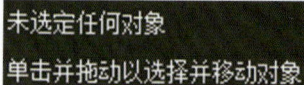

图2-23　状态行和提示行

2.3.10 场景资源管理器

用于查看、排序、过滤和选择对象，以及重命名、删除、隐藏和冻结对象（图2-24）。

2.3.11 视口布局

用于控制视口的布局（图2-25），包括全视图、两视图、三视图、四视图以及视图的不同布局等。其中，单击■弹出标准视口布局（图2-26）。

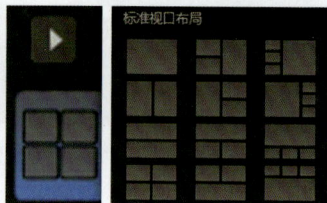

图2-24　　　　图2-25　　　　图2-26
场景资源管理器　视口布局　　标准视口布局

2.4 3ds Max 软件坐标系统

3ds Max 软件提供了多种坐标系统，可以在工具栏中进行选择（图 2-27）。

视图坐标系统：软件默认的坐标系统，也是最常用的坐标系统。它是屏幕坐标系统与世界坐标系统的结合。视图坐标系统的正视图使用屏幕坐标系统，透视图和用户视图使用世界坐标系统。

图 2-27
坐标系统

屏幕坐标系统：基于用户屏幕的坐标轴向。该坐标系统在所有视图中都使用同样的坐标轴向，即 X 轴为水平方向，Y 轴为垂直方向，Z 轴为纵深方向。

世界坐标系统：该坐标轴向在任意视图中都固定不变。在软件视图中，从前方看，X 轴为水平方向，Y 轴为垂直方向，Z 轴为纵深方向。

父对象坐标系统：使用该轴向可以使子对象与父对象之间保持依附关系，子对象以父对象的轴向为基准发生改变。

局部坐标系统：使用选定对象的坐标轴向。对象的局部坐标系以其轴点为基准，使用"层次"命令面板上的选项，可以以相对对象为参考调整局部坐标轴向的位置和方向。

万向坐标系统：为每个对象使用单独的坐标系。

栅格坐标系统：以栅格对象的坐标轴为坐标轴向，栅格对象主要用于辅助制作。

工作坐标系统：使用工作轴坐标轴向。当工作轴启用时，即使用工作坐标系统。

拾取坐标系统：拾取屏幕中的任意一个对象，以被拾取对象坐标系统为拾取对象的坐标系统。

2.5 3ds Max 软件的对象操作

2.5.1 对象的选择

无论对场景中任何对象进行何种操作和编辑，首先要做的就是选择该对象。为了方便操作，3ds Max 软件提供了多种选择对象的方式。

（1）单击选择或框选

选择对象的基本方法是直接单击要选择的对象，当光标移动到对象上时，光标会变成"十字形"，单击鼠标左键即可选择该对象。

如果要同时选择多个对象，可以按住快捷键 Ctrl，使用鼠标左键连续单击，或按住鼠标左键框选要选择的对象。如果想取消其中个别对象的选择，可以按住 Alt 键，单击或框选取消个别对象。

（2）区域选择

软件提供了多种区域选择方式，其中 ■（矩形选择区域）是软件默认的选择方式，其他选择方式都是"矩形选择区域"的隐藏选项。

■（矩形选择区域）：在视口中拖动，然后释放鼠标。单击鼠标左键的第一个位置是矩形的一个角，释放鼠标的位置是相对的角。

■（圆形选择区域）：在视口中拖动，然后释放鼠标。单击鼠标左键的第一个位置是圆形的圆心，释放鼠标的位置决定圆的半径。

■（围栏选择区域）：拖动绘制多边形，创建多边形选择区域。

■（套索选择区域）：围绕选择的对象拖动鼠标以绘制图形，然后释放鼠标。要取消该选择，在释放鼠标前单击右键。

■（绘制选择区域）：将鼠标拖至对象之上，然后释放鼠标。在进行拖放时，鼠标周围将会出现一个以笔刷大小为半径的圆圈，根据绘制范围创建选区。

以上几种选择方式都可以与 ■（窗口/交叉）配合使用。■（窗口/交叉）的两种方式为 ■（交叉模式）和 ■（窗口模式）。在 ■（交叉模式）中，可以选择区域内的所有对象或子对象，以及与区域边界相交的任何对象或子对象。

（3）按名称选择

软件提供了通过名称选择对象的功能，还可以通过颜色或材质选择具有该属性的所有对象。操作步骤如下。

① 单击工具栏中 ■（按名称选择）按钮，弹出"从场景选择"对话框（图 2-28）。

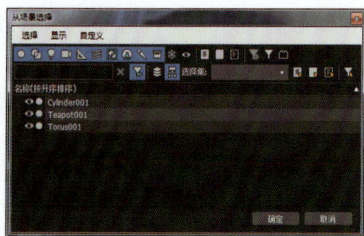

图2-28 "从场景选择"对话框

② 选择列表中的对象名称后单击"确定"按钮，或直接双击列表中的对象名称，该对象即被选择。在对话框中按住快捷键 Ctrl 可以选择多个对象。

③ 对话框的上方可以设置对象的显示或隐藏，列出的类型包括几何体、图形、灯光、摄影机、辅助对象、空间扭曲、外部参考和骨骼类型等，这些类型以按钮方式显示，单击按钮可以在列表中显示或隐藏该类型。

> 提示：■（选择对象）与≡▼（按名称选择）的功能是类似的，只是■（选择对象）工具默认位于视口的左侧，≡▼（按名称选择）工具需要点击才能打开。

（4）选择过滤器

"选择过滤器"用于设置场景中能够选择的对象类型，便于在复杂场景中选择对象。在"选择过滤器"的下拉列表中，包括几何体、图形、灯光、摄影机等对象类型（图2-29）。

全部：可以选择场景中的任何对象。

G- 几何体：只选择场景中的几何体。

S- 图形：只选择场景中的图形。

L- 灯光：只选择场景中的灯光。

C- 摄影机：只选择场景中的摄影机。

H- 辅助对象：只选择场景中的辅助对象。

W- 扭曲：只选择场景中的空间扭曲对象。

组合：只选择场景中的组合对象。

骨骼：只选择场景中的骨骼对象。

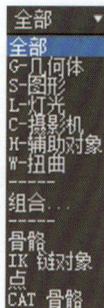

图2-29
"选择过滤器"列表

IK 链对象：只选择场景中的 IK 链接对象。

点：只选择场景中的点。

CAT 骨骼：只选择场景中的 CAT 骨骼对象。

2.5.2 对象的变换

对象的变换包括对象的移动、旋转和缩放等，这是软件的基础操作。

（1）移动对象

启用移动工具，有以下几种方法。

① 单击工具栏中的 ✥（移动工具）。

② 按快捷键 W。

③ 选择对象后单击鼠标右键，在弹出的菜单中选择"移动"命令。

使用"移动"命令的操作方法如下：选择对象并启用移动工具，当光标移动到对象的坐标轴上时（例如 X 轴），会变成"十字形"，并且坐标轴会变成亮黄色，即表示可以移动（图2-30）。此时按住鼠标左键不放并拖曳光标，对象就会跟随光标一起移动。

图2-30 选择对象

利用移动工具可以使对象沿两个轴向同时移动，对象的每两个坐标轴之间都有共同区域，当鼠标光标移动到该区域时，该区域会变黄（图2-31）。按住鼠标左键不放并拖曳光标，对象就会跟随光标一起沿两个轴向移动。

图2-31 移动对象

（2）旋转对象

启用旋转工具，有以下几种方法。

① 单击工具栏中的 ⟳（旋转工具）。

② 按快捷键 E。

③ 选择对象后单击鼠标右键，在弹出的菜单中选择"旋转"命令。

使用"旋转"命令的操作方法如下：选择对象并启用旋转工具，当光标移动到对象的旋转轴上时会变为"十字形"，旋转轴会变成黄色（图 2-32）。按住鼠标左键不放并拖曳光标，对象会随光标的移动而旋转。

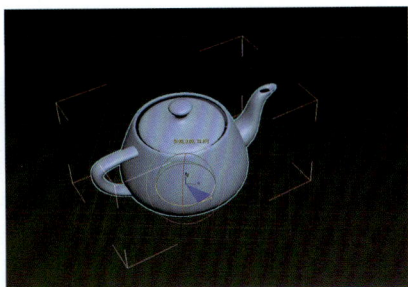

图 2-32　旋转对象

旋转工具可以改变对象在视口中的方向，因此熟悉旋转工具很重要。

（3）缩放对象

启用缩放工具，有以下几种方法。

① 单击工具栏中的 ▦（缩放工具）。

② 选择对象后单击鼠标右键，在弹出的菜单中选择"缩放"命令。

选择对象并启用缩放工具，当光标移动到缩放轴上时，光标会变成"十字形"，按住鼠标左键不放并拖曳光标，即可进行缩放。缩放工具可以同时缩放两个轴或三个轴，其使用方法和移动工具相似，如图 2-33 所示。

图 2-33　缩放对象

软件提供了三种缩放方式，包括 ▦（均匀缩放）、▦（非均匀缩放）、▦（挤压）。系统默认设置是"均匀缩放"，"非均匀缩放"和"挤压"是隐藏按钮。

▦（均匀缩放）：只改变对象的体积，不改变比例和形状。

▦（非均匀缩放）：对象在指定轴向上进行二维缩放（不等比例缩放），对象的体积和形状都发生变化。

▦（挤压）：对象在指定轴向上发生比例变形，体积保持不变，但形状会发生改变。

2.5.3　对象的复制

复制工具可用于创建形状、性质相同的对象，提升建模效率，并便于统一控制。

（1）直接复制对象

① 复制对象共有三种方式，即复制、实例、参考，三种方式的效果各有不同。

复制：复制后原对象与复制对象之间没有任何关系，是完全独立的对象。

实例：复制后原对象与复制对象相互关联，编辑其中任何一个对象都会影响到其他对象。

参考：复制后原对象与复制对象具有参考关系。编辑原对象时，复制对象会受到同样的影响，但编辑复制对象时不会影响原对象。

② 直接复制对象的操作便捷，运用移动、旋转或缩放工具都可以复制对象，操作步骤如下。

第一步，选中对象，按住 Shift 键，然后移动对象。完成移动后，释放鼠标左键，会弹出"克隆选项"对话框（图 2-34）。用户可选择复制的类型以及要复制的个数。

图 2-34　"克隆选项"对话框

第二步，单击"确定"按钮完成复制。运用旋转工具、缩放工具也可以复制对象，其复制方法与移动工具相似。

（2）利用镜像复制对象

建模需要创建对称的对象时，可以使用镜像工具。

选择对象后，单击"镜像"按钮，弹出"镜像：世界坐标"对话框（图2-35）。

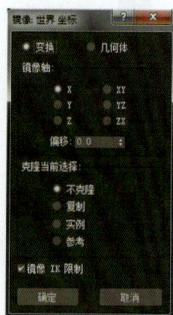

图2-35
"镜像：世界坐标"对话框

①"镜像轴"组：设置镜像的轴向，系统提供6种镜像轴向，分别是X、Y、Z、XY、YZ、ZX。

偏移：设置镜像对象和原始对象轴心点之间的距离。

②"克隆当前选择"组：设置镜像对象的复制类型。

不克隆：表示仅将原始对象镜像到新位置而不复制。

复制：把选定对象镜像复制到指定位置。

实例：把选定对象关联镜像复制到指定位置。

参考：把选定对象参考镜像复制到指定位置。

（3）利用间距复制对象

利用间距复制对象可以指定一条路径，使复制对象排列在指定的路径上，操作步骤如下。

① 在视图中创建一个茶壶和样条线（图2-36）。

图2-36　创建茶壶和样条线

② 选择"工具">"对齐">"间隔工具"命令，弹出"间隔工具"对话框。

③ 选中茶壶，在"间隔工具"对话框中单击"拾取路径"按钮，然后在视图中单击样条线，在"计数"数值框设置复制的数量（图2-37）。

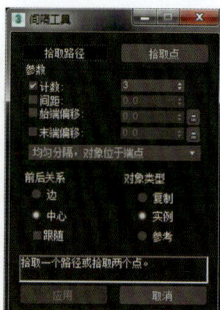

图2-37
"间隔工具"对话框

④ 单击"应用"按钮，复制完成（图2-38）。

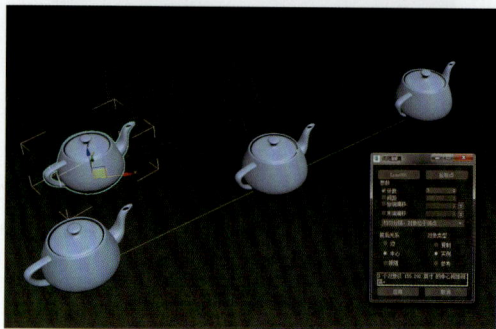

图2-38　复制茶壶

2.5.4　对象的捕捉

移动对象或编辑对象时经常需要精确定位，这就要用到捕捉控制器。捕捉控制器由3个捕捉工具和1个微调器组成，即 🔲（位置捕捉）、🔲（角度捕捉）、🔲（百分比捕捉）和 🔲（微调器捕捉切换）。

（1）位置捕捉工具

位置捕捉工具有3种类型，系统默认设置为 🔲（3D捕捉），还有隐藏的另外两种捕捉方式，即 🔲（2D捕捉）和 🔲（2.5D捕捉）。

🔲（3D捕捉）：光标可以在三维空间的任何地方进行捕捉。

🔲（2D捕捉）：只捕捉视图中构建平面的元素，忽略Z轴向，通常用于平面图形的捕捉。

🔲（2.5D捕捉）：二维捕捉和三维捕捉的结合，能够捕捉三维空间中的二维图形和视图构建平面上的投影点。

（2）角度捕捉工具

角度捕捉用于捕捉旋转操作时的角度间隔，使对象或者视图按固定值进行旋转，准确控制对象的旋转角度，系统默认值为 5°。

（3）百分比捕捉工具

百分比捕捉用于捕捉缩放或挤压操作时的百分比间隔，使比例缩放按固定值进行缩放，准确控制缩放的大小，系统默认值为 10%。

2.5.5　对象的对齐

对齐工具可以将选定对象按指定的坐标方向和方式与目标对象对齐，共有 6 种对齐方式，即 ▤（一般对齐）、▤（快速对齐）、▤（法线对齐）、▤（放置高光）、▤（对齐摄影机）、▣（对齐到视图），其中 ▤（一般对齐）最常用。

2.5.6　对象的轴心控制

轴心是对象发生变换时的中心，只影响对象的旋转和缩放。对象的轴心控制包括 3 种方式：▤（使用轴心点）、▤（使用选择中心）和▤（使用变换坐标中心）。

（1）使用轴心点控制

以选择对象自身的轴心点作为旋转、缩放操作的中心。如果选择了多个对象，则以每个对象各自的轴心点进行变换操作。图 2-39 所示为 3 个茶壶按照自身的轴心点旋转。

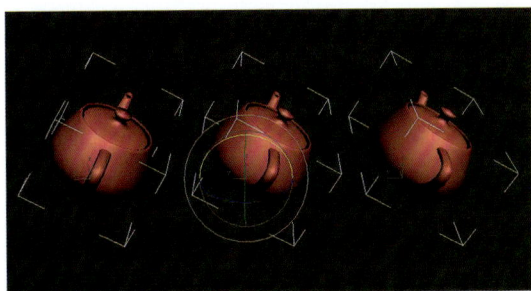

图 2-39　按自身坐标中心旋转

（2）使用选择中心控制

以选择对象的公共轴心点作为旋转、缩放操作的中心。图 2-40 所示为 3 个茶壶围绕一个共同的轴心点旋转。

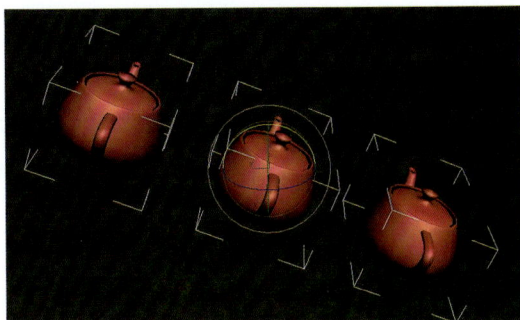

图 2-40　按共同轴心点旋转

（3）使用变换坐标中心控制

以选择对象使用的当前坐标系的中心点作为旋转、缩放操作的中心。以 3 个茶壶为例，操作步骤如下。

① 框选右侧的两个茶壶，然后选择坐标系统下拉列表中的"拾取"选项。

② 单击另一个茶壶，将两个茶壶的坐标中心拾取在一个茶壶上。

③ 对这两个茶壶进行旋转，发现这两个茶壶的旋转中心是被拾取茶壶的坐标中心（图 2-41）。

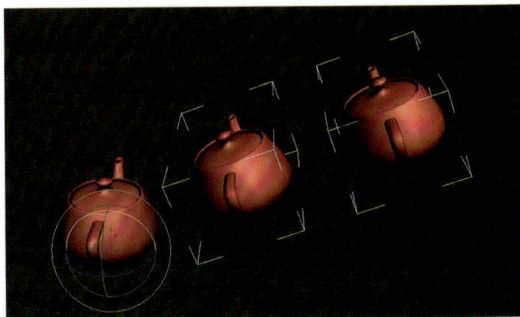

图 2-41　拾取的坐标中心为旋转中心

2.5.7　对象的撤销和重做

软件提供了撤销和重做命令，可以使操作回到之前的某一步，这在动画制作过程中是非常实用的。这两个命令在工具栏中都有相应的快捷按钮。

▤（撤销场景操作）：用于撤销最近一次操作命令，可以连续使用，快捷键为 Ctrl+Z。在该按钮上单击鼠标右键，会显示当前所执行的一些步骤，可以从中选择要撤销的步骤。

↻（重做场景操作）：用于恢复撤销命令，可以连续使用，快捷键为 Ctrl+Y。重做也有步骤列表，使用方法与撤销命令相同。

课后拓展

1. 3ds Max 软件的操作界面主要包括哪几部分？各部分的作用分别是什么？

2. 对象的基本变换包括哪几种？

3. 3ds Max 软件中包含几种坐标系统？请简述它们的应用特点。

4. 打开本书配套文件包＞第 2 章＞静物布置的初始文件，运用 ✛（移动）、↻（旋转）、▦（缩放）等变换工具以及对象的复制等知识，利用所提供的物体组成一幅静物场景（图 2-42），调整后达到如图 2-43 所示的效果。

图 2-42　初始效果　　　　　　　　　　图 2-43　调整后的效果

第3章

基础建模

- ● **本章内容** 基础模型学习是3ds Max软件制作模型和场景的基础。本章内容包括标准基本体、拓展基本体、二维图形、拓展二维图形等内容。学习这些基础模型创建及操作是后期学习复杂建模的前提和基础。

- ● **学习目标** 掌握标准基本体、拓展基本体的创建方式；掌握二维图形、拓展二维图形的创建方式；熟悉基本物体的编辑、修改；掌握基础建模的方式和流程。

3.1 三维几何体

三维几何体的创建以及命令面板的参数设置是学习 3ds Max 软件的基础内容。各几何体同名参数的效果大同小异，这里对同名参数不作赘述。

3.1.1 标准基本体

标准基本体是指基础的三维几何体和常见的模型，是制作复杂模型和场景的基础。下面介绍各标准基本体的创建方法和参数设置等。

（1）长方体

长方体是基础的标准几何对象，用于制作长方体或立方体。

① 创建长方体

创建长方体有两种方式，一种是"立方体"创建方式，另一种是"长方体"创建方式（图3-1）。

"立方体"创建方式：以立方体方式创建，操作简单，但只限于创建立方体。

"长方体"创建方式：系统默认的创建方式，操作如下。

图 3-1
创建长方体面板

a. 单击 ➕（创建）> ⚪（几何体）> "长方体"按钮。

b. 移动光标到合适的位置，按住鼠标左键不放并拖曳光标，在视图中生成一个长方形平面（图3-2）。释放鼠标左键并上下移动光标，长方体的高度会跟随光标的移动而增减，在合适的位置单击鼠标左键，长方体创建完成（图3-3）。

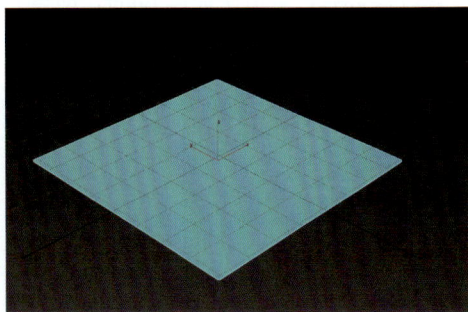

图 3-2　创建长方体平面

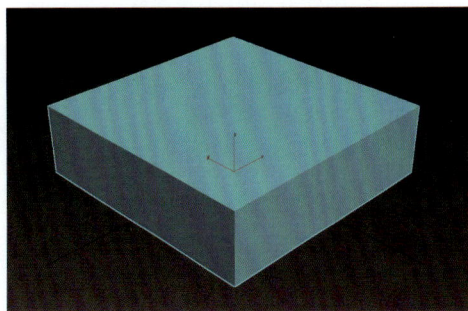

图 3-3　完成创建长方体

② 长方体的参数

选中长方体，单击 ⬚（修改）按钮，"参数"卷展栏中显示长方体的参数（图3-4）。

名称和颜色：用于指定名称和颜色。其中，单击颜色框后弹出"对象颜色"对话框（图3-5），单击颜色块可以选择合适的颜色。单击"添加自定义颜色"按钮，可以自定义颜色。

"键盘输入"卷展栏：创建基本体时可以使用键盘创建方式（图3-6），首先在面板中输入几何体的参数，然后单击"创建"按钮，视图中会生成该几何体。创建复杂的模型时，建议使用手动方式建模，即创建模型后在修改面板修改参数，调整成需要的模型效果。

"参数"卷展栏：设置对象的体积、形状以及分段等（图3-7）。在"参数"的数值框可以直接输入数值进行设置，也可以使用右侧的微调器调整。"长度/宽度/高度"确定长、宽、高三边的长度参数。"长度分段/宽度分段/高度分段"控制长、宽、高三边的段数，段数越多，面数就越多，在后期修改或制作特殊效果时需要根据具体情况设置参数。勾选"生成贴图坐标"选项，系统自动指定贴图坐标。

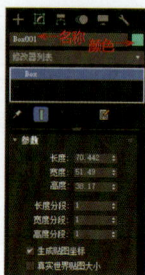

图3-4 参数面板　　图3-5 "对象颜色"对话框　　图3-6 键盘创建方式　　图3-7 长方体"参数"卷展栏

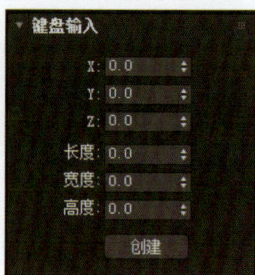

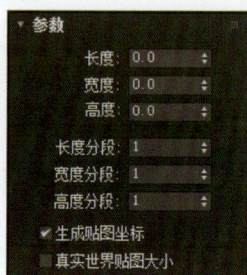

③ 参数的修改

修改参数后，点击快捷键Enter，即得到修改后的效果（图3-8、图3-9）。

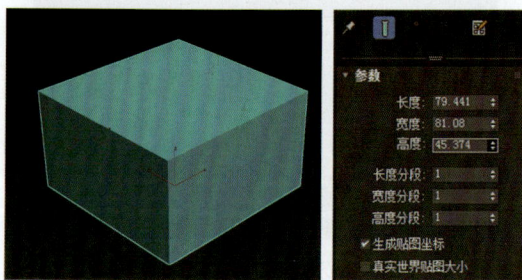

图3-8 调整长度参数

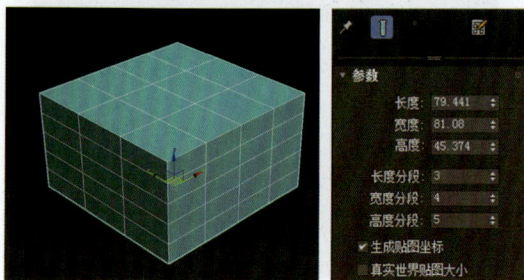

图3-9 调整分段参数

（2）圆锥体

圆锥体用于制作圆锥、圆台、四棱锥以及它们的局部。

① 创建圆锥体

创建圆锥体同样有两种方式，一种是"边"创建方式，另一种是"中心"创建方式（图3-10）。

图3-10 选择创建方法

"边"创建方式：以边界为起点创建圆锥体，在视图中单击鼠标左键形成的点即为圆锥体底面的边界起点，随着光标的拖曳始终以该点作为锥体的边界。

"中心"创建方式：系统默认的创建方式。以中心为起点创建圆锥体，系统将采用在视图中第一次单击鼠标左键形成的点作为圆锥体底面的中心点。

创建圆锥体的方法比长方体多一个步骤，操作步骤如下。

a.单击 ✚（创建）> ⬤（几何体）>"圆锥体"按钮。

b.移动光标到合适的位置，按住鼠标左键不放并拖曳光标，视图中生成一个圆形平面（图3-11）。释放鼠标左键并上下移动光标，锥体的高度会跟随光标的移动而增减（图3-12）。

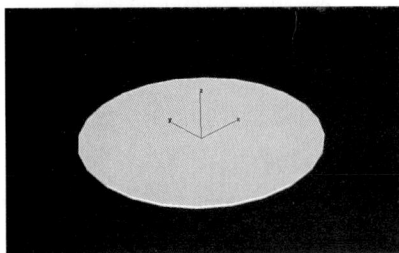

图3-11　生成圆形平面

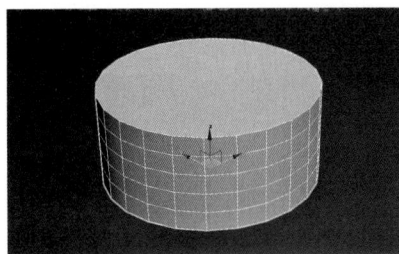

图3-12　调节锥体高度

c.在合适的位置单击鼠标左键，再次移动光标，调节顶端面的大小，单击鼠标左键完成创建（图3-13）。

② 圆锥体的参数

选中圆锥体，单击 ⬜（修改）按钮，"参数"卷展栏中显示圆锥体的参数（图3-14）。

半径1：设置圆锥体底面的半径。

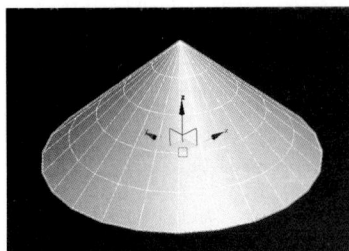

图3-13　创建圆锥体

图3-14
圆锥体"参数"
卷展栏

半径2：设置圆锥体上下两个面的半径。

高度：设置圆锥体的高度。

高度分段：设置圆锥体在高度上的段数。

端面分段：设置圆锥体在两端平面上沿半径方向的段数。

边数：设置圆锥体端面圆周上的片段划分数。

平滑：表示是否进行表面光滑处理。开启时，产生圆锥、圆台；关闭时，产生棱锥、棱台。

启用切片：表示是否进行局部切片处理。

切片起始位置：确定切除部分的起始幅度。

切片结束位置：确定切除部分的结束幅度。

（3）球体

球体用于制作面状或光滑的球体，也可以制作局部球体。

① 创建球体

创建球体的方式也有两种，与圆锥体相同，这里不再赘述。球体的创建方法非常简单，操作步骤如下。

a.单击 ✚（创建）> ⬤（几何体）>"球体"按钮。

b.移动光标到合适的位置，按住鼠标左键不放并拖曳光标，在视图中生成一个球体，移动光标调整球体的大小，在合适的位置释放鼠标左键，球体创建完成（图3-15）。

② 球体的参数

选中球体，然后单击 ⬜（修改）按钮，"参数"卷展栏显示球体的参数（图3-16）。

半径：设置球体的半径。

分段：设置表面的段数。

图3-15　创建球体

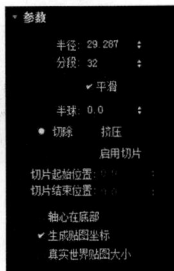

图3-16　球体
"参数"卷展栏

平滑：设置球体表面是否自动光滑。

半球：用于创建半球或部分球体。值由 0 到 1，默认为 0，表示完整的球体。值为 0.5 时，生成半球体；值为 1 时，球体全部消失。

切除 / 挤压：用于确定球体切除后，原来的网格是切除还是保留。

（4）圆柱体

圆柱体用于制作圆柱体、棱柱体、局部圆柱体。

① 创建圆柱体

圆柱体的创建方法与长方体基本相同，操作步骤如下。

a. 单击 ✛（创建）> ⬤（几何体）> "圆柱体"按钮。

b. 将鼠标光标移动到视图中，按住鼠标左键不放并拖曳光标，视图中出现一个圆形平面（图 3-17），在合适的位置释放鼠标左键并上下移动，圆柱体高度会随光标的移动而增减，在合适的位置单击鼠标左键，圆柱体创建完成（图 3-18）。

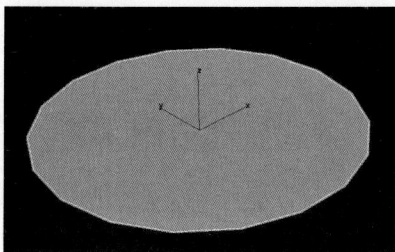

图 3-17　创建圆形平面

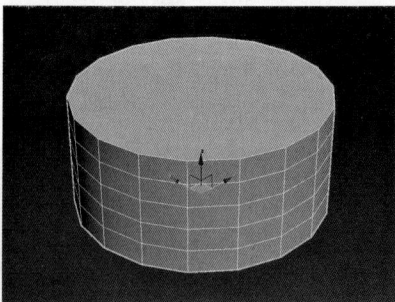

图 3-18　调整圆柱体高度

② 圆柱体的参数

选中圆柱体，单击 ✐（修改）按钮，参数卷展栏显示圆柱体的参数（图 3-19）。

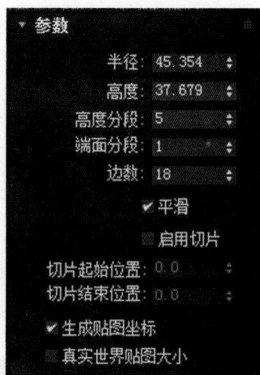

图 3-19　圆柱体"参数"卷展栏

半径：设置底面和顶面的半径。

高度：确定圆柱体的高度。

高度分段：确定高度上的段数。弯曲圆柱体时，高度段数可以产生平滑的弯曲效果。

端面分段：确定在圆柱体两个端面上沿半径方向的段数。

边数：确定圆周上的边数，边数越多越平滑，最小值为 3。

其他参数参见前面小节的参数说明。

（5）几何球体

几何球体用于建立以三角面拼接而成的球体或半球体。

① 创建几何球体

创建几何球体有两种方式，一种是"直径"创建方式，另一种是"中心"创建方式（图 3-20）。

图 3-20　选择创建方法

"直径"创建方式：以直径方式拉出几何球体。在视图中以第一次单击鼠标左键形成的点为起点，把光标的拖曳方向作为创建几何球体的直径方向。

"中心"创建方式：是系统默认的创建方式。以中心方式拉出几何球体。在视图中以第一次单击鼠标左键形成的点作为几何球体的圆心，以拖曳鼠标的位移大小作为创建几何球体的半径（图 3-21）。

几何球体的创建方法与球体相同，这里不再赘述。

② 几何球体的参数

选中几何球体，单击█（修改）按钮，"参数"卷展栏显示几何球体的参数（图3-22）。

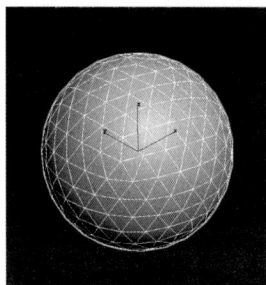

图3-21　创建几何球体　　　图3-22
几何球体"参数"卷展栏

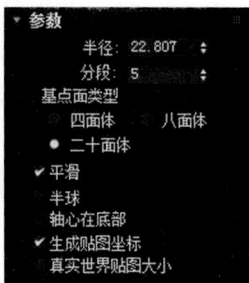

半径：确定几何球体的半径。

分段：设置球体表面的复杂度，值越大，三角面越多，球体也越光滑。

"基点面类型"组：确定是由哪种规则的异面体组合成球体。其中，"四面体"是由四面体构成几何球体；"八面体"是由八面体构成几何球体；"二十面体"是由二十面体构成几何球体。

（6）圆环

圆环用来制作立体的圆环圈或一段圆环。

① 创建圆环

创建圆环的步骤如下。

a. 单击█（创建）>●（几何体）>"圆环"按钮。

b. 移动光标到合适的位置，按住鼠标左键不放并拖曳光标，在视图中生成一个圆环（图3-23）。在合适的位置释放鼠标左键并上下移动光标调整圆环的粗细，单击鼠标左键创建完成。

② 圆环的参数

选中圆环，然后单击█（修改）按钮，"参数"卷展栏显示圆环的参数（图3-24）。

半径1：设置圆环中心与截面正多边形的距离。

半径2：设置截面正多边形的内径。

旋转：设置片段截面沿圆环轴旋转的角度。

扭曲：设置每个截面扭曲的角度，产生扭曲的表面。

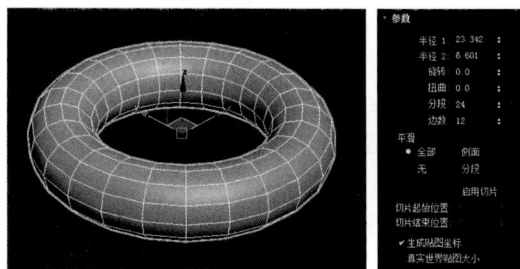

图3-23　创建圆环　　　图3-24　圆环
"参数"卷展栏

分段：确定沿圆周方向上片段划分的数目。

边数：确定圆环的侧边数。

"平滑"组：用于设置平滑属性。其中，"全部"表示对所有面进行平滑处理；"侧面"表示对侧边进行平滑处理；"无"表示不进行平滑处理；"分段"表示平滑每一个独立的面。

（7）管状体

管状体用于创建各种空心管状体，包括管状体、棱管以及局部管状体。

① 创建管状体

a. 单击█（创建）>●（几何体）>"管状体"按钮。

b. 移动光标到合适的位置，按住鼠标左键不放并拖曳光标，在视图中生成一个圆，在合适的位置释放鼠标左键并上下移动光标，会生成一个圆环面片，单击鼠标左键然后上下移动光标，管状体的高度会随之增减，在合适的位置单击鼠标左键，管状体创建完成（图3-25）。

② 管状体的参数

选中管状体，然后单击█（修改）按钮，"参数"卷展栏显示管状体的参数（图3-26）。

半径1：确定管状体的内径大小。

半径2：确定管状体的外径大小。

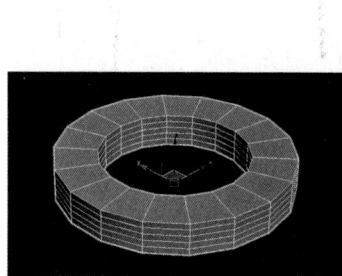

图3-25　创建管状体　　　图3-26　管状体
"参数"卷展栏

高度：确定管状体的高度。

高度分段：确定管状体的高度方向的段数。

端面分段：确定管状体上下底面的段数。

边数：设置管状体侧边数的多少，值越大，管状体越光滑。

（8）四棱锥

四棱锥用于创建锥体模型，是锥体的特殊形式。

① 创建四棱锥

四棱锥的创建方式有两种，一种是"基点/顶点"创建方式，另一种是"中心"创建方式。

"基点/顶点"创建方式：系统默认的创建方式，系统把第一次单击鼠标形成的点作为四棱锥底面的初始点。

"中心"创建方式：系统把第一次单击鼠标形成的点作为四棱锥底面的中心点。

a. 单击 ✛（创建）＞ ◉（几何体）＞"四棱锥"按钮。

b. 移动光标到合适的位置，按住鼠标左键不放并拖曳光标，在视图中生成一个正方形平面，在合适的位置释放鼠标左键并上下移动光标，调整四棱锥的高度，然后单击鼠标左键，四棱锥创建完成（图3-27）。

② 四棱锥的参数

选中四棱锥，单击 ■（修改）按钮，"参数"卷展栏显示四棱锥的参数（图3-28）。

宽度、深度：确定沿底面矩形的长和宽。

高度：确定锥体的高度。

宽度分段：确定沿底面宽度方向的分段数。

深度分段：确定沿底面深度方向的分段数。

高度分段：确定沿四棱锥高度方向的分段数。

（9）茶壶

茶壶用于创建茶壶造型或茶壶的一部分。

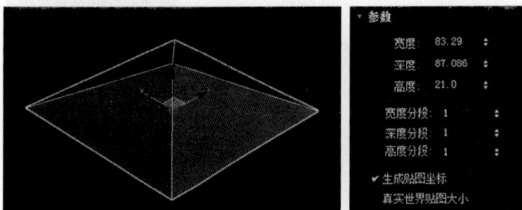

图3-27　创建四棱锥　　　图3-28　四棱锥"参数"卷展栏

① 创建茶壶

创建茶壶的操作步骤如下。

a. 单击 ✛（创建）＞ ◉（几何体）＞"茶壶"按钮。

b. 移动光标到合适的位置，按住鼠标左键不放并拖曳光标，在视图中生成一个茶壶，上下移动光标调整茶壶的大小，在合适的位置释放鼠标左键，茶壶创建完成（图3-29）。

② 茶壶的参数

选中茶壶，单击 ■（修改）按钮，"参数"卷展栏显示茶壶的参数（图3-30）。调整茶壶参数可以把茶壶拆分成不同的部分。

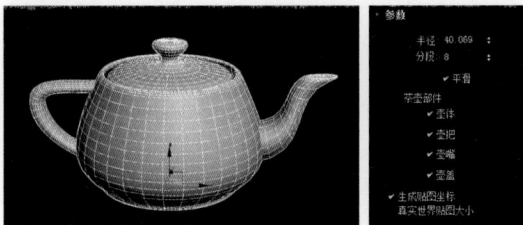

图3-29　创建茶壶　　图3-30　茶壶"参数"卷展栏

半径：确定茶壶的大小。

分段：确定茶壶表面的划分精度，数值越大，表面越平滑。

平滑：设置表面是否光滑。

"茶壶部件"组：设置各部分的显示，分为壶体、壶把、壶嘴、壶盖四部分。

（10）平面

平面用于创建平面对象，作为地面、场地等。

① 创建平面

创建平面有两种方式，一种是"矩形"创建方式，另一种是"正方形"创建方式。

"矩形"创建方式：分别确定两条边的长度，创建矩形平面。

"正方形"创建方式：只需确定一条边的长度，创建正方形平面。

创建平面的方法与球体相似，操作步骤如下。

a. 单击 ✛（创建）＞ ◉（几何体）＞"平面"按钮。

b. 移动光标到合适的位置，按住鼠标左键不放并拖曳光标，在视图中生成一个平面，调整合适的大小释放鼠标左键，创建完成（图 3-31）。

② 平面的参数

选中平面，单击■（修改）按钮，"参数"卷展栏显示平面的参数（图 3-32）。

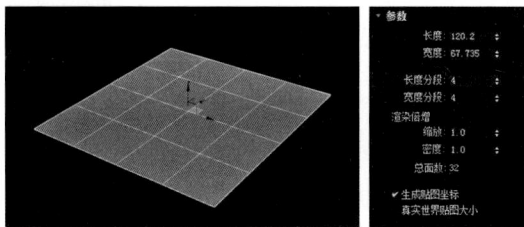

图 3-31　创建平面　　图 3-32　平面"参数"卷展栏

长度 / 宽度：确定平面的长度、宽度，以决定平面的大小。

长度分段：确定沿平面长度方向的分段数。

宽度分段：确定沿平面宽度方向的分段数。

"渲染倍增"组

缩放：渲染时，平面的长和宽均以该比例倍数扩大。

密度：渲染时，平面的长和宽的分段数均以该密度比例倍数扩大。

总面数：显示平面对象全部的面数。

（11）加强型文本

加强型文本可以在视窗中直接创建文本图形的样条线，并且支持中英文混排以及操作系统的各种标准字体。

① 创建文本

创建文本的操作步骤如下。

a. 单击 ✚（创建）> ◯（几何体）>"文本"按钮，在"参数"面板中设置创建参数，在"文本"输入区输入要创建的文本内容。

b. 将光标移到视图中并单击鼠标左键，完成文本创建（图 3-33）。

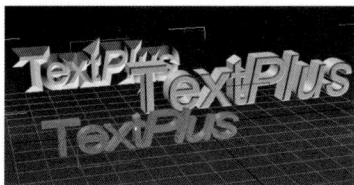

图 3-33　创建文本

② 文本的参数

选中文本，单击 ◢（修改）按钮，切换到修改命令面板，修改命令面板显示文本的参数（图 3-34）。

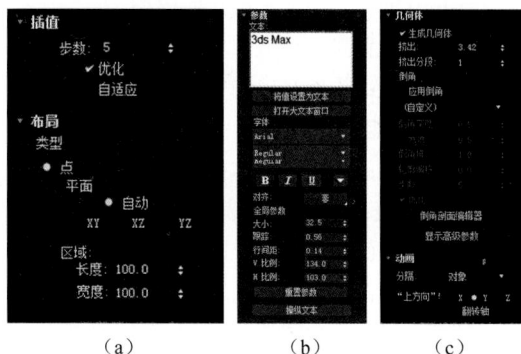

（a）　　　　　（b）　　　　　（c）

图 3-34　修改面板的文本参数

"插值"卷展栏

步数：设置用于分割曲线的顶点数。步数越多，曲线越平滑。

优化：从直线段移除不必要的步数。

自适应：自动设置步数，以生成平滑曲线。

"布局"卷展栏

点：使用点确定布局。

平面：使用"自动""XY 平面""XZ 平面"或"YZ 平面"确定布局。

区域：使用"长度"和"宽度"测量值确定布局。

"参数"卷展栏

"文本"框：可以输入多行文本。按快捷键Enter 开始新的一行。

将值设置为文本：将文本链接到显示的值。

打开大文本窗口：切换大文本窗口。

字体列表：从可用字体列表中选择字体。

字体类型列表：可选择"常规""斜体""粗体""粗斜体"字体类型。

对齐：设置文本对齐方式。

"全局参数"组

大小：设置文本高度。

追踪：设置字母间距。

行间距：设置行间距。

V 比例：设置垂直缩放。

H 比例：设置水平缩放。

重置参数：将选定参数重置为默认参数。

操纵文本：调整文本大小、字体、追踪、字间距和基线。

"几何体"卷展栏

生成几何体：生成三维几何模型。

挤出：设置挤出深度。

挤出分段：设置挤出的分段数。

"倒角"组

应用倒角：切换对文本执行倒角。

预设列表：在下拉列表中选择预设倒角类型，包括"凹面""凸面""凹雕""半圆"等。

倒角深度：设置倒角区域的深度。

宽度：设置倒角宽度参数。

倒角推：设置倒角曲线的强度。

轮廓偏移：设置轮廓的偏移距离。

步数：设置用于分割曲线的顶点数。步数越多，曲线越平滑。

优化：从倒角的直线段移除不必要的步数。

倒角剖面编辑器：可用于创建自定义剖面。

显示高级参数：单击可以切换高级参数（图3-35）。

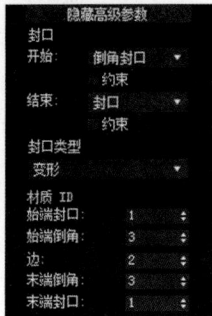

图 3-35
"显示高级参数"卷展栏

"封口"组

开始：设置文本正面的封口。选项包括"封口""无封口""倒角封口""倒角无封口"。

结束：设置文本背面的封口。其选项与上面"开始"的选项一致。

约束：对选定面使用选择约束。

"封口类型"组

变形：设置三角形创建封口面。

栅格：在栅格图案中创建封口面。

细分：使用细分图案创建将变形的封口面。

"材质ID"组可将单独选定的材质应用于"始端封口""始端倒角""边""末端倒角"和"末端封口"。

"动画"卷展栏

分隔：定义文本部分的动画。选项包括"对象""字符""字词""线形"等。

"上方向"轴：将文本元素的向上方向设置为"X""Y"或"Z"轴。

翻转轴：翻转文本元素的方向。

3.1.2　案例：衣柜的制作

案例学习目标：学习使用标准基本体创建模型。

案例知识要点：创建长方体并复制，通过移动、旋转和缩放工具制作衣柜模型。

视频教程

效果所在位置：本书配套文件包>第3章>案例：衣柜的制作。

① 点击 ✚（创建）> ⬤（几何体）>"标准基本体">"长方体"，打开"键盘输入"卷展栏，将"长度"设置为"120"，"宽度"设置为"2"，"高度"设置为"60"，点击"创建"按钮（图3-36），在视图中创建一个长方体（图3-37）。

图 3-36　设置"键盘输入"参数

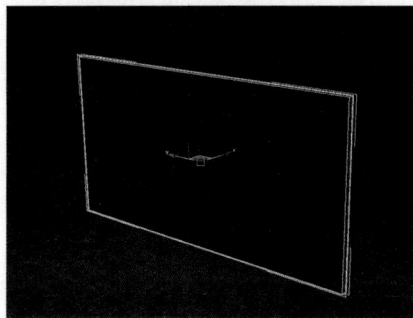

图 3-37　创建长方体

② 再次点击 ✚（创建）> ⬤（几何体）>"标准基本体">"长方体"，打开"键盘输入"卷展栏，将"长度"设置为"1"，"宽度"设置为"25"，"高度"设置为"60"，点击"创建"按钮，在视图中选择创建的长方体，并

移动到第一个长方体的一端（图 3-38）。

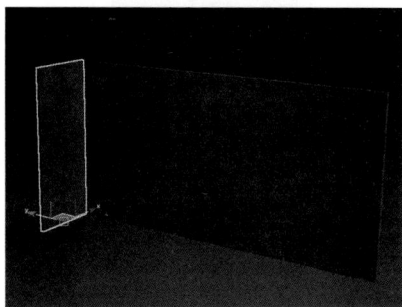

图 3-38　再次创建长方体

③ 选择创建的长方体，按住快捷键 Shift，沿"Y 轴"拖动长方体，在弹出的"克隆选项"框的副本数里输入"4"，复制生成 4 个长方体，将复制的长方体依次摆放到合适的位置，作为柜子的格挡（图 3-39）。

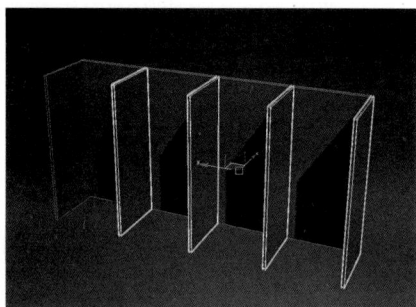

图 3-39　复制长方体

④ 点击 ✚（创建）＞ ⬤（几何体）＞"标准基本体"＞"长方体"，打开"键盘输入"卷展栏，将"长度"设置为"120"，"宽度"设置为"25"，"高度"设置为"1"，在视图中创建一个长方体，将创建的长方体摆放到合适的位置，作为柜子的底部（图 3-40）。

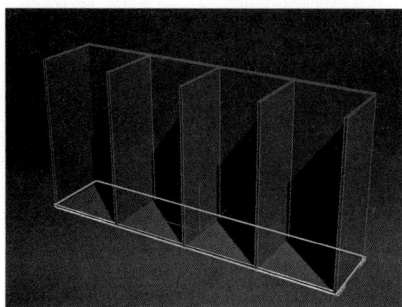

图 3-40　创建长方体作为柜底

⑤ 按照步骤③的方法复制两个长方体，并摆放到合适位置，作为柜子的格挡（图 3-41）。

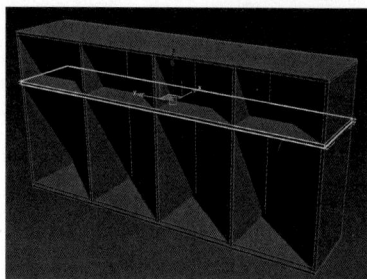

图 3-41　复制长方体并摆放

⑥ 再次按照之前的方法创建长方体，并复制多个长方体，摆放到合适位置，作为柜子的格挡（图 3-42）。

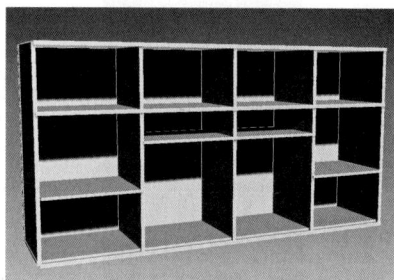

图 3-42　再次创建长方体并摆放

⑦ 继续创建并复制长方体以增加衣柜的细节，完成最终模型效果（图 3-43）。

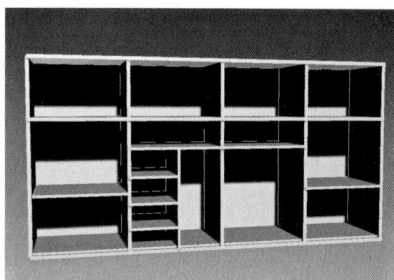

图 3-43　最终模型效果

3.1.3　扩展基本体

相比标准基本体，扩展基本体复杂一些，这类几何体也可以通过其他建模工具创建。

（1）异面体

异面体可用于创建造型奇特的几何体，其模型效果和"参数"卷展栏如图 3-44、图 3-45 所示。

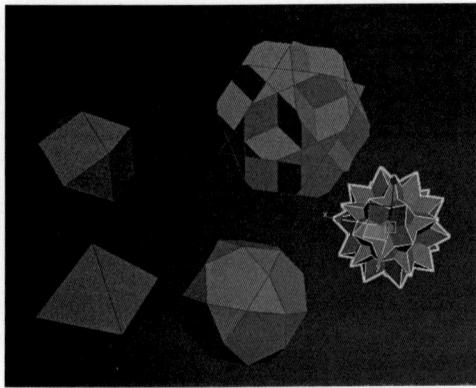

图 3-44 异面体

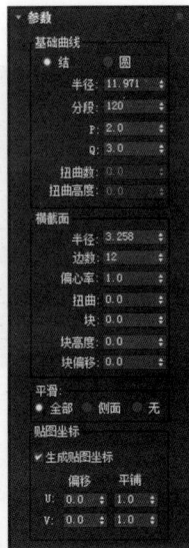

图 3-47 环形节"参数"卷展栏

（3）切角长方体和切角圆柱体

切角长方体和切角圆柱体可用于创建带有切角的长方体和圆柱体。切角长方体的模型效果和"参数"卷展栏如图 3-48、图 3-49 所示。切角圆柱体的模型效果和"参数"卷展栏如图 3-50、图 3-51 所示。

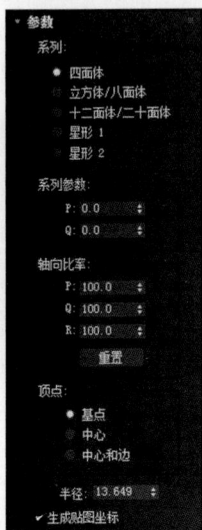

图 3-45 异面体"参数"卷展栏

（2）环形节

环形节可用于创建复杂的环形几何体。其模型效果和"参数"卷展栏如图 3-46、图 3-47 所示。

图 3-46 环形节

图 3-48 切角长方体   图 3-49 切角长方体"参数"卷展栏

图 3-50 切角圆柱体   图 3-51 切角圆柱体"参数"卷展栏

（4）油罐、胶囊和纺锤

油罐、胶囊和纺锤几何体具有平滑效果，创建方法和参数都有相似之处。油罐、胶囊和纺锤的模型效果和"参数"卷展栏如图3-52、图3-53所示。

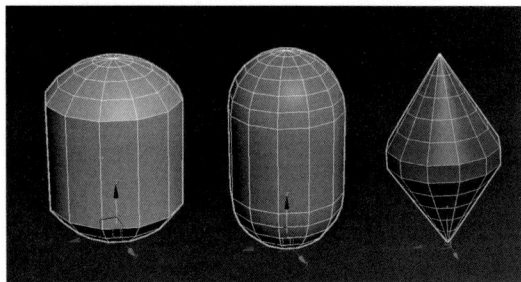

图3-52　油罐、胶囊、纺锤

（a）　　　　　（b）　　　　　（c）

图3-53　油罐、胶囊、纺锤的"参数"卷展栏

（5）L-Ext 和 C-Ext

L-Ext 和 C-Ext 主要用于建筑模型。L-Ext、C-Ext 的模型效果和"参数"卷展栏如图3-54～图3-57所示。

（6）软管

软管可用于创建柔性几何体，其两端可以连接两个不同的对象。软管的模型效果和"参

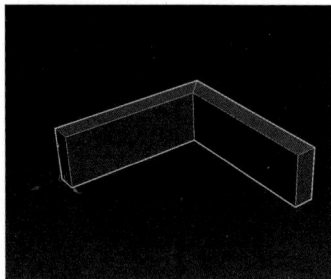

图3-54　L-Ext

图3-55　L-Ext"参数"卷展栏

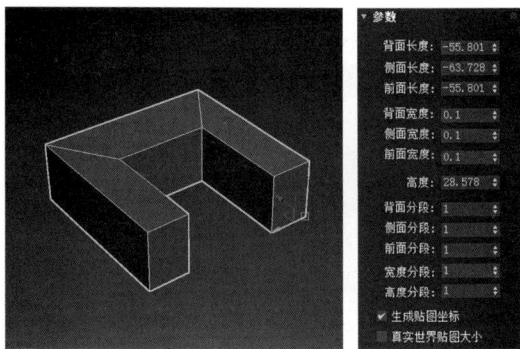

图3-56　C-Ext

图3-57　C-Ext"参数"卷展栏

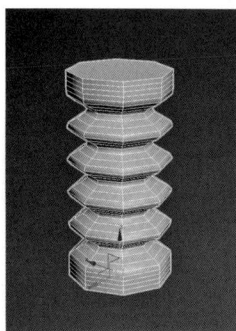

图3-58　软管

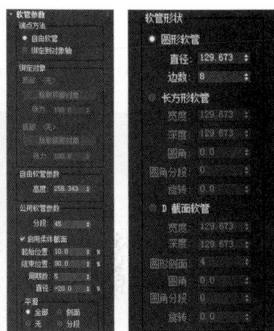

图3-59　软管"参数"卷展栏

数"卷展栏如图3-58、图3-59所示。

（7）球棱柱

球棱柱可用于创建带有倒角的柱体，在柱体边缘产生平滑的倒角，属于圆柱体的特殊形式。球棱柱的模型效果和"参数"卷展栏如图3-60、图3-61所示。

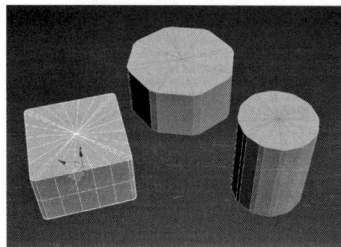

图3-60　球棱柱

图3-61　球棱柱"参数"卷展栏

（8）棱柱

棱柱可用于创建等腰或不等边的三棱柱体。棱柱的模型效果和"参数"卷展栏如图3-62、

图 3-63 所示。

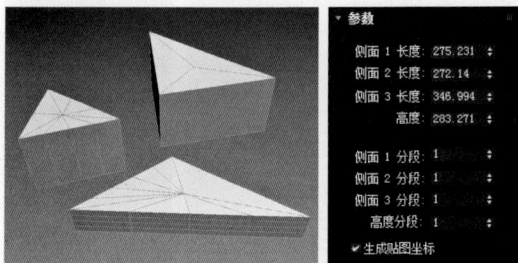

图 3-62　棱柱　　　图 3-63
棱柱"参数"卷展栏

（9）环形波

环形波可用于创建与环形节的某些三维效果相似的平面。环形波的模型效果和"参数"卷展栏如图 3-64、图 3-65 所示。

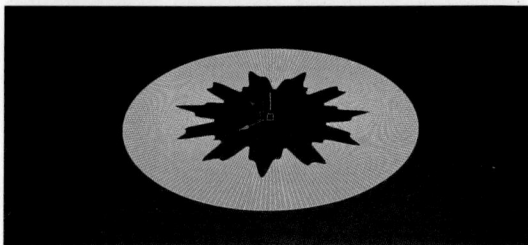

图 3-64　环形波

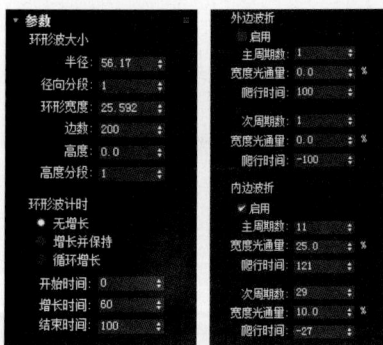

图 3-65　环形波"参数"卷展栏

3.1.4　案例：沙发的制作

案例学习目标：学习使用扩展基本体创建模型。

案例知识要点：创建切角长方体，并对切角长方体进行复制，拼合沙发的各个部位，完成沙发模型的制作。

效果所在位置：本书配套文件包>第 3 章>案例：沙发的制作。

视频教程

① 单击 ✚ （创建）>　●（几何体）>"扩展基本体">"切角长方体"，在透视图中创建切角长方体作为沙发的坐垫，打开修改面板，将"长度"设置为"40"，"宽度"设置为"85"，"高度"设置为"8"，"圆角"设置为"1.5"，"圆角分段"设置为"5"（图 3-66）。

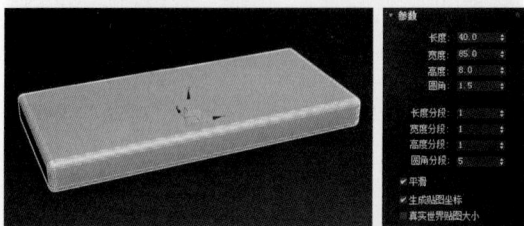

图 3-66　创建切角长方体

② 再次创建切角长方体，打开修改面板，将"长度"设置为"40"，"宽度"设置为"6"，"高度"设置为"25"，"圆角"设置为"1.5"，"圆角分段"设置为"5"，并移动到坐垫模型的一侧，作为沙发的扶手（图 3-67）。

图 3-67　制作扶手（1）

③ 选择扶手模型，点击快捷键 W 选择 ✥（移动工具），将光标放在坐标轴的"X 轴"，按住快捷键 Shift，沿着"X 轴"拖动模型到坐垫模型的另一侧，在弹出的"克隆选项"对话框中选择"复制"，完成两侧扶手的制作（图 3-68）。

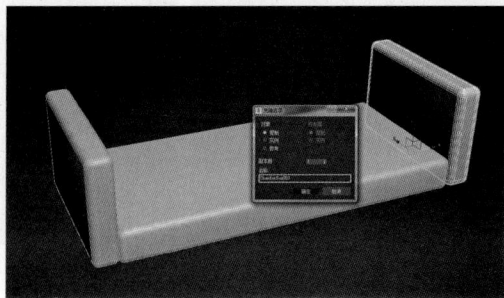

图 3-68　制作扶手（2）

④ 按照步骤②的操作方式，制作沙发坐垫，效果如图3-69所示。

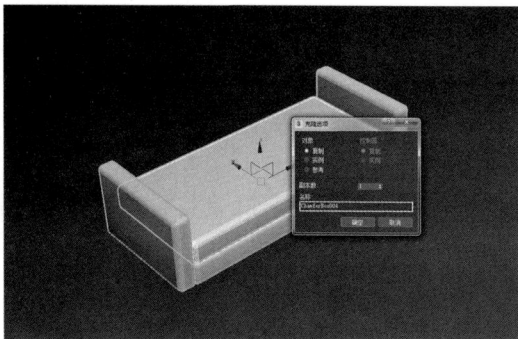

图 3-69　制作沙发坐垫

⑤ 再次创建切角长方体作为沙发靠背，打开修改面板，将"长度"设置为"25"，"宽度"设置为"85"，"高度"设置为"6"，"圆角"设置为"1.5"。点击快捷键R选择 ⟳（旋转工具），选择"X轴"并旋转70°，再点击快捷键W选择 ✥（移动工具），将靠背模型移动到合适的位置（图3-70）。

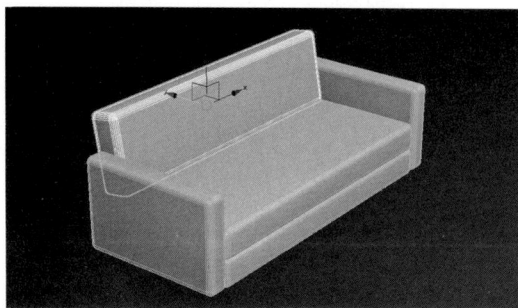

图 3-70　制作沙发靠背

⑥ 调整完成后，使用快捷键Shift+Q渲染，完成最终效果（图3-71）。

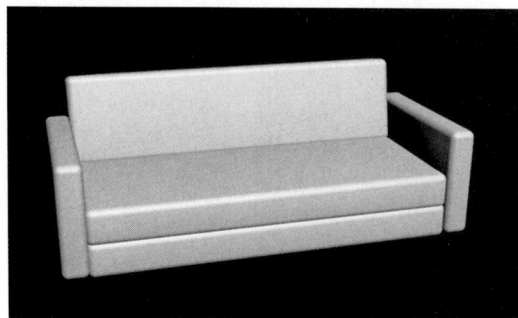

图 3-71　最终渲染效果

3.1.5　建筑模型

3ds Max 软件提供了几种常用的建筑模型，如楼梯、门、窗户等。

（1）楼梯

软件提供了4种楼梯形式，包括直线楼梯、L形楼梯、U形楼梯和螺旋形楼梯，每一种楼梯包含开放式、封闭式、落地式3种形式。

直线楼梯：用于创建直线形楼梯（图3-72）。

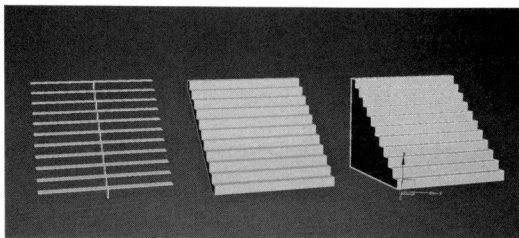

（a）开放式　　（b）封闭式　　（c）落地式

图 3-72　直线楼梯

L形楼梯：用于创建L形楼梯（图3-73）。

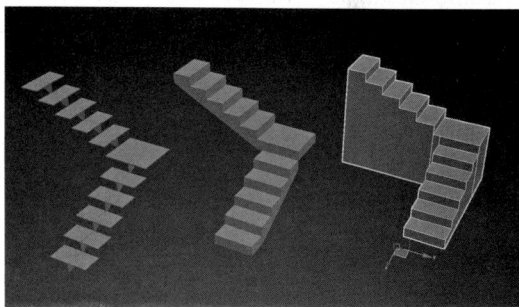

（a）开放式　　（b）封闭式　　（c）落地式

图 3-73　L形楼梯

U形楼梯：用于创建U形楼梯（图3-74）。

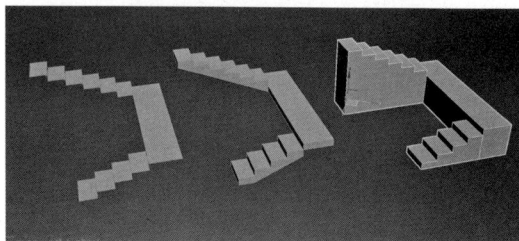

（a）开放式　　（b）封闭式　　（c）落地式

图 3-74　U形楼梯

螺旋形楼梯：用于创建螺旋形楼梯（图3-75）。

(a) 开放式　　(b) 封闭式　　(c) 落地式

图 3-75　螺旋形楼梯

（2）门

软件可用于创建各种型号的门模型，并提供了 3 种样式，如图 3-76 所示。

枢轴门　　　　推拉门　　　　折叠门

图 3-76　3 种门的样式

枢轴门：包括单扇枢轴门、双扇枢轴门。

推拉门：门可以像在轨道上一样滑动。

折叠门：包括中间转枢和侧面转枢。

（3）窗户

软件提供了 6 种窗户样式，如图 3-77 所示。

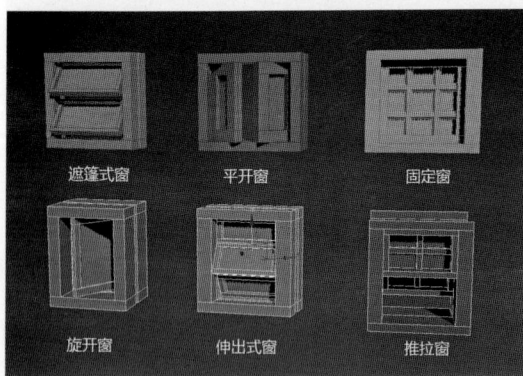

遮篷式窗　　　　平开窗　　　　固定窗

旋开窗　　　　伸出式窗　　　　推拉窗

图 3-77　6 种窗户的样式

遮篷式窗：具有一个或多个在顶部转轴的窗框。

平开窗：有一个或两个可在侧面转枢轴的窗框。

固定窗：固定窗不能打开。

旋开窗：只有一个窗框，可以垂直或水平旋转打开。

伸出式窗：顶部窗框不能移动，底部窗框可以旋转打开。

推拉窗：分为上下、左右推拉两种。

（4）墙

墙的模型及"参数"卷展栏如图 3-78、图 3-79 所示。

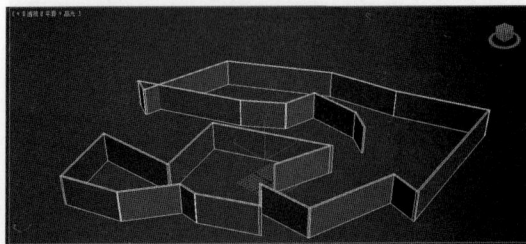

图 3-78　墙

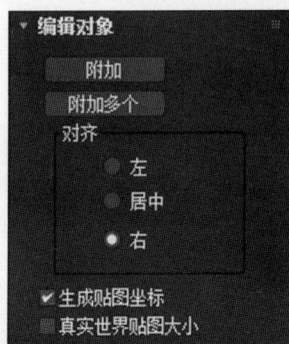

图 3-79　墙"参数"卷展栏

（5）栏杆

栏杆包括栏杆、立柱和栅栏（图 3-80），"参数"卷展栏如图 3-81 所示。

图 3-80　栏杆

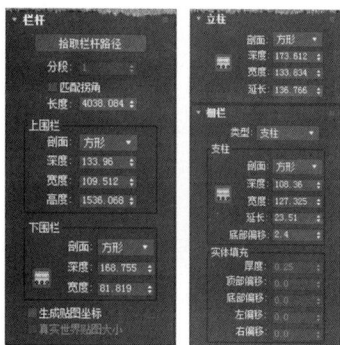

图 3-81 栏杆"参数"卷展栏

（6）植物

软件以网格的形式创建植物模型（图 3-82），"参数"卷展栏如图 3-83 所示。"收藏的植物"中包括 12 种植物（图 3-84），也可以加载植物素材库。

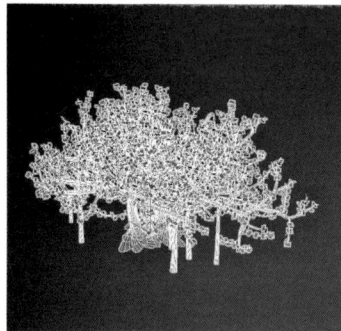

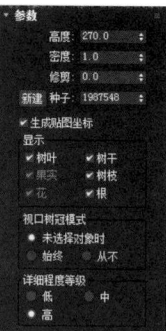

图 3-82　创建植物　　　图 3-83　植物"参数"卷展栏

图 3-84　收藏的植物

3.1.6　案例：螺旋楼梯的制作

案例学习目标：使用建筑模型创建楼梯模型。

案例知识要点：使用螺旋楼梯工具创建楼梯。

效果所在位置：本书配套文件包＞第 3 章＞案例：螺旋楼梯的制作。

视频教程

① 单击 ✛（创建）＞ ⬤（几何体）＞ "楼梯"＞"螺旋楼梯"，在透视图中拖动鼠标创建螺旋楼梯（图 3-85）。

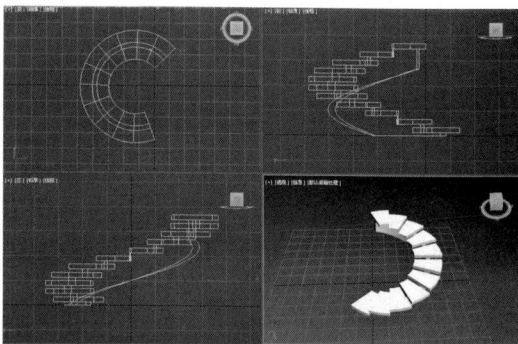

图 3-85　创建螺旋楼梯

② 进入修改面板，将"类型"设置为"开放式"；在"生成几何体"组中勾选"侧弦""支撑梁""中柱"；"扶手"组中勾选"内表面""外表面"；将"布局"组的"半径"设置为"55"，"旋转"设置为"1"，"宽度"设置为"35"；将"梯级"组的"总高"设置为"160"，"竖板数"设置为"12"；将"台阶"组的"厚度"设置为"3"，查看模型效果（图 3-86）。

③ 将"支撑梁"卷展栏的"深度"设置为"5"，"宽度"设置为"3"；将"栏杆"卷展栏的"高度"设置为"25"，"偏移"设置为"0"，"分段"设置为"12"，"半径"设置为"2"，查看模型效果（图 3-87）。

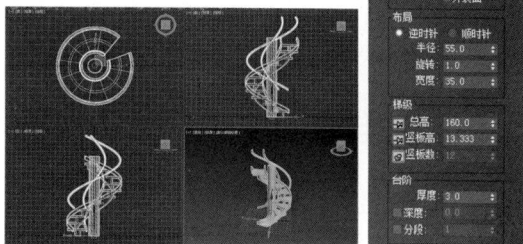

图 3-86　设置参数（1）

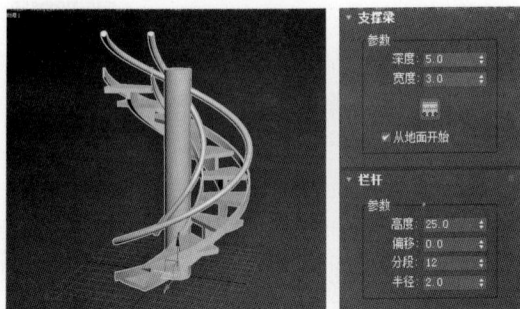

图 3-87　设置参数（2）

④ 将"侧弦"卷展栏的"深度"设置为"6"，"宽度"设置为"2"，"偏移"设置为"1"；将"中柱"卷展栏的"半径"设置为"5"，"分段"为"16"，"高度"设置为"200"，查看模型效果（图 3-88）。

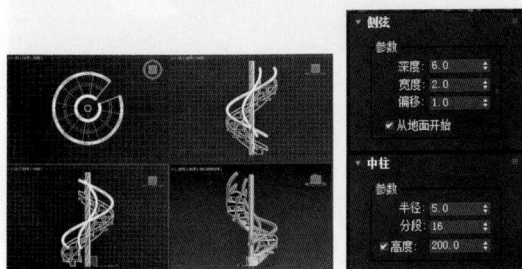

图 3-88　设置参数（3）

⑤ 点击快捷键 Shift+Q 进行快速渲染，查看最终楼梯效果（图 3-89）。

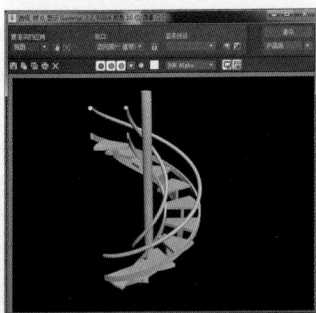

图 3-89　最终模型效果

3.2　二维图形

二维图形的创建和参数设置是学习 3ds Max 软件的基础内容。各二维图形同名参数的效果大同小异，这里对于同名参数不作赘述。

3.2.1　标准二维图形

3ds Max 软件提供了一些常用的二维图形，通过调整参数可以形成新图形。下面介绍各图形的创建方法及其参数设置。

（1）线

线可用于创建任何形状的图形，包括开放型或封闭型的样条线。创建完成后还可以通过调整定点、线段和样条线等编辑线的形态。

① 创建线

线的创建是学习创建其他二维图形的基础，创建线的操作步骤如下。

a. 单击 ➕（创建）> 🟦（图形）> "样条线" > "线"按钮。

b. 在视图中单击鼠标左键，确定线的起始点（图 3-90），移动光标到合适位置并单击鼠标左键，创建第 2 个顶点，生成线（图 3-91）。

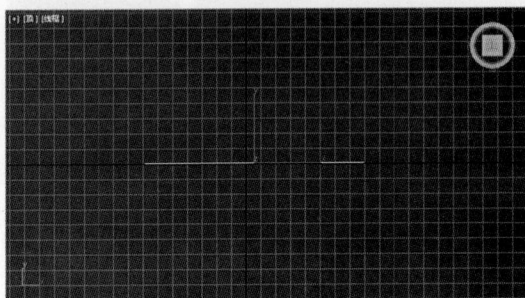

图 3-90　创建线的起始点

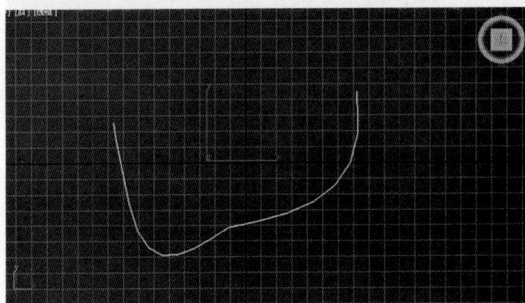

图 3-91　创建第 2 个顶点

c. 如果需要创建开放的线，单击鼠标右键，即可结束线的创建。

d. 如果需要创建封闭的线，在不点击鼠标右键的情况下，将光标移动到线的起始点并单击鼠标左键，弹出"样条线"对话框（图 3-92），提示是否闭合样条线，单击"是（Y）"按钮即可闭合创建的线；单击"否（N）"按钮，则可以继续创建线。

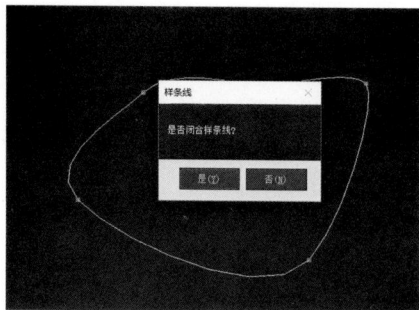

图3-92　创建封闭的线

提示： 创建线时，如果同时按住Shift键，可以创建与坐标轴平行的直线。

② 线的参数

单击 ✚ （创建）＞ 🔷 （图形）＞"线"按钮，创建面板显示线的参数（图3-93）。

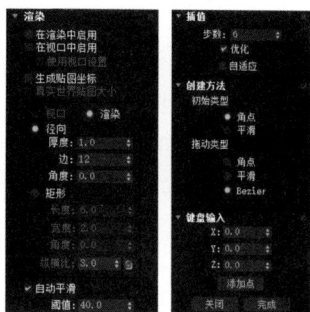

图3-93　线的"参数"卷展栏

"渲染"卷展栏

在渲染中启用：启用该选项后，渲染器在执行渲染时将图形渲染为三维模型。

在视口中启用：启用该选项后，图形在视口中显示为三维模型。

厚度：设置视口中或渲染时线的直径大小。

边：设置视口中或渲染时线的侧边数。

角度：设置视口中或渲染时线的横截面旋转角度。

"插值"卷展栏

步数：设置每个顶点之间的分段数量。

优化：启用该选项后，从样条线的直线线段

中删除不需要的步数。

自适应：自动设置线的分段数。

"创建方法"卷展栏

"初始类型"设置单击鼠标创建线的端点类型，"拖动类型"设置拖曳鼠标创建线的曲线类型。

角点：创建折线，端点之间以直线连接。

平滑：创建曲线，端点之间以线连接，线的曲率由端点之间的距离决定。

Bezier：创建的线具有光滑效果。端点之间线的曲率及方向可以通过拖曳端点的控制柄调整。

③ 线的顶点类型

线的顶点有4种类型，分别是Bezier角点、Bezier、角点和平滑。前两种类型的顶点可以通过控制手柄进行调整，后两种类型的顶点可以直接使用移动工具进行位置调整。

操作步骤：选择 🔷 （修改）面板，进入顶点层级，在视图中选择顶点，点击鼠标右键，在弹出的"四维菜单"中显示该顶点类型（图3-94），选择其他顶点类型即可改变顶点的类型。

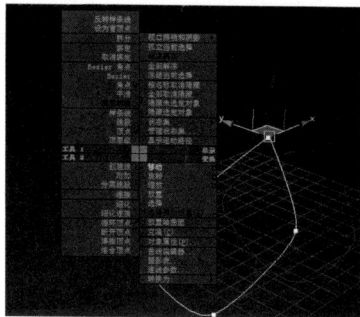

图3-94　"四维菜单"面板

"选择"卷展栏

控制顶点、线段和样条线等子对象的选择。

顶点：调整顶点是编辑样条线最常用的方法。

线段：线段是中间级别的子对象，对它的修改较少。

样条线：是对象选择集最高级别，对它的修改较多。

"几何体"卷展栏

提供了样条线的几何参数（图3-95）。

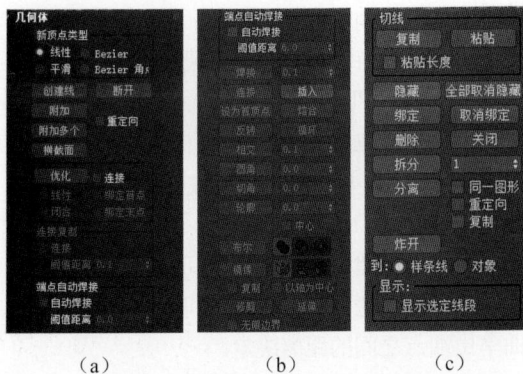

（a）　　　　　（b）　　　　　（c）

图 3-95　"几何体"卷展栏

④ 线的修改参数

线创建完成后，单击 ■（修改）按钮显示线的"参数"卷展栏（图3-96）。下面重点介绍修改线常用的参数。

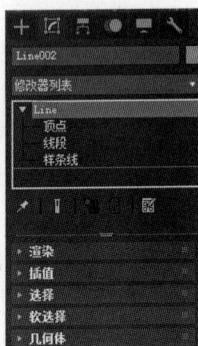

图 3-96
线的修改参数

"新顶点类型"组

"新顶点类型"包括线性、平滑、Bezier、Bezier角点 4 种类型。

创建线：创建一条线并加入当前线，使之与当前线成为一个整体。

断开：用于断开顶点和线段。

附加：将其他二维图形与当前对象结合，变为一个整体。

附加多个：原理与"附加"相同，区别在于单击该按钮后，将弹出"附加多个"对话框。

横截面：可创建图形之间的连接线。单击该按钮，选择一个图形，再选择另一个图形，即可创建连接两个形状的样条线。

优化：在不改变线的形态的前提下，插入顶点。

"连接复制"组

连接：启用时，通过连接新顶点创建一个新的样条线子对象。

阈值距离：用于指定连接复制的距离范围。

"端点自动焊接"组

自动焊接：勾选时，在阈值范围内的两个及

以上顶点将被焊接。

阈值距离：指定自动焊接的作用范围。

焊接：将两个及以上顶点合并为一个点。

连接：连接两个断开的点。

插入：在选择点处单击鼠标，会生成新的顶点。

设为首顶点：指定作为图形起点的顶点。

熔合：移动选择的点到它们的平均中心，同时不会产生点的连接。

反转：颠倒样条线的方向，也就是顶点序号的顺序。

循环：用于点的选择。在视图中选择一组顶点后，单击此按钮可逐点选择顶点。

相交：单击该按钮，在两条相交样条线的交叉处点击，将在交叉处分别增加一个顶点。

圆角：在选择的顶点处创建圆角。

切角：在选择的顶点处创建切角。

轮廓：用于给选择的线设置轮廓。

布尔：提供 ■（并集）、■（差集）、■（交集）3 种运算方式。

■（并集）：将两个重叠样条线组合成一个样条线，在该样条线中，删除两个样条线重叠的部分，保留不重叠的部分。

■（差集）：从第一个样条线中减去与第二个样条线重叠的部分，并删除第二个样条线中剩余的部分。

■（交集）：仅保留两个样条线的重叠部分，删除两者的不重叠部分。

镜像：对曲线进行 ■（水平镜像）、■（垂直镜像）、■（对角镜像）操作。

修剪：单击该按钮可以清理形状中的重叠部分，使顶点接合在一个点上。

延伸：可以整理形状中的开口部分，使顶点接合在一个点上。

无限边界：启用此选项，开口样条线被视为无穷长。

（2）矩形

矩形可用于创建矩形和正方形。

① 创建矩形

矩形的创建比较简单，操作步骤如下。

a.单击➕（创建）>◎（图形）>"样条线">"矩形"按钮。

b.在视图中单击并按住鼠标左键不放，拖曳光标生成一个矩形，移动光标调整矩形大小，在合适的位置松开鼠标左键，矩形创建完成。创建矩形时按住快捷键 Ctrl 可以创建正方形（图3-97）。

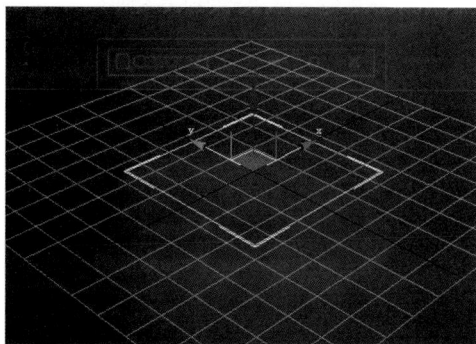

图 3-97　创建矩形

② 矩形的参数

选中矩形，单击◖（修改）按钮，在"参数"卷展栏显示矩形参数（图3-98）。

长度：设置矩形的长度值。

宽度：设置矩形的宽度值。

角半径：设置矩形的四角是直角还是圆角。值为 0 时，矩形的四个角为直角。

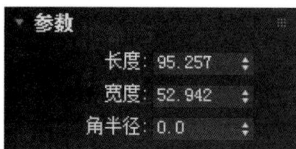

图 3-98　矩形"参数"卷展栏

（3）圆和椭圆

圆和椭圆的形态相似，创建方法基本相同。

① 创建圆和椭圆

下面以圆形为例介绍创建方法。

a.单击➕（创建）>◎（图形）>"样条线">"圆"按钮。

b.在视图中，单击并按住鼠标左键不放拖曳光标，视图中生成一个圆，移动光标调整圆的大小，在合适的位置松开鼠标左键，圆创建完成（图3-99）。椭圆使用相同方法创建。

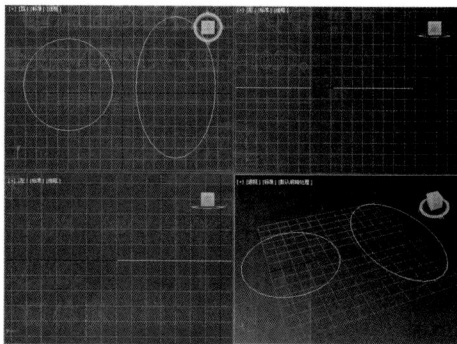

图 3-99　创建圆

② 圆和椭圆的参数

单击圆或椭圆将其选中，单击■（修改）按钮，"参数"卷展栏显示相关参数（图3-100）。其中，圆的参数只有"半径"，椭圆的参数有"长度"和"宽度"，用于调整椭圆的长轴和短轴（图3-101）。

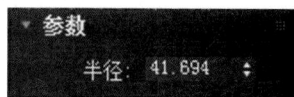

图 3-100　圆的"参数"卷展栏

图 3-101　椭圆的"参数"卷展栏

（4）弧

弧可创建弧线和扇形。

① 创建弧

有两种创建方式，一种是"端点－端点－中央"创建方式（系统默认设置），另一种是"中间－端点－端点"创建方式。

端点－端点－中央：先引出一条直线，以直线的两端点作为弧的两个端点，移动光标确定弧的半径。

中间－端点－端点：先引出一条直线作为弧的半径，移动光标确定弧长。

创建弧的操作步骤如下。

a.单击➕（创建）>◎（图形）>"样条

线">"弧"按钮。

b. 在视图中单击并按住鼠标左键不放拖曳光标生成一条直线，松开鼠标左键并移动光标，调整弧的大小。在合适的位置单击鼠标左键，弧创建完成（图 3-102 显示的是以"端点－端点－中央"方式创建的弧）。

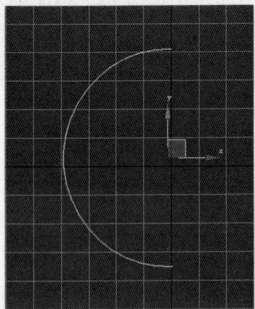

图 3-102　创建弧

② 弧的参数

选择弧，单击 [图] （修改）按钮，"参数"卷展栏显示弧的参数（图 3-103）。

图 3-103　弧的"参数"卷展栏

半径：设置弧的半径。

从：设置弧在所在圆上的起始点角度。

到：设置弧在所在圆上的结束点角度。

饼形切片：选择该复选框，则把弧的中心和弧的两个端点连接起来构成封闭的图形。

反转：启用该选项后，将会水平对称反转弧样条线。

（5）圆环

可用于创建由两个圆组成的圆环。

① 创建圆环

圆环的创建方法比圆的多一个步骤，操作步骤如下。

a. 单击 [+] （创建）＞ [图] （图形）＞ "样条线" ＞ "圆环" 按钮。

b. 在视图中，单击并按住鼠标左键不放拖曳光标生成一个圆形。松开鼠标左键并移动光标，生成另一个圆，在合适的位置单击鼠标左键，圆环创建完成（图 3-104）。

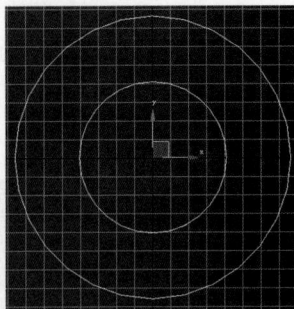

图 3-104　创建圆环

② 圆环的参数

选中圆环，单击 [图] （修改）按钮，"参数"卷展栏显示圆环的参数（图 3-105）。

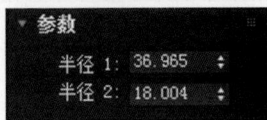

图 3-105　圆环"参数"卷展栏

半径 1：设置第 1 个圆形的半径。

半径 2：设置第 2 个圆形的半径。

（6）文本

可用于创建文本图形的样条线，并且支持中英文混排以及当前操作系统的各种标准字体。

① 创建文本

文本的创建操作步骤如下。

a. 单击 [+] （创建）＞ [图] （图形）＞ "样条线" ＞ "文本" 按钮，在参数面板中设置创建参数，在"文本"输入区输入要创建的文本内容。

b. 将光标移到视图中并单击鼠标左键，文本创建完成（图 3-106）。

图 3-106　创建文本

② 文本的参数

选中文本，单击 按钮，"参数"卷展栏显示文本的参数（图 3-107）。

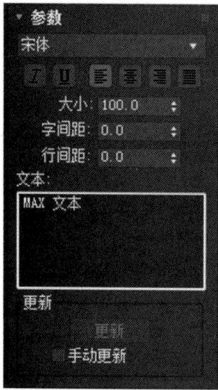

图 3-107 文本"参数"卷展栏

字体下拉列表：选择文字字体。

斜体、下划线、左对齐、中间对齐、右对齐、两边对齐、大小、字间距、行间距等工具与 Word 软件的使用效果相同，这里不再赘述。

文本：输入文本内容。

"更新"组：设置修改完文本内容后，视图是否立刻进行更新显示。

（7）星形

可用于创建多角星形或者齿轮图形。

① 创建星形

星形的创建方法与同心圆相同，这里不再赘述（图 3-108）。

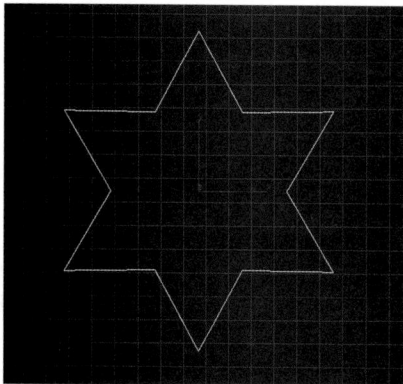

图 3-108 创建星形

② 星形的参数

选中星形，单击 按钮，"参数"卷展栏显示星形的参数（图 3-109）。

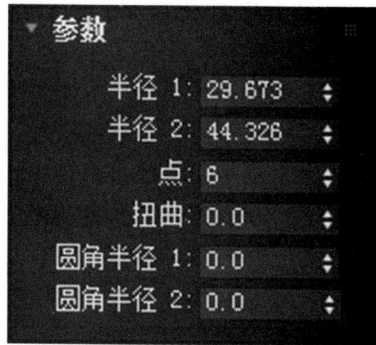

图 3-109 星形"参数"卷展栏

半径 1：设置星形的内顶点所在圆的半径。

半径 2：设置星形的外顶点所在圆的半径。

点：设置星形的顶点数。

扭曲：设置扭曲值，使星形的齿产生扭曲。

圆角半径 1：设置星形内顶点处圆滑角的半径。

圆角半径 2：设置星形外顶点处圆滑角的半径。

（8）其他标准样条线

其他的标准样条线包括以下几种（图 3-110）。

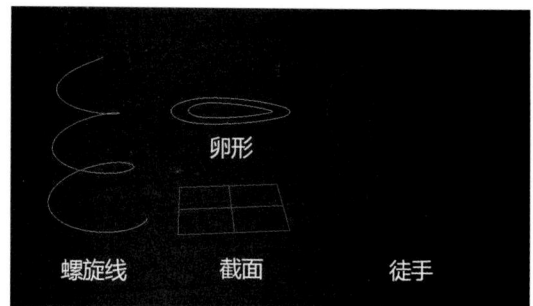

图 3-110 螺旋线、卵形、截面、徒手样条线

螺旋线：创建开口平面或 3D 螺旋线或螺旋。

卵形：创建卵形图形。

截面：基于几何体对象横截面切片生成图形。

徒手：以手绘或鼠绘的方式创建样条线。

其他标准样条线的创建方法和参数解释如表 3-1 所示。

表 3-1　其他标准样条线的创建

名称	创建方法	参数解释
螺旋线	①单击 ➕（创建）> ⚙（图形）>"螺旋线"按钮。 ②在视口中单击鼠标并拖曳光标，以设定螺旋线的起始点及起始半径（"中心"方法）或直径（"边"方法）。 ③垂直移动鼠标调整高度，单击鼠标确定高度。 ④移动鼠标调整结束半径，单击鼠标确定结束半径	半径1：指定螺旋线起点的半径 半径2：指定螺旋线终点的半径 高度：指定螺旋线的高度 圈数：指定螺旋线起点和终点之间的圈数 偏移：强制在螺旋线的一端累积圈数，高度为0时，偏移的影响不可见
卵形	①单击 ➕（创建）> ⚙（图形）>"卵形"按钮。 ②在视口中单击鼠标并垂直拖动，以设定卵形的初始尺寸，水平拖动以更改卵形的方向（角度）。 ③释放鼠标，如果在开始创建卵形前禁用"轮廓"，即完成卵形的创建；如果未禁用"轮廓"，再次拖动以设定轮廓，单击完成卵形的创建	长度：设定卵形的长度 宽度：设定卵形的宽度 轮廓：启用后会创建一个轮廓，这是与主图形分开的另外一个卵形图形 厚度：设定主卵形与其轮廓之间的偏移 角度：设定卵形的角度，即绕图形局部Z轴的旋转
截面	①创建或打开包含一个或多个几何体对象的场景。 ②单击 ➕（创建）> ⚙（图形）>"截面"按钮。 ③在视口中拖动鼠标创建一个截面。 ④移动并旋转截面，使其平面与场景中的模型相交。黄色线条显示截面平面与对象相交的位置。 ⑤在命令面板的"截面参数"卷展栏单击"创建图形"，在出现的对话框中输入名称，然后单击"确定"	创建图形：基于当前显示的相交线创建图形 移动截面时：移动或调整截面图形时更新相交线 选择截面时：选择截面图形但未移动时更新相交线 手动：仅在单击"更新截面"按钮时更新相交线 更新截面：更新相交点，与截面对象的位置匹配 无限：截面平面在所有方向上都是无限的 截面边界：截面图形边界内与接触对象生成横截面 色样：单击此选项可设置相应的显示颜色 长度/宽度：调整显示截面矩形的长度和宽度
徒手	①单击 ➕（创建）> ⚙（图形）>"徒手"按钮。 ②设置"阈值"和"粒度"参数调整采样，设置其他选项，如"渲染""释放按钮时结束创建""偏移"选项。 ③在视口中拖动鼠标绘制所需图形。 ④释放鼠标按钮以完成图形的绘制。如果"释放按钮时结束创建"选项处于禁用状态，按快捷键 Esc 或在视口中单击鼠标右键来完成	显示结：显示样条线上的结 采样：设置采样数量 "弯曲/直线"切换：设置线段是弯曲的还是直的 闭合：在样条线的起点和终点之间绘制闭合线 法线：在视口中显示受约束样条线的结果法线 偏移：使手绘样条线的位置向远离约束对象曲面的方向偏移 样条线数：显示图形中样条线的数量 原始结数：显示绘制样条线时自动创建的结数 新结数：显示新结数（绘制之前为0）

3.2.2 案例：五角星的制作

案例学习目标：学习创建星形。

案例知识要点：创建星形并使用"倒角"修改器，完成五角星的制作。

视频教程

效果所在位置：本书配套文件包＞第3章＞案例：五角星的制作。

① 单击 **十**（创建）＞ **⬚**（图形）＞"样条线"＞"星形"，在顶视图创建星形，进入修改面板，将"参数"卷展栏的"半径1"设置为"50"，"半径2"设置为"25"，"点"设置为"5"（图3-111），查看模型效果（图3-112）。

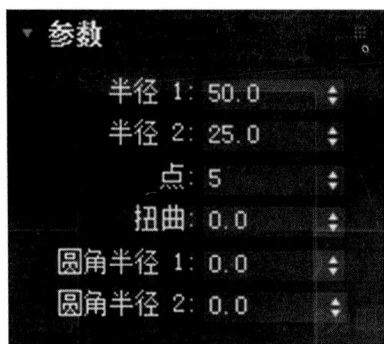

图3-111 设置参数

② 单击 **十**（创建）＞ **⬚**（图形）＞"线"，在前视图单击鼠标左键，确定线的起始点，移动光标并多次点击鼠标左键，创建出一条曲线作为剖面，点击右键完成创建（图3-113）。

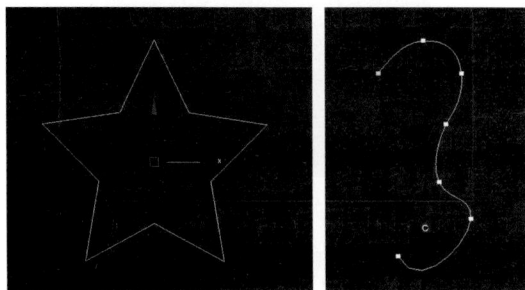

图3-112 模型效果　　图3-113 创建曲线

③ 选择星形，进入修改面板，在"修改器列表"中选择"倒角剖面"。修改参数，将"倒角剖面"组设置为"经典"，然后单击"拾取剖面"（图3-114），拾取视图中创建的弧线

（图3-115）。

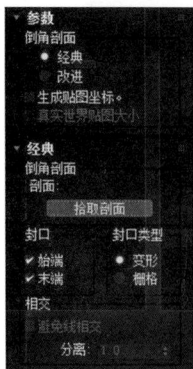

图3-114 修改参数　　图3-115 拾取弧线

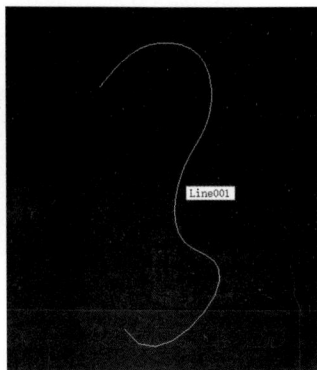

④ 拾取弧线后，即可得到五角星效果（图3-116），点击快捷键Shift+Q快速渲染，查看最终效果（图3-117）。

图3-116 五角星模型

图3-117 渲染效果

3.2.3 扩展二维图形

（1）墙矩形

墙矩形可用于创建封闭的两个同心矩形（图3-118），其"参数"卷展栏如图3-119所示。

图 3-118　墙矩形

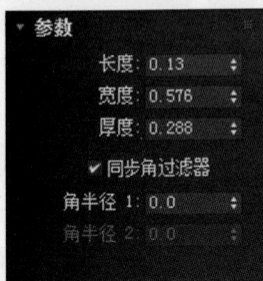

图 3-119　墙矩形"参数"卷展栏

（2）通道

通道可用于创建一个闭合的 C 形状样条线，并可以修改样条线的内部和外部角（图 3-120），其"参数"卷展栏如图 3-121 所示。

图 3-120　通道样条线

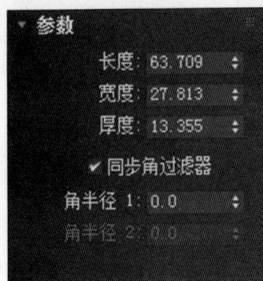

图 3-121　通道样条线"参数"卷展栏

（3）角度

角度可用于创建一个闭合的 L 形状样条线，并可以修改样条线的角半径（图3-122），其"参数"卷展栏如图 3-123 所示。

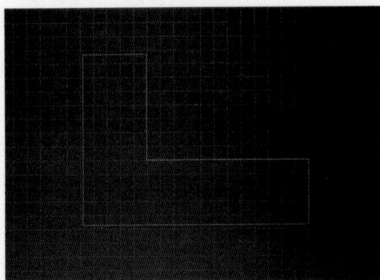

图 3-122　角度样条线

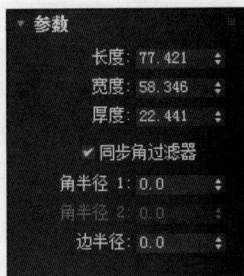

图 3-123　角度样条线"参数"卷展栏

（4）T 形

T 形可用于创建一个闭合的 T 形状样条线，并可以修改样条线两个内部角半径（图 3-124），其"参数"卷展栏如图 3-125 所示。

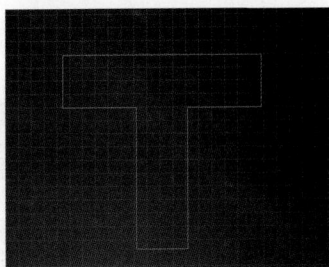

图 3-124　T 形样条线

图 3-125　T 形样条线"参数"卷展栏

（5）宽法兰

宽法兰可用于创建一个闭合的"工"形状样条线，并可以修改样条线的内部角（图3-126），其"参数"卷展栏如图3-127所示。

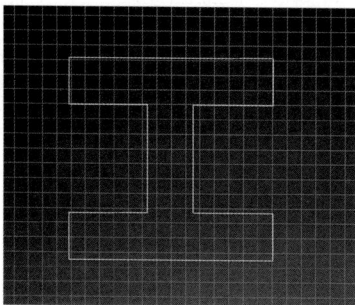

图3-126　宽法兰

图3-127　宽法兰"参数"卷展栏

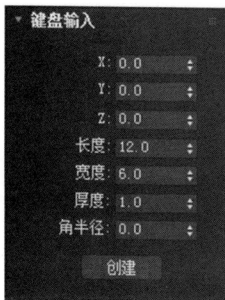

3.2.4　案例：宽法兰的制作

案例学习目标：学习使用扩展样条线创建模型。

案例知识要点：创建宽法兰，对宽法兰进行编辑修改，复制完成的宽法兰模型，最终完成宽法兰组合模型的制作。

效果所在位置：本书配套文件包＞第3章＞案例：宽法兰的制作。

① 单击 ✚（创建）＞ 🔘（图形）＞"扩展样条线"＞"宽法兰"，打开"键盘输入"卷展栏，将"长度"设置为"12"，"宽度"设置为"6"，"厚度"设置为"1"，在前视图中点击"创建"按钮（图3-128），在视图中生成一条宽法兰样条线（图3-129）。

② 选择宽法兰，打开修改面板的"修改器列表"选择"挤出"命令，将"参数"卷展栏的"数量"设置为"1.0"（图3-130）。

图3-128　设置"键盘输入"参数　　图3-129　创建宽法兰样条线

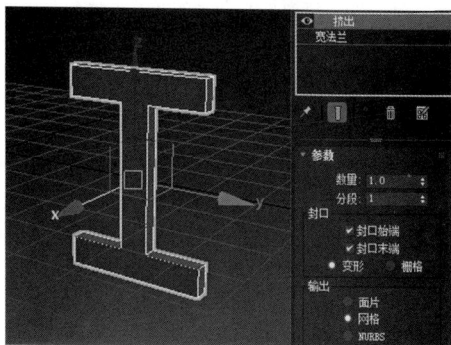

图3-130　添加"挤出"修改器

③ 在视图中选择宽法兰，按住快捷键Shift，沿着"Y轴"方向向右拖动光标，在合适的位置松开鼠标，在弹出的"克隆选项"面板中选择"复制"，生成一个新的宽法兰（图3-131）。

图3-131　复制宽法兰（1）

④ 单击 ✚（创建）＞ 🔘（几何体）＞"标准基本体"＞"长方体"，在透视图创建一个长方体，修改参数，将"长度"设置为"10"，"宽度"和"高度"设置为"1"，并将长方体调整到两个宽法兰的底部（图3-132）。

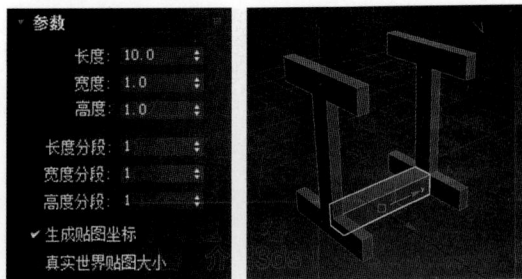

图 3-132　创建长方体

⑤ 选择宽法兰，按住快捷键 Shift 键进行多次复制，通过 ✛（移动工具）和 ⟳（旋转工具）调整宽法兰的位置，形成一个新造型（图3-133）。

图 3-133　复制宽法兰（2）

⑥ 选择底部的长方体并复制一个，移动到宽法兰的顶部（图 3-134）。

图 3-134　复制长方体

⑦ 点击快捷键 Shift+Q 得到最终渲染效果（图 3-135）。

图 3-135　最终渲染效果

3.3 课堂实训：倒角文字的制作

课堂实训目标：学习使用文本样条线和"倒角"修改器制作模型。

课堂实训要点：创建文本图形，设置文本图形的参数，并添加"倒角"修改器。

视频教程

效果所在位置：本书配套文件包＞第3章＞案例：倒角文字的制作。

① 单击 ✚（创建）＞ ◉（图形）＞"样条线"＞"文本"，将"参数"卷展栏的字体设置为"隶书"，"大小"设置为"100"。在"文本"输入区输入文本内容："坚持乡村振兴，建设美丽乡村"（图 3-136）。随后在前视图单击鼠标左键，创建文本（图 3-137）。

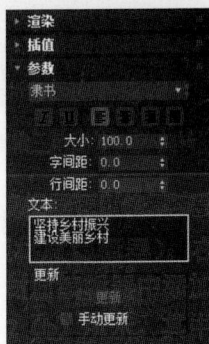

图 3-136　设置文本参数

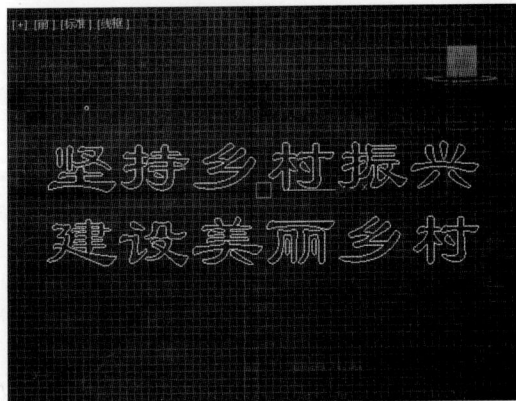

图 3-137　创建文本

② 进入修改面板，在"修改器列表"中选择"倒角"修改器，查看画面效果（图 3-138）。

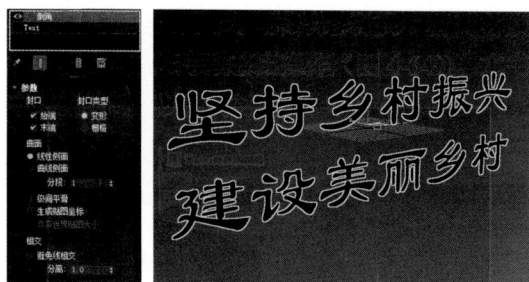

图 3-138　添加"倒角"修改器

③ 在"倒角值"卷展栏将"级别 1"组的"高度"设置为"4","轮廓"设置为"2",查看画面效果（图 3-139）。

图 3-139　修改参数（1）

④ 将"级别 2"组的"高度"设置为"8",查看画面效果（图 3-140）。

⑤ 将"级别 3"组的"高度"设置为"4","轮廓"设置为"-2",查看画面效果（图 3-141）。

⑥ 点击快捷键 Shift+Q 查看最终效果（图 3-142）。

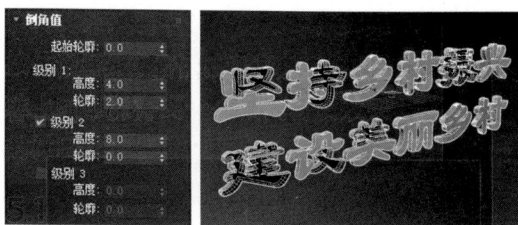

图 3-140　修改参数（2）

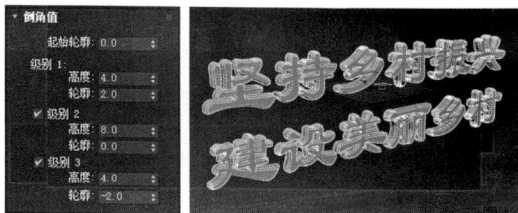

图 3-141　修改参数（3）

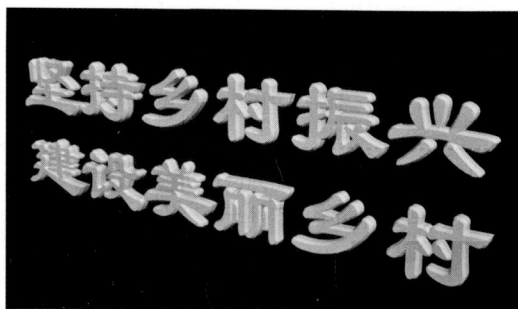

图 3-142　最终效果

课后拓展

运用本章所学知识，创建并编辑二维样条线，完成静物场景模型的制作，效果如图 3-143 所示。具体操作步骤及最终效果文件见本书配套文件包＞第 3 章＞课后拓展：果盘模型的制作。

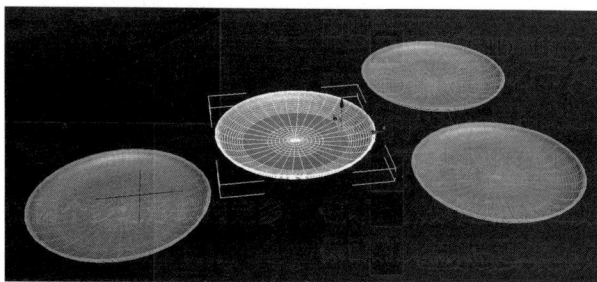

图 3-143　果盘模型

第4章

高级建模

● 本章内容　讲解常用的模型修改命令参数及使用方法。通过学习，掌握各种复杂几何体模型的制作方法、修改方法等。

● 学习目标　理解二维图形转换为三维模型的方法；掌握编辑样条线命令；掌握三维变形修改器的使用方法；掌握编辑多边形的使用方法。

4.1　修改命令面板简介

在前面章节中已介绍过修改面板。通过修改面板可以修改几何体参数。以长方体为例，创建长方体后，在修改面板显示修改命令的相关选项（图4-1）。

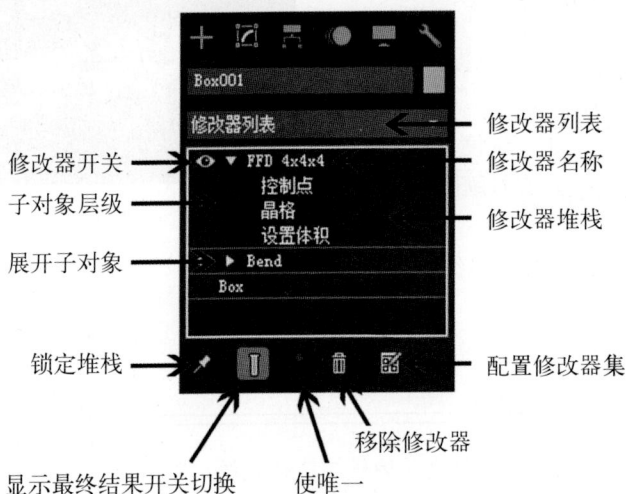

图4-1　修改面板

修改器列表：单击后弹出下拉菜单，可以选择能够使用的修改命令。

修改器堆栈：位于"修改器列表"的下方，包含所应用的修改器和对象，修改器的应用按照自下而上的顺序，底部是原始对象。

修改器名称：显示使用修改器的名称。

修改器开关：设置开启和关闭修改器命令。当变成 ![icon] 图标时，表示关闭修改器功能。再次单击此图标，会开启修改器，并能产生作用。

子对象层级：打开层级之后可以选择子对象层级，子对象层级因不同修改器而异。

展开子对象：在修改命令堆栈中，有些命令左侧有一个 ![icon] 图标，表示该命令拥有子层级选项，单击此按钮，子层级就会打开（图4-2）。选择子层级时，会以高亮状态显示。

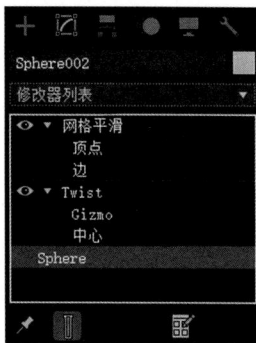

图 4-2　子层级命令

◪（锁定堆栈）：将堆栈锁定到当前选定对象的效果，无论后续选择如何更改。

▮（显示最终结果开关切换）：开启此选项后，显示堆栈中应用所有修改器的效果。禁用此选项，只显示堆栈中当前修改器的效果。

◩（使唯一）：将关联复制的对象转化为独立的对象。

▮（移除修改器）：从堆栈栏中删除当前修改器。

▦（配置修改器集）：单击弹出"修改器集"，可以将常用的命令设置为按钮显示。

4.2　三维模型修改器

本节讲解可以将二维图形转化为三维模型的修改器命令。

4.2.1　挤出修改器

"挤出"修改器可以为二维图形添加体积效果，从而使其转换为三维对象（图4-3）。下面介绍"挤出"修改器的用法和参数。

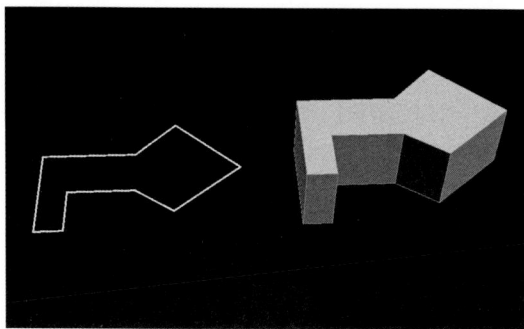

图 4-3　"挤出"修改器效果

在场景中创建图形，打开"修改器列表"选择"挤出"修改器，并调整参数即可。其"参数"卷展栏如图4-4所示。

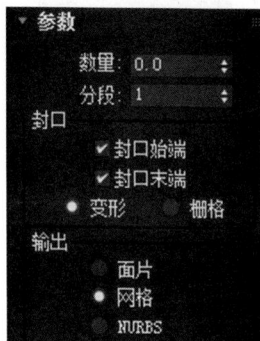

图 4-4　挤出"参数"卷展栏

数量：设置挤出的高度。

分段：设置挤出高度上的段数。

"封口"组

设置模型两端的封口效果。

封口始端：挤出的对象顶端覆盖面。

封口末端：挤出的对象底端覆盖面。

变形：选中该按钮将不进行面的精简计算，以便于制作变形动画。

栅格：选中该按钮将进行面的精简计算，不能用于制作变形动画。

"输出"组

用于输出设置。分别将挤出的对象输出为"面片""网格""NURBS"对象。

4.2.2　倒角修改器

"倒角"修改器可以对二维图形进行挤出和倒角（图4-5）。下面介绍"倒角"修改器的用法和参数。

图 4-5　"倒角"修改器效果

"倒角"修改器的使用方法与"挤出"修改器一样。其"参数"卷展栏如图4-6所示。

图4-6　倒角"参数"卷展栏

"封口"组与"封口类型"组的参数与"挤出"修改器的"封口"组参数作用相同，不再赘述。

"曲面"组

设置侧面的曲率、光滑度等。

线性侧面：将倒角内部片段设置为直线。

曲线侧面：将倒角内部片段设置为弧形。

分段：设置倒角内部的段数，数值越大，倒角越圆滑。

级间平滑：对倒角进行光滑处理，顶盖不被光滑。

生成贴图坐标：为模型指定贴图坐标。

"相交"组

优化因尖锐折角产生的突出变形。

避免线相交：可以防止尖锐折角产生的突出变形。

分离：保持边界线之间距离间隔，防止交叉。

"倒角值"卷展栏（图4-7）

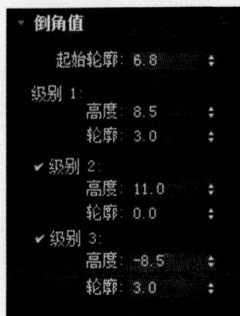

图4-7　"倒角值"卷展栏

起始轮廓：设置原始图形的外轮廓大小。

级别1/ 级别2/ 级别3：分别设置3个级别的高度和轮廓大小。

4.2.3　车削修改器

"车削"修改器可以将二维图形转换成表面圆滑的三维模型，例如杯子、酒瓶等（图4-8）。下面介绍"车削"修改器的用法和参数。

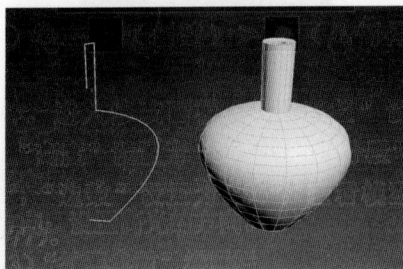

图4-8　"车削"修改器效果

"车削"修改器的使用方法与"挤出"修改器一样。其"参数"卷展栏如图4-9所示。

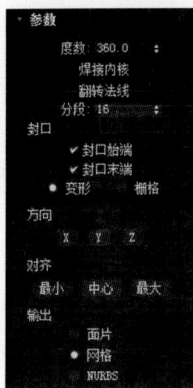

图4-9　车削"参数"卷展栏

度数：确定对象绕轴旋转度数，范围为0～360。

焊接内核：焊接旋转轴上重合的点。

翻转法线：翻转模型表面的法线方向。

"封口"组与"挤出"修改器的"封口"组参数作用相同，这里不再赘述。

"方向"组

X、Y、Z：设置对象旋转中心轴的方向。

"对齐"组

设置曲线与中心轴线的对齐方式。

最小：将曲线内边界与中心轴线对齐。

中心：将曲线中心与中心轴线对齐。

最大：将曲线外边界与中心轴线对齐。

4.2.4 放样

"放样"命令使用两个或多个样条线对象创建三维模型，其中一条样条线作为路径，其余样条线作为放样对象的横截面或图形。沿路径生成模型时，放样对象在图形之间生成曲面过渡（图4-10）。

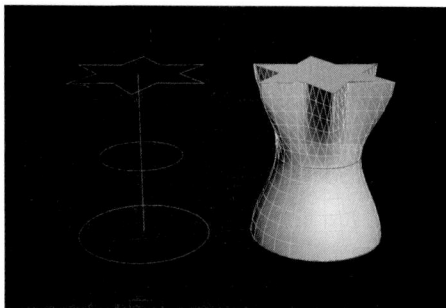

图4-10 放样对象效果

"放样"命令在"复合对象"面板中，具体使用时，在视图中选择样条线图形，再点击 ➕ （创建）> ⬤ （几何体）>"复合对象">"放样"，根据需要点击"获取图形"或"获取路径"，选择要使用的其他样条线即可。

（1）"创建方法"卷展栏

确定创建放样对象的方式，以及转换为放样对象的方式，其卷展栏如图4-11所示。

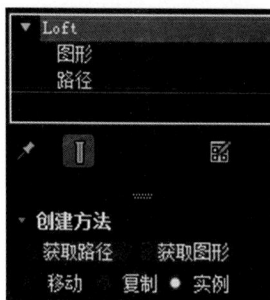

图4-11 "创建方法"卷展栏

获取路径：将路径指定给选定图形或更改当前指定的路径。

获取图形：将图形指定给选定路径或更改当前指定的图形。

移动/复制/实例：指定路径或图形转换为放样对象的方式。

（2）"曲面参数"卷展栏

控制放样曲面的平滑，指定是否沿着放样对象应用纹理贴图，其卷展栏如图4-12所示。

图4-12 "曲面参数"卷展栏

"平滑"组

平滑长度：沿着路径的长度提供平滑曲面。

平滑宽度：围绕横截面图形的边界提供平滑曲面。

"贴图"组

应用贴图：启用和禁用放样贴图坐标。

真实世界贴图大小：控制对象纹理贴图的缩放方式。

长度重复：设置沿路径长度重复贴图的次数。

宽度重复：设置围绕横截面图形边界重复贴图的次数。

规格化：启用该选项后，将沿着路径平均应用贴图坐标。

"材质"组

生成材质ID：放样时自动生成材质ID。

使用图形ID：使用样条线材质ID定义材质ID。

"输出"组

设置放样期间可生成对象方式，包括"面片"对象和"网格"对象。

提示：在获取图形时按下Ctrl键，可反转图形Z轴的方向。如果创建放样后要编辑或修改路径，可以在"创建方法"卷展栏选中"实例"选项。

（3）"路径参数"卷展栏

设置沿放样路径各个间隔的图形位置，其卷展栏如图 4-13 所示。

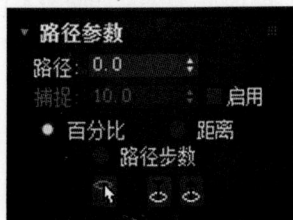

图 4-13　"路径参数"卷展栏

路径：通过输入值或拖动微调器来设置路径的级别。

捕捉：设置路径图形之间的距离。

百分比：将路径级别表示为路径总长度的百分比。

距离：将路径级别表示为路径第一个顶点的绝对距离。

路径步数：将图像置于路径步数和顶点。

▶：将路径的所有图形设置为当前级别。

◁ / ▷：从路径级别的当前位置沿路径跳至上一个 / 下一个图形。

（4）"蒙皮参数"卷展栏

调整放样对象的封口和面数以优化模型，其卷展栏如图 4-14 所示。

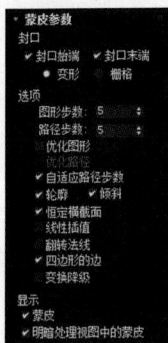

图 4-14　"蒙皮参数"卷展栏

"封口"组
设置放样物体的两端是否封闭。

"选项"组

图形步数：设置横截面图形每个顶点之间的步数。

路径步数：设置路径每个主分段之间的步数。

优化图形：优化横截面图形的分段，忽略"图形步数"。

优化路径：优化路径的分段，忽略"路径步数"。

自适应路径步数：分析放样并调整路径分段的数量。

轮廓：设置每个图形的 Z 轴与形状层级中路径的切线对齐。

倾斜：只要路径弯曲并改变其局部 Z 轴的高度，图形便围绕路径旋转。

恒定横截面：启用该选项，在路径中的拐角处缩放横截面，以保持路径宽度一致。

线性插值：每个图形之间生成放样蒙皮。

翻转法线：将法线翻转 180°。

四边形的边：若放样对象的两部分具有相同数目的边，将缝合到一起的面显示为四边形。

变换降级：使放样蒙皮在子对象图形 / 路径变换中消失。

"显示"组

蒙皮：显示放样的蒙皮。

明暗处理视图中的蒙皮：显示放样的蒙皮。

（5）"变形"卷展栏

提供了 5 个变形工具，其卷展栏如图 4-15 所示。

图 4-15　"变形"卷展栏

缩放：沿着路径移动时只改变图形的缩放值。

扭曲：沿着对象的长度创建旋转或扭曲的对象。

倾斜：围绕局部 X 轴和 Y 轴旋转图形。

倒角：模拟对象的切角、倒角或圆角边效果。

拟合：使用两条"拟合"曲线定义对象的顶

部和侧面。

4.2.5 案例：花瓶的制作

案例学习目标：运用"车削"修改器制作花瓶模型。

案例知识要点：创建二维样条线并进行编辑，通过"车削"修改器制作花瓶模型。

视频教程

效果所在位置：本书配套文件包＞第4章＞案例：花瓶的制作。

① 单击➕（创建）＞▣（图形）＞"样条线"＞"线"，在前视图中单击鼠标左键，确定线的起始点，移动光标创建9个连续顶点，生成一条曲线，作为花瓶的截面图形（图4-16）。

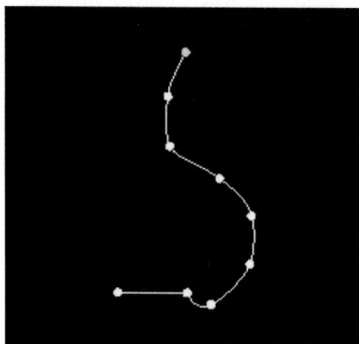

图4-16　花瓶的截面图形

② 打开修改面板的堆栈，进入"样条线"层级，将"轮廓"命令设置为"5"，为样条线添加轮廓（图4-17）。

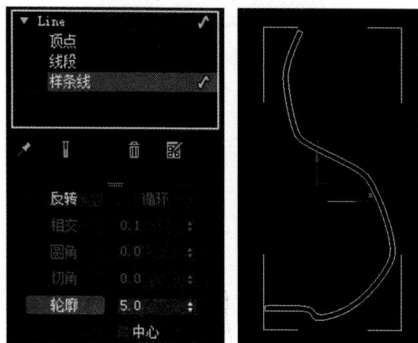

图4-17　添加轮廓效果

③ 在"修改器列表"中选择"车削"修改器，将"对齐"组设置为"最小"（图4-18），得到花瓶模型效果（图4-19）。

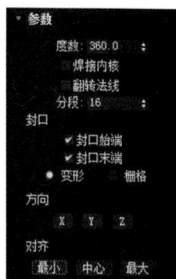

图4-18　"车削"修改器参数

图4-19　"车削"修改器的效果

④ 在"修改器列表"中添加"网格平滑"修改器，将"迭代次数"设置为"2"，使模型更加平滑（图4-20）。

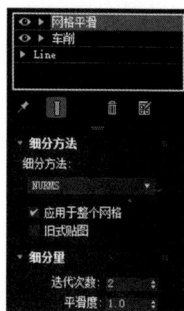

图4-20　"网格平滑"修改器

⑤ 调整样条线的顶点位置，完成花瓶的最终效果（图4-21）。

图4-21　最终效果

4.3　三维变形修改器

下面介绍针对三维对象变形的修改器。

4.3.1　噪波修改器

噪波修改器可以使三维对象表面变得凹凸不平，用来创建地面、山石和波纹等不平整的效果（图4-22）。下面介绍噪波修改器的用法和参数。

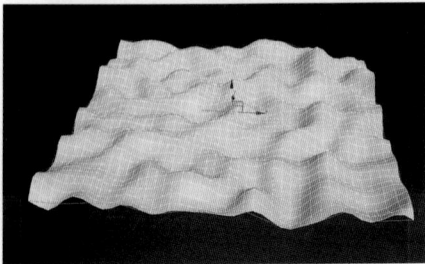

图4-22　噪波修改器效果

在场景中使用时，选择三维对象，在"修改器列表"中选择噪波修改器，修改参数即可。其"参数"卷展栏如图4-23所示。

图4-23　噪波修改器"参数"卷展栏

"噪波"组

设置噪波的出现及其在对象上的变形。

种子：从设置的数值中生成一个随机效果。

比例：设置噪波影响的大小。

分形：设置产生分形效果。

粗糙度：决定分形变化的程度。

迭代次数：控制分形变化的程度。

"强度"组

设置噪波效果的大小。

X、Y、Z：沿着3条轴设置噪波的强度。

"动画"组

设置噪波的位移、动画等。

动画噪波：勾选即启用噪波效果。

频率：调节噪波效果的速度。

相位：设置波形的开始点和结束点。

4.3.2　扭曲修改器

扭曲修改器可以旋转三维对象，可以控制任意三个轴向扭曲的角度，也可以对部分模型进行扭曲（图4-24）。其"参数"卷展栏如图4-25所示。

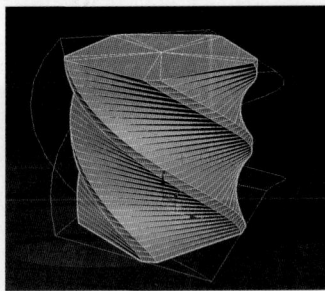

图4-24　扭曲修改器效果

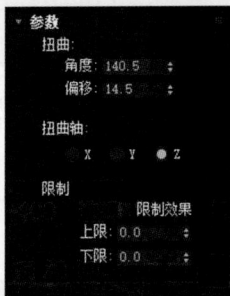

图4-25　扭曲修改器"参数"卷展栏

"扭曲"组

角度：设置围绕垂直轴扭曲的量，默认值是0。

偏移：设置扭曲旋转在对象末端的偏离效果。

"扭曲轴"组

X、Y、Z：指定执行扭曲所沿着的轴，这是扭曲Gizmo（坐标轴）的局部轴。默认设置为Z轴。

"限制"组

仅对位于上下限之间的顶点应用扭曲效果。

限制效果：对扭曲效果应用限制约束。

上限：设置扭曲效果的上限，默认值为 0。

下限：设置扭曲效果的下限，默认值为 0。

4.3.3　FFD修改器

FFD（自由式变形）修改器通过调整晶格控制点使三维对象发生变形（图 4-26）。下面以 FFD 4×4×4 修改器为例介绍修改器的用法和参数。

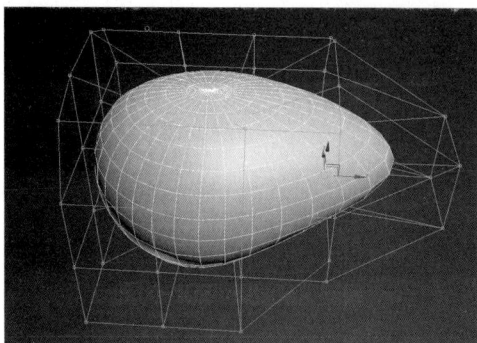

图 4-26　自由式变形效果

选择对象，在"修改器列表"中选择 FFD 4×4×4 修改器，修改参数即可。

（1）修改器的子物体层级

FFD 修改器的子物体层级如图 4-27 所示。

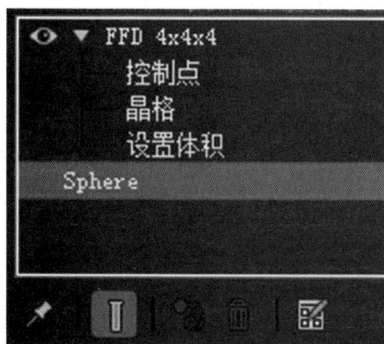

图 4-27　子物体层级

控制点：操作子对象的控制点改变模型形状。

晶格：移动、旋转或缩放晶格框调整对象形状。

设置体积：选择该层级时，晶格控制点变为绿色，可以操作控制点而不修改对象。

（2）"FFD 参数"卷展栏（图 4-28）

"显示"组

设置 FFD 在视口的显示。

晶格：控制点的线条形成栅格。

源体积：控制点和晶格会以未修改的状态显示。

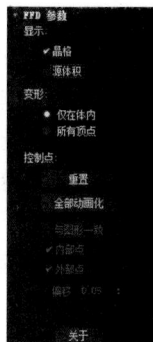

图 4-28
"FFD 参数"卷展栏

"变形"组

仅在体内：只有位于体积内的顶点会变形。

所有顶点：将所有顶点变形。

"控制点"组

重置：将所有控制点还原到它们的初始位置。

全部动画化：添加和删除关键点，并执行关键帧操作。

与图形一致：将控制点移动到修改对象的交叉点上。

内部点 / 外部点：仅控制受"与图形一致"影响的对象内部点或外部点。

偏移：受"与图形一致"影响的控制点偏移对象曲面的距离。

4.3.4　弯曲修改器

弯曲修改器可以使三维对象变得弯曲，设置弯曲的角度、方向及坐标轴向，并限制弯曲的范围（图 4-29）。弯曲修改器"参数"卷展栏如图 4-30 所示。

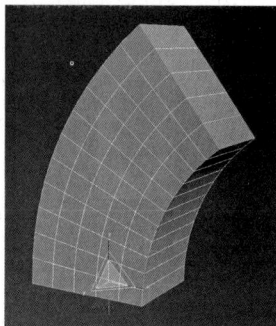

图 4-29
弯曲修改器效果

图 4-30　弯曲修改器
"参数"卷展栏

"弯曲"组

角度：设置沿垂直面弯曲的角度。

方向：设置弯曲相对于水平面的方向。

"弯曲轴"组

X、Y、Z：指定将被弯曲的轴。

"限制"组

限制效果：勾选此选项，将为对象指定限制影响区域。

上限：设置弯曲的上限，在此限度以上的区域将不会受到弯曲影响。

下限：设置弯曲的下限，在此限度与上限之间的区域都将受到弯曲影响。

4.3.5 案例：冰激凌的制作

案例学习目标：使用挤出、锥化、扭曲、壳修改器制作冰激凌。

案例知识要点：使用二维样条线创建模型对象的剖面，添加扭曲、锥化、车削、壳等修改器转换为三维模型，实现冰激凌和甜筒的变形效果。

效果所在位置：本书配套文件包＞第4章＞案例：冰激凌的制作。

① 单击 ✚（创建）＞ ⚙（图形）＞"样条线"＞"星形"，打开"键盘输入"卷展栏，将"半径1"设置为"90"，"半径2"设置为"60"，"圆角半径1"设置为"15"，"圆角半径2"设置为"5"，点击"创建"按钮（图4-31），在视图中生成星形（图4-32）。

图4-31 设置"键盘输入"卷展栏

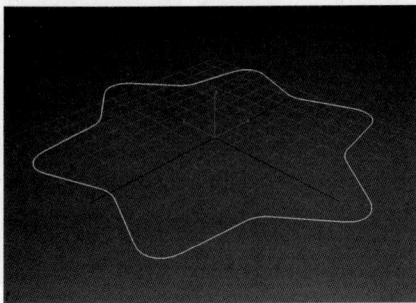

图4-32 创建星形

② 选择星形，在"修改器列表"中选择"挤出"修改器，在修改面板中将"数量"设置为"100"，"分段"设置为"16"，查看模型效果（图4-33）。

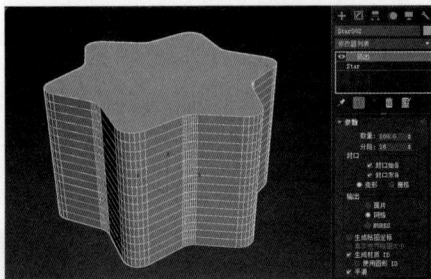

图4-33 添加"挤出"修改器

③ 在"修改器列表"中选择"扭曲"修改器，在修改面板中将"扭曲"组的"角度"设置为"180"，"偏移"设置为"50"，查看模型效果（图4-34）。

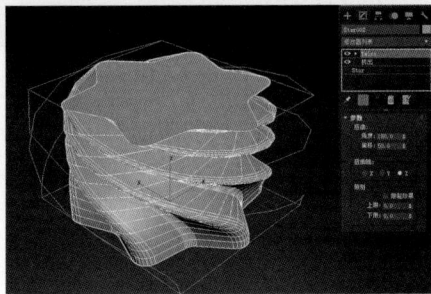

图4-34 添加"扭曲"修改器

④ 在"修改器列表"中选择"锥化"修改器。在修改面板中，将"锥化"组的"数量"设置为"-1"，"曲线"设置为"1"，查看模型效果（图4-35）。选择星形点击鼠标右键，在弹出的"二维菜单"中选择"冻结当前对象"，使星形冻结（图4-36）。

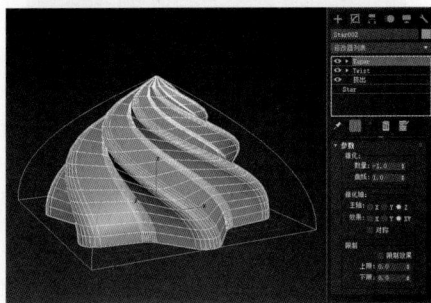

图4-35 添加"锥化"修改器

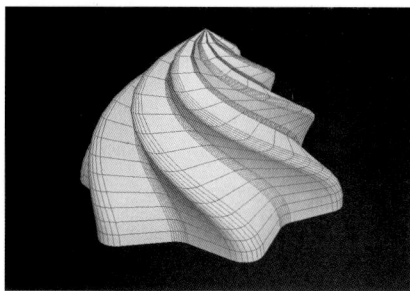

图 4-36　冻结星形

⑤ 单击 ✚（创建）＞ （图形）＞ "样条线" ＞ "线"，在前视图中单击鼠标左键，确定线的起始点，移动光标并点击两次鼠标生成 2 个顶点，创建一条线作为冰激凌筒的截面图形（图 4-37）。在修改面板中进入"样条线"层级，在视图中选择线，将"几何体"卷展栏的"轮廓"设置为"-4"，形成轮廓效果（图 4-38）。

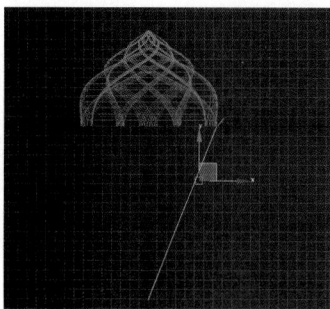

图 4-37　创建样条线

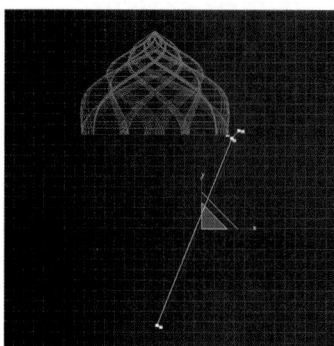

图 4-38　添加轮廓

⑥ 进入线的"顶点"层级，选择线的四个顶点并点击右键，在弹出的"四维菜单"中选择"Bezier"，顶点即转换为 Bezier 点（图 4-39），调整顶点的控制柄，形成平滑的曲线效果（图 4-40）。

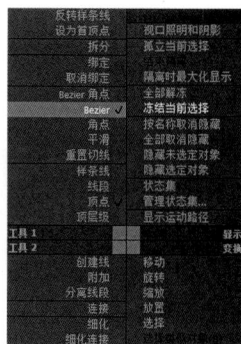

图 4-39　顶点转换为 Bezier 点

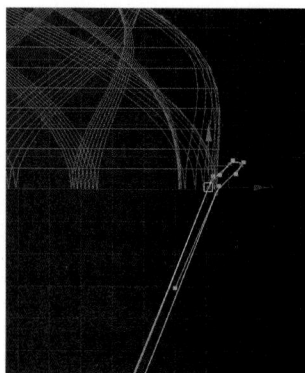

图 4-40　形成平滑的曲线

⑦ 在"修改器列表"中选择"车削"修改器，在"参数"卷展栏中将"方向"组设置为"Y"，将"对齐"组设置为"最小"。进入"车削"修改器的"轴"层级，在透视图中适当移动 X 轴，形成正确的模型效果（图 4-41）。

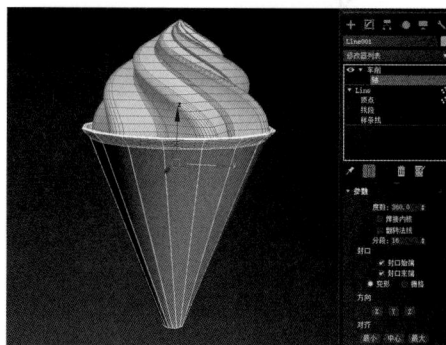

图 4-41　添加"车削"修改器（1）

⑧ 进入前视图，创建一条线作为冰激凌筒的外包装模型（图 4-42）。在"修改器列表"中选择"车削"修改器，在"参数"卷展栏中将"方向"组设置为"Y"，将"对齐"组设置为

"最小"，进入"车削"修改器的"轴"层级，在透视图中适当移动 X 轴，生成模型效果（图4-43）。

图 4-42 创建线

图 4-43 添加"车削"修改器（2）

⑨ 在"修改器列表"中选择"壳"修改器，将"外部量"设置为"1"，查看模型效果（图4-44）。

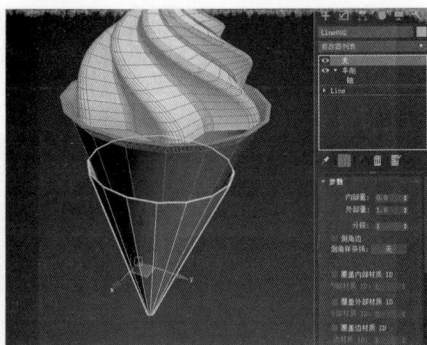

图 4-44 添加"壳"修改器

⑩ 在视图中点击鼠标右键，在弹出的"四维菜单"中选择"全部解冻"，选择冰激凌模型，使用 ■（缩放工具）拖曳 Z 轴调整模型高度（图4-45）。

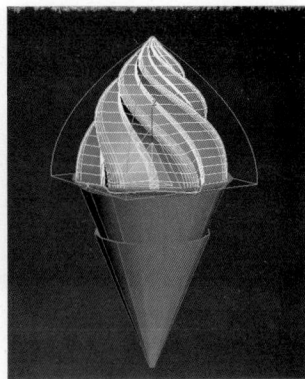

图 4-45 调整模型高度

⑪ 点击快捷键 Shift+Q 渲染，最终效果如图 4-46 所示。

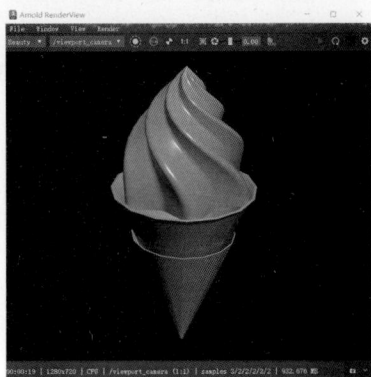

图 4-46 渲染最终效果

4.4 可编辑多边形

"可编辑多边形"是 3ds Max 软件的重要建模工具，编辑对象是三维模型（图 4-47）。可编辑多边形包含五个子对象层级：顶点、边、边界、多边形和元素，每个子对象层级包括不同的工具和选项。具体的使用方法：创建或选择对象＞点击右键弹出"四维菜单"＞"转换为"＞"转换为可编辑多边形"（图 4-48）。

需要注意的是，"可编辑多边形"与修改器列表中的"编辑多边形"修改器的大部分功能相同，但它的"细分曲面""细分置换"卷展栏等与"编辑多边形"又略有差异。下面具体讲解"可编辑多边形"的子对象层级及常用的"参数"卷展栏。

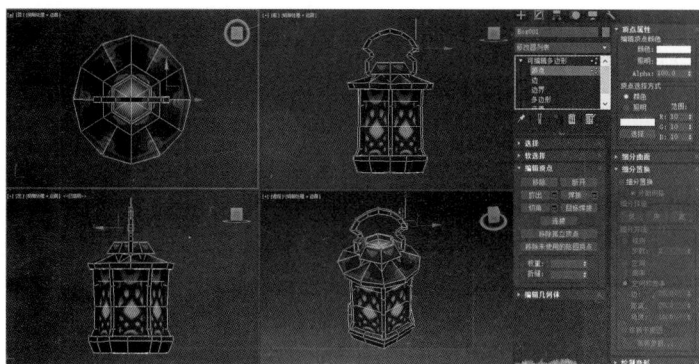

图 4-47 使用"可编辑多边形"

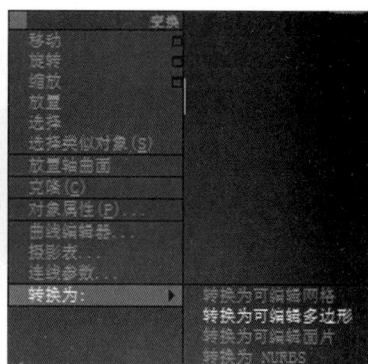

图 4-48 转换为可编辑多边形

4.4.1 可编辑多边形工具栏

对象转化为"可编辑多边形"后，在修改器堆栈可以查看对象的子物体层级（图 4-49）。

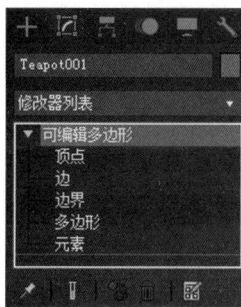

图 4-49 子物体层级

顶点：是构成多边形对象的基础。在"顶点"层级可选择单个或多个顶点，使用移动、删除、焊接等工具。顶点可以构建多边形对象，也可以独立存在。在渲染时，顶点是不可见的。

边：用来连接两个顶点的线。在"边"层级，可以选择一条或多条边，使用挤出、倒角、连接等工具。

边界：可以看作是"洞"的边缘。例如，一个有洞的长方体，洞即边界。在"边界"层级，可选择一个或多个边界，使用封口、挤出、切角等工具。

多边形：即"面"的形式，是多边形建模的核心元素。在"多边形"层级，可以选择一个或多个多边形，使用插入、挤出、倒角等工具。

元素：在模型中不相连的单个网格对象。复杂模型中可以包括一个元素对象，也可以包括多个元素对象，可以对元素使用附加、分离等

工具。

下面介绍可编辑多边形的"参数"卷展栏。

（1）"选择"卷展栏

"选择"卷展栏如图 4-50 所示。

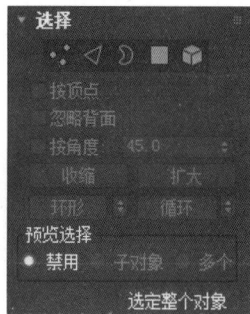

图 4-50 "选择"卷展栏

（顶点）：进入"顶点"层级，可选择对象的顶点。

（边）：进入"边"层级，可选择对象的边。

（边界）：进入"边界"层级，可选择对象中构成"洞"的一系列边。

（多边形）：进入"多边形"层级，可选择对象的多边形。

（元素）：进入"元素"子对象层级，可选择对象的元素。

按顶点：启用时，只有通过选择所用的顶点，才能选择子对象。

忽略背面：启用时，只能选择朝向正面的对象。

按角度：启用时，选择一个多边形会基于复选框右侧的数字设置选择相邻多边形。

收缩/扩大：缩小或扩展选择区域。可从当前选择的元素中添加或移除相邻元素（图4-51）。

图4-51 已选择的面（左）、使用"扩大"后的效果（中）、使用"收缩"后的效果（右）

> **提示：** 快速选择环形边的方法是选择一条边，在按下快捷键Shift的同时，单击同一环形中的另一条边。

环形：通过选择所有平行于对象的边扩展边选择，只应用于边和边界选择。

循环：通过选择垂直于选择对象的边扩展边选择。图4-52是使用"环形"和"循环"后的效果对比。

图4-52 已选择的边（左）、使用"环形"后的效果（中）、使用"循环"后的效果（右）

> **提示：** 可以在"顶点"和"多边形"子对象层级快速选择循环，方法是选择一个子对象，在点击快捷键Shift的同时，单击相同循环中另一个相同类型的子对象。

▲▼（环形/循环微调器）：微调器允许在任意方向选择相同环形/循环的其他边，即相邻的平行边/对齐边。

禁用：预览不可用。

子对象：仅在当前子对象层级启用预览。

多个：根据鼠标位置在"顶点""边"和"多边形"层级之间切换。

（2）"软选择"卷展栏

使用"软选择"工具调整子对象时，子对象的周边对象会产生平滑的过渡效果，这种过渡效果随着距离或选择部分的"强度"增加而衰减（图4-53）。在视口中表现为选择对象周围的颜色渐变，包括红色、橙色、黄色、绿色、蓝色。红色对象代表选择对象，受到绝对控制；橙色对象的阈值稍低，对控制的响应不如红色强烈；黄色对象的阈值更低；其次是绿色对象；蓝色对象代表软选择操作不会对它们产生影响。

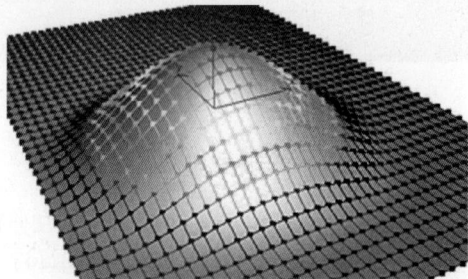

图4-53 软选择颜色和周围区域的效果

"软选择"卷展栏如图4-54所示。

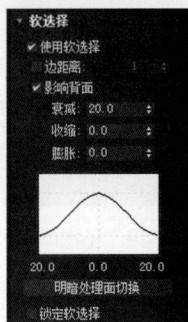

图4-54 "软选择"卷展栏

边距离：启用该选项后，将软选择限制在指定的面数。

影响背面：启用该选项后，与选定对象法线方向相反的面会受到软选择的影响。

衰减：设定影响区域的距离，表示从中心到边的距离。

收缩：随着参数的增加，沿着垂直轴缩小平滑效果。

膨胀：随着参数的增加，沿着垂直轴扩大平滑效果。

[软选择曲线]：以图形的方式显示"软选择"的工作状态。

明暗处理面切换：显示颜色渐变，与软选择的范围权重相对应。

锁定软选择：锁定软选择对象，防止对其进行更改。

"绘制软选择"组

界面如图 4-55 所示。

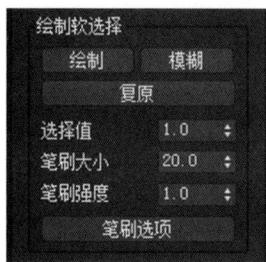

图 4-55 "绘制软选择"组

绘制：在活动对象上绘制软选择。

模糊：软化现有绘制的软选择轮廓。

复原：还原活动对象的软选择。

选择值：绘制软选择的最大选择值，笔刷半径内周围顶点的衰减值趋向于 0。默认设置为 1.0。

笔刷大小：设置圆形笔刷的半径。

笔刷强度：设置绘制子对象的强度效果。

笔刷选项：打开"绘制选项"对话框，设置笔刷的相关属性。

（3）"编辑顶点"卷展栏

该卷展栏包含编辑顶点的命令，如图 4-56 所示。

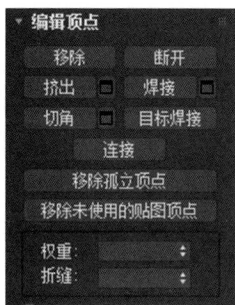

图 4-56 "编辑顶点"卷展栏

移除：删除选中的顶点。

> **提示：** 若要删除顶点，可以选择顶点，然后使用快捷键 Delete，但这样会在网格中创建孔洞。要删除顶点而不创建孔洞，需使用"移除"按钮。

断开：将顶点分离为两个不连接的新顶点。

挤出：手动挤出顶点。

■（挤出设置）：打开操作框，通过交互式操作执行挤出（下同）。

焊接：对指定的范围内选定的连续顶点进行合并（图 4-57）。

切角：对顶点实现切角效果，可以选定单个或多个顶点进行切角（图 4-58）。

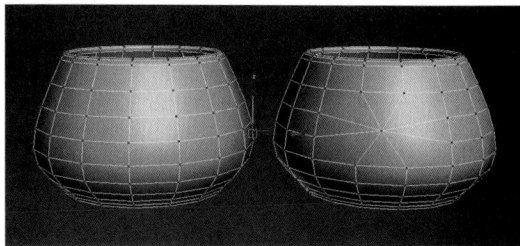

图 4-57 焊接顶点

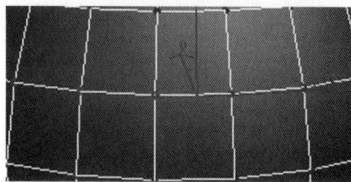

（a）选择多个顶点

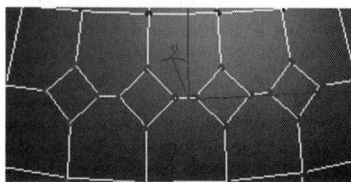

（b）切角的顶点

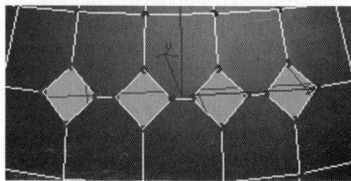

（c）启用"打开"切角的顶点

图 4-58 "切角"按钮的效果

目标焊接：选择一个顶点焊接到相邻顶点。

连接：选中的一对顶点之间创建新的边。

移除孤立顶点：将不属于任何多边形的所有顶点删除。

移除未使用的贴图顶点：自动删除错误的贴图顶点。

权重：设置选定顶点的权重。

折缝：设置选定顶点的折缝值，增加该值将减弱顶点的平滑效果。

（4）"编辑边"卷展栏

该卷展栏包括编辑边的命令，如图 4-59 所示。

插入顶点：以添加顶点方式细化边。

移除：删除选定边（图 4-60）。

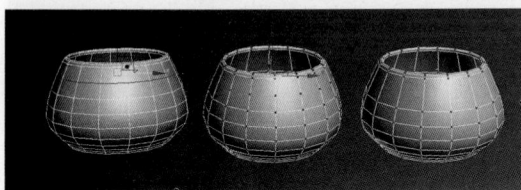

图 4-59
"编辑边"卷展栏

图 4-60　选择边（左）、标准移除操作（中）、
"Ctrl+ 移除"操作（右）

分割：沿着选定边分割网格。

挤出：在视口中手动挤出边。

焊接：合并指定阈值范围内的选定边。

切角：为每个切角边创建两个或更多新边（图 4-61）。

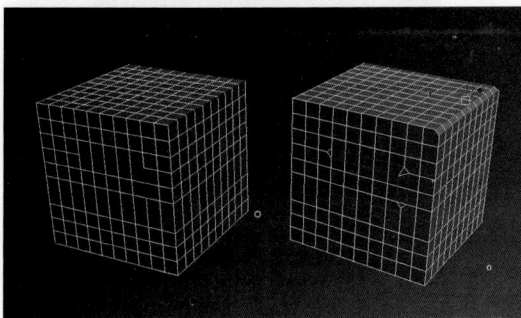

图 4-61　"切角"操作

目标焊接：选择边并焊接到目标边。

桥：连接对象的边，桥只能理解边界性质的边。

连接：在选定的两条或多条边之间创建新边。

权重：设置选定边的权重。

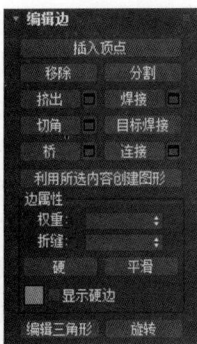

折缝：指定一条边或多条边的折缝范围。

硬：将选定边渲染为未平滑的边。

平滑：将选定边渲染为平滑边。

显示硬边：启用此选项后，所有硬边的颜色显示在视口中。

编辑三角形：修改绘制内边或对角线时多边形细分为三角形方式。

旋转：通过单击对角线修改多边形细分为三角形方式。

（5）"编辑边界"卷展栏

该卷展栏包括编辑边界的命令，如图 4-62 所示。

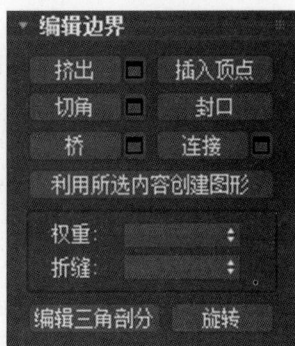

图 4-62　"编辑边界"卷展栏

挤出：手动挤出边界。

插入顶点：在该位置处添加顶点。

切角：对边界产生切角效果。

封口：使用单个多边形封住整个边界。

桥：连接多边形对象的边界。

连接：在两条或多条边之间创建新边。

（6）"编辑多边形""编辑元素"卷展栏

"编辑多边形""编辑元素"卷展栏如图 4-63 所示。

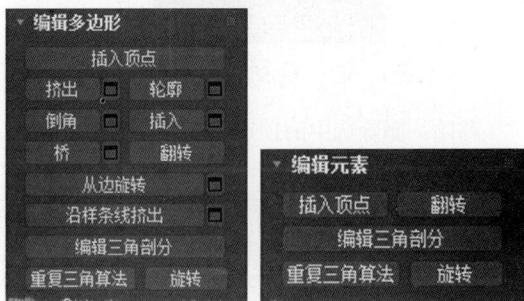

图 4-63　"编辑多边形"与"编辑元素"卷展栏

插入顶点：用于手动细分多边形。

挤出：执行手动挤出操作（图 4-64）。

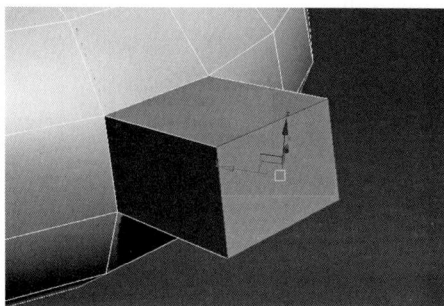

图 4-64 "挤出"操作

轮廓：增加或减小选定多边形的外边（图 4-65）。

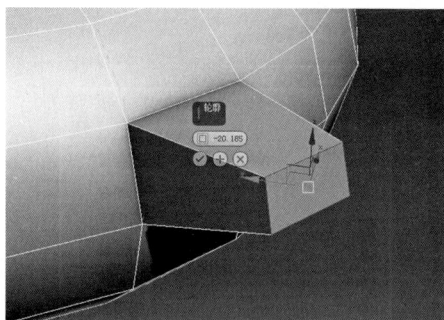

图 4-65 "轮廓"操作

倒角：执行手动倒角操作。

插入：在选定多边形的平面内执行插入边（图 4-66）。

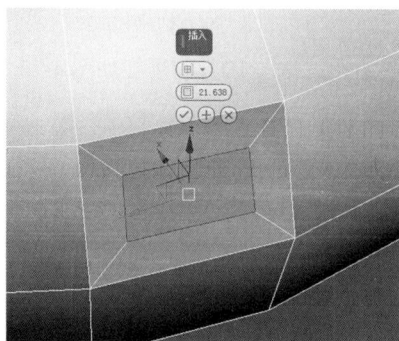

图 4-66 "插入"操作

桥：连接对象上的两个多边形或选定多边形。

翻转：翻转选定多边形的法线方向。

从边旋转：选择多边形的某一条边进行

旋转。

沿样条线挤出：沿样条线挤出当前的选定内容（图 4-67）。

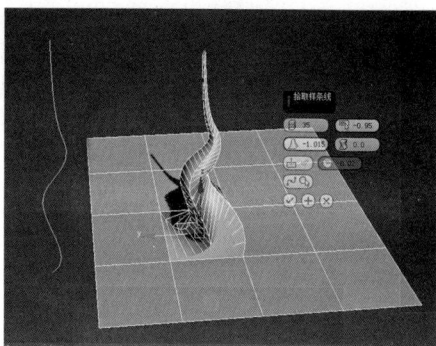

图 4-67 "沿样条线挤出"操作

编辑三角剖分：通过绘制内边设置多边形细分为三角形的方式。

重复三角算法：对当前选定的多边形执行最佳的三角剖分操作。

旋转：对选定多边形的对角线进行旋转操作。

（7）"编辑几何体"卷展栏

"编辑几何体"卷展栏如图 4-68 所示。

重复上一个：重复最近使用的命令。

"约束"组

无：没有约束。

边：约束子对象到边界的变换。

面：约束子对象到单个面曲面的变换。

图 4-68 "编辑几何体"卷展栏

法线：约束每个子对象到其法线的变换。

保持 UV：启用此选项后，在编辑子对象的同时，不影响对象的 UV 贴图。

▣（保留 UV 设置）：打开操作框，指定要保留的顶点颜色通道或贴图通道。

创建：创建新的几何体。

塌陷：焊接选定的顶点（图 4-69）。

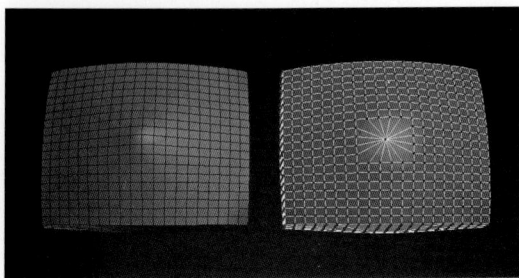

图 4-69 "塌陷"操作

附加：添加任何类型的对象。

■（附加列表）：打开操作框，用于选择多个要附加的对象。

分离：将选定的子对象或多边形分离成新对象或元素（图 4-70）。

图 4-70 "分离"对话框

■（分离设置）：打开操作框，设定分离选项。

"切割和切片"组

切片平面（仅限子对象层级）：为切片平面创建坐标轴，用以指定切片位置。同时启用"切片"和"重置平面"按钮，单击"切片"可在平面与几何体相交的位置创建新边。

分割：启用时，通过"快速切片"和"切割"操作，可以在划分边的位置创建新的边。

切片（仅限子对象层级）：在切片平面位置处执行切片操作（图 4-71）。

图 4-71 执行"切片"操作

重置平面（仅限子对象层级）：将"切片"平面恢复到默认位置和方向。

快速切片：不通过切片平面实现快速切片。

切割：创建一条连接两条边的直线，或在多边形内创建边。

网格平滑：对当前对象实现网格平滑。

细化：细分对象中的所有多边形。

平面化：强制选定的所有子对象变成平面。

X、Y、Z：使平面与对象局部坐标系的平面对齐。

视图对齐：使对象中的所有顶点与活动视口所在的平面对齐。

栅格对齐：将选定对象的所有顶点与当前视图的法线平面对齐，并将其移动到该平面。

松弛：起到松弛对象的效果。

■（松弛设置）：打开操作框，指定松弛功能的应用方式。

隐藏选定对象：隐藏选定的子对象。

全部取消隐藏：隐藏的子对象恢复为可见。

隐藏未选定对象：隐藏未选定的子对象。

命名选择：用于复制和粘贴对象之间的子对象的命名选择集。

复制：打开一个对话框，指定放置在复制缓冲区中的命名选择集。

粘贴：从复制缓冲区中粘贴命名选择。

删除孤立顶点：启用时，删除子对象的孤立顶点。禁用时，删除子对象会保留所有顶点。

完全交互：切换"快速切片"和"切割"工具。

（8）"多边形：材质 ID"卷展栏

"多边形：材质 ID"卷展栏如图 4-72 所示。

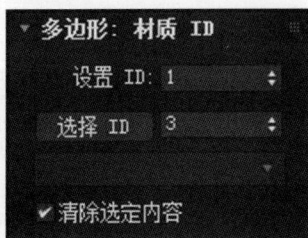

图 4-72 "多边形：材质 ID"卷展栏

设置 ID：向选定的多边形分配材质 ID 编号。可用的 ID 总数是 65535。

选择 ID：选择 ID 微调器指定的多边形。

[按名称选择]：如果对象指定了多维 / 子对

象材质，此下拉列表将显示子材质的名称。

清除选定内容：取消选择以前选定的所有子对象。默认设置为启用。

（9）"多边形：平滑组"卷展栏

"多边形：平滑组"卷展栏如图4-73所示。

图4-73 "多边形：平滑组"卷展栏

按平滑组选择：显示当前平滑组的对话框。单击相应的数字按钮并单击"确定"，选择属于一个组的所有多边形。

清除全部：删除所有多边形平滑效果。

自动平滑：设置选定多边形的平滑效果。

阈值：指定相邻面的平滑效果。

（10）"细分曲面"卷展栏

实现平滑的细分结果，如图4-74所示。

平滑结果：对所有的多边形应用相同的平滑组。

使用NURMS细分：通过NURMS（曲面）方法应用平滑。

等值线显示：仅显示等值线，即对象在进行光滑处理前的原始边缘。

显示框架：切换可编辑多边形对象的两种颜色线框。框架颜色显示为右侧的色样。

"显示"组

迭代次数：设置平滑多边形对象时所用的迭代次数。

平滑度：添加多边形使其顶点更加平滑。值为0时，不会创建任何多边形。值为1时，会向所有顶点中添加多边形。

"渲染"组

迭代次数：设置渲染时应用于对象的平滑迭

图4-74 "细分曲面"卷展栏

代次数。

平滑度：设置渲染应用于对象的平滑数值。

> **提示：** 建模时，可以使用较少的迭代次数或较低的"平滑度"值，加快模型显示速度；渲染时，可以使用较高的值，生成更平滑的渲染效果。

"分隔方式"组

平滑组：防止面中间的边创建新多边形。

材质：防止不同"材质ID"的边创建新多边形。

"更新选项"组

始终：更改"平滑网格"设置时自动更新对象。

渲染时：只在渲染时更新对象的显示。

手动：直到单击"更新"按钮，更改的任何设置才会生效。

更新：更新视口中的对象，使其与当前的"网格平滑"设置匹配。

（11）"细分置换"卷展栏

该卷展栏设置可编辑多边形对象的细分曲面，如图4-75所示。

细分置换：启用时，将细分多边形精确地置换多边形对象。

分割网格：启用时，将多边形对象分割为各个多边形，以保留纹理贴图。

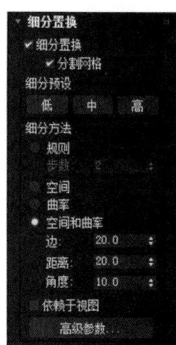

图4-75 "细分置换"卷展栏

"细分预设"组

包括"低""中""高"三个选项，分别设置低、中、高质量的曲面效果。

"细分方法"组

规则：根据U向步数或V向步数生成固定的曲面细化。

步数：根据U向或V向步数生成自适应细化。

空间：生成由三角形面组成的细化。

曲率：根据曲面的曲率生成可变的细化。

空间和曲率：通过"边""距离""角度"等值形成精确的细化效果。

边：在细化时指定三角形的最大边长。

距离：指定偏离曲面的远近程度。

角度：指定各面之间的最大角度。

依赖于视图：启用时，计算细化时考虑对象到摄影机的距离。

高级参数：单击时打开"高级曲面近似"对话框。

（12）"绘制变形"卷展栏

该卷展栏参数设置操作模式的变形效果，如图4-76所示。

推/拉：将顶点移入对象曲面内（推）或移出曲面外（拉）。推拉的方向和范围由值确定。

松弛：将顶点移到邻近顶点的平均位置，实现顶点均匀的分布效果。

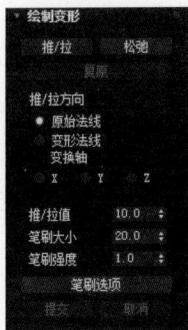

图4-76 "绘制变形"卷展栏

复原：恢复"推/拉""松弛"的效果。

"推/拉方向"组

原始法线：使顶点向变形之前的法线方向移动。

变形法线：使顶点按现在的法线方向移动。

变换轴X、Y、Z：使顶点沿着指定的轴移动，并使用当前的参考坐标系。

推/拉值：确定"推/拉"操作应用的方向和最大范围。正值将顶点"拉"出曲面，负值将顶点"推"入曲面。

笔刷大小：设置圆形笔刷的半径。只有在笔刷半径内的顶点才可以变形。

笔刷强度：设置笔刷应用"推/拉"值的速率，范围为0～1。

笔刷选项：设置各种笔刷的相关参数。

提交：使变形永久化。使用"提交"后，不可以使用"复原"。

4.4.2 案例：水杯的制作

案例学习目标：通过可编辑多边形建模方法，熟练运用点、线、面参数制作模型。

案例知识要点：使用可编辑多边形的"插入""挤出""连接"工具制作水杯。

效果所在位置：本书配套文件包＞第4章＞案例：水杯的制作。

① 单击 ✚（创建）＞ ⬤（几何体）＞"标准基本体"＞"圆柱体"，在透视图创建圆柱体。进入修改面板，将"半径"设置为"50"，"高度"设置为"85"，"高度分段"设置为"8"，"边数"设置为"36"，查看模型效果（图4-77）。

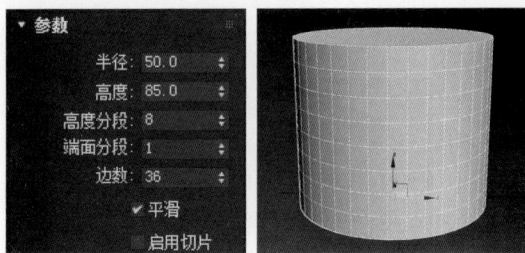

图4-77 创建圆柱体

② 选择圆柱体并点击鼠标右键，在弹出的"四维菜单"中执行"变换"＞"转换为"＞"可编辑多边形"，将圆柱体转换为可编辑多边形。打开修改面板，在堆栈栏进入"多边形"层级，在视图中选择圆柱体的顶面，执行"编辑多边形"卷展栏的"插入"命令，在原来的面上插入一个新面（图4-78）。

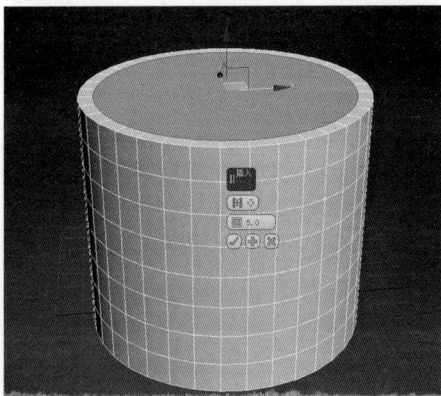

图4-78 执行"插入"命令效果

③ 选择插入的面，点击"挤出"命令的"设置"对话框，在弹出的对话框中将"高度"设置为"-6"，"轮廓"设置为"0"，点击 ⊕（应用并继续），查看模型效果（图4-79）。

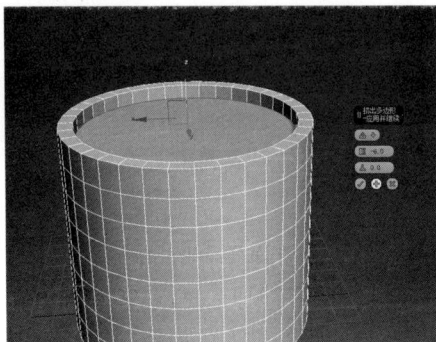

图4-79 设置"挤出"参数（1）

④ 将"高度"设置为"-75"，再次点击 ⊕（应用并继续）（图4-80），将"高度"设置为"-1"，点击 ✓（确定），查看模型效果（图4-81）。

图4-80 设置"挤出"参数（2）

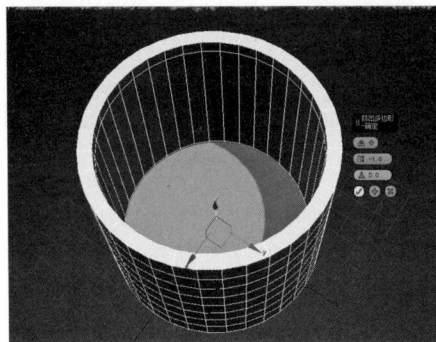

图4-81 设置"挤出"参数（3）

⑤ 进入"多边形"层级，选择模型侧面的两个面，点击"挤出"命令的"设置"对话框，

在弹出的对话框中将"高度"设置为"15"，点击 ⊕（应用并继续）（图4-82），并再点击一次 ⊕（应用并继续），最后点击 ✓（确定），查看模型效果（图4-83）。

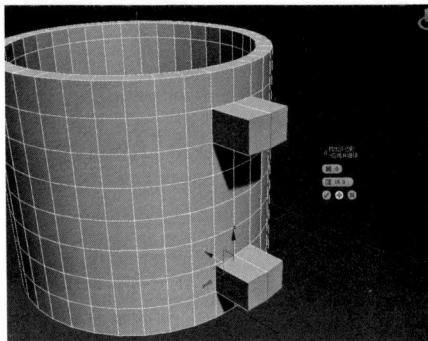

图4-82 第1次挤出

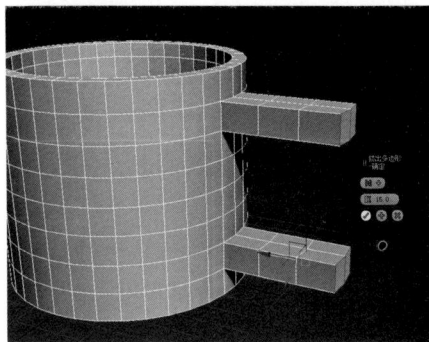

图4-83 第3次挤出

⑥ 进入前视图，进入"点"层级，使用移动工具调整面的顶点位置（图4-84）。

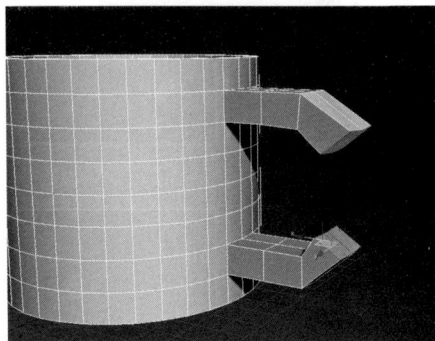

图4-84 调整顶点的位置

⑦ 进入"多边形"层级，选择挤出的面，点击"桥"命令，使面连接形成杯把（图4-85）。

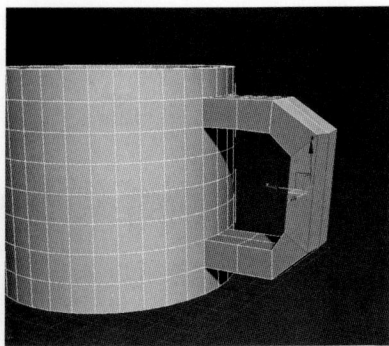

图 4-85 应用"桥"命令

⑧ 进入"点"层级,调整点的位置,使杯把有一定的弧度(图 4-86)。

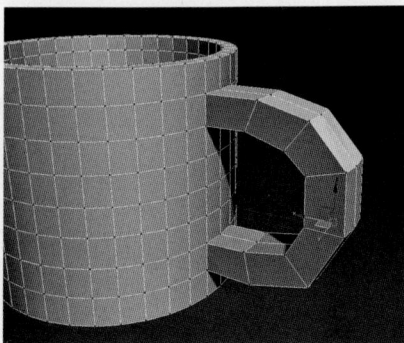

图 4-86 调整点的位置

⑨ 打开"修改器列表",添加"网格平滑"修改器,打开"细分量"卷展栏,将"迭代次数"设置为"2"(图 4-87)。

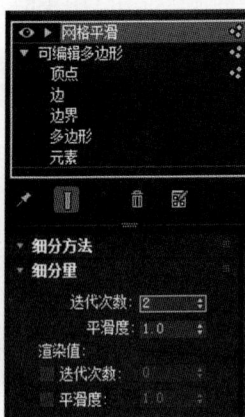

图 4-87 添加"网格平滑"修改器

⑩ 点击快捷键 Shift+Q 键进行快速渲染(图 4-88)。

图 4-88 最终渲染效果

4.4.3 案例:凉亭的制作

案例学习目标:通过可编辑多边形建模方法,熟练运用工具设置制作模型。

案例知识要点:使用可编辑多边形的"插入""挤出""连接"工具制作凉亭。

效果所在位置:本书配套文件包>第 4 章>案例:凉亭的制作。

① 单击 ➕(创建)> ⬤(几何体)>"标准基本体">"球体",在透视图创建一个球体。进入修改面板调整参数,将"半径"设置为"100","分段"设置为"20","半球"设置为"0.5",查看模型效果(图 4-89)。

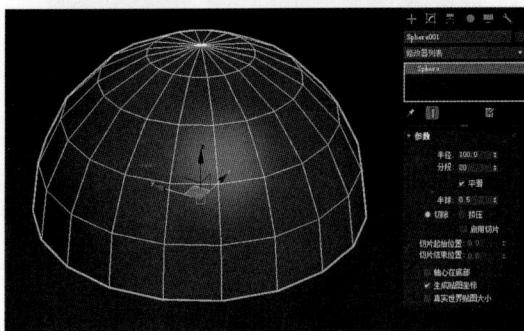

图 4-89 创建球体

② 选择球体转换为"可编辑多边形"。单击修改面板,进入"边"层级,在视图中选择除底边以外的所有边,执行"编辑边"卷展栏的"利用所选内容创建图形"命令,在弹出的"创建图形"对话框中将"曲线名"设置为"图形001","图形类型"设置为"线性",点击"确定"按钮,在原来的面上创建一个图形(图 4-90)。

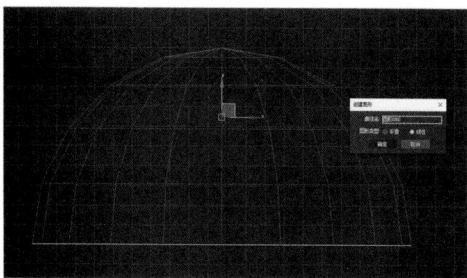

图 4-90　创建图形

③ 选择"图形001"，打开修改面板的"渲染"卷展栏，勾选"在渲染中启用""在视口中启用"，勾选"矩形"并将"长度""宽度"设置为"3"，查看模型效果（图4-91）。

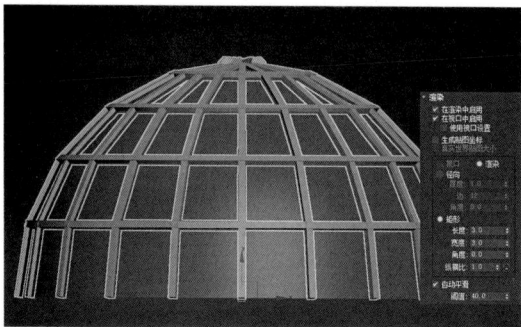

图 4-91　调整"渲染"卷展栏选项

④ 进入顶视图，删除球体。在视图中创建"管状体"，进入修改面板，"半径1"设置为"120"，"半径2"设置为"90"，"高度"设置为"30"，"高度分段"设置为"3"，"边数"设置为"18"，查看模型效果（图4-92）。

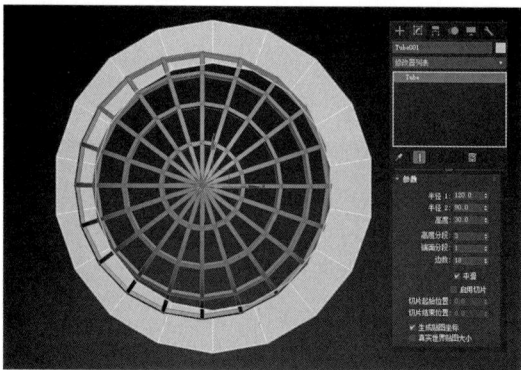

图 4-92　创建管状体

⑤ 进入透视图，首先选择管状体，将"X""Y""Z"轴的坐标设置为"0""0""0"。

同理，将"图形001"的"X""Y""Z"轴的坐标设置为"0""0""0"（图4-93）。

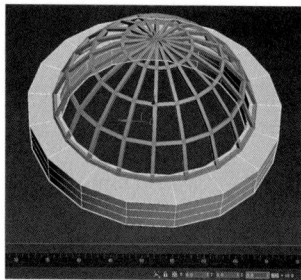

图 4-93　坐标归零

⑥ 首先选择"图形001"，在主工具栏点击▇（对齐工具），再选择管状体，在弹出的"对齐当前选择"对话框中，取消勾选"X位置""Y位置"，勾选"Z位置"，将"当前对象"设置为"最小"，"目标对象"设置为"最大"，并点击"确定"应用，使两个模型对齐（图4-94）。

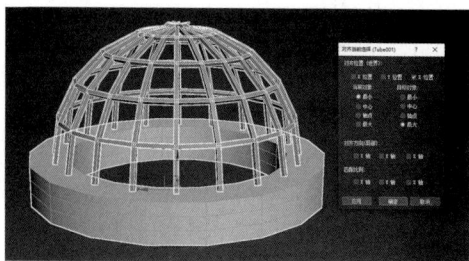

图 4-94　使用"对齐"工具

⑦ 选择圆环并转换为"可编辑多边形"，进入"多边形"层级，选择圆环中间的一圈面，点击"编辑边"卷展栏中"挤出"的▇（设置）。在弹出的对话框中，将"类型"设置为"局部法线"，"高度"设置为"4"，点击"确定"应用，查看模型效果（图4-95）。

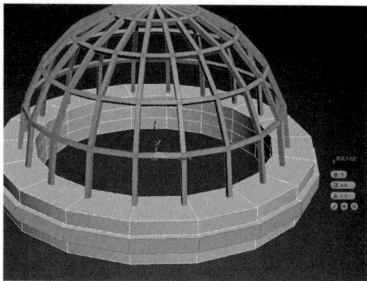

图 4-95　使用"挤出"工具（1）

⑧ 进入"边"层级,选择圆环的上下两条边,在"选择"卷展栏中点击"环形",选择整个环形的边(图4-96)。在视图中点击右键,在弹出的"四维菜单"中选择"转换到面",选择上下的所有面,点击"插入",将"数量"设置为"1"并点击"确定"应用,查看模型效果(图4-97)。

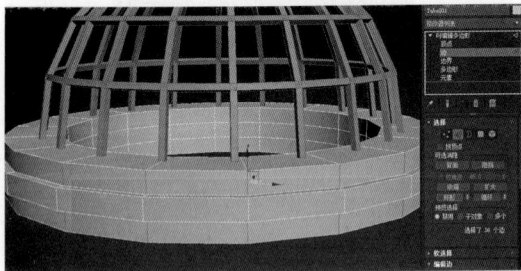

图4-96 点击"环形"

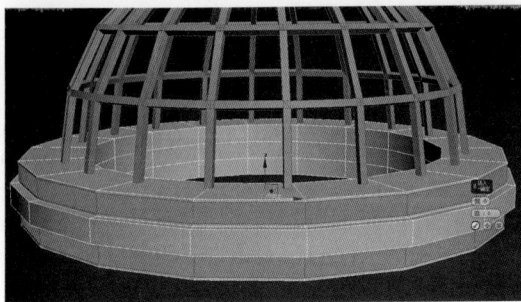

图4-97 使用"插入"工具

⑨ 再次点击"挤出"的 ▣(设置),在弹出的对话框中,将"类型"设置为"局部法线","高度"设置为"-2","偏移"设置为"0",点击"确定"应用,查看模型效果(图4-98)。

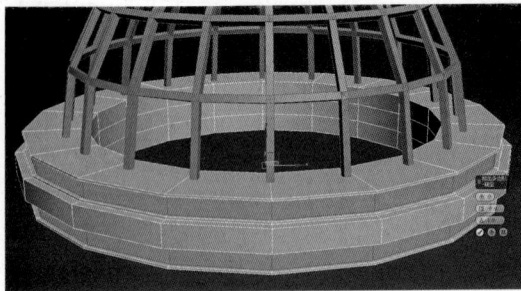

图4-98 使用"挤出"工具(2)

⑩ 进入前视图,点击 ➕(创建)> (图形)>"样条线">"线",在视图中绘制

样条线作为柱脚,选择线的顶点,将顶点类型转换为"平滑",调整样条线的弧度(图4-99)。

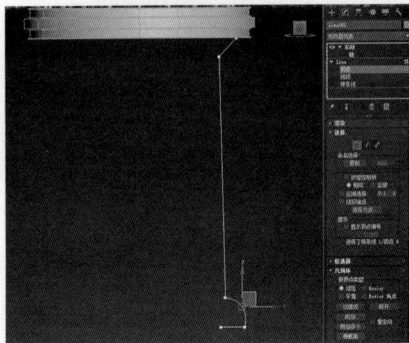

图4-99 创建线

⑪ 在"修改器列表"中选择"车削"修改器,进入修改器的"轴"层级,在视图中调整轴的位置,并在"参数"卷展栏勾选"翻转法线",形成柱脚效果(图4-100)。

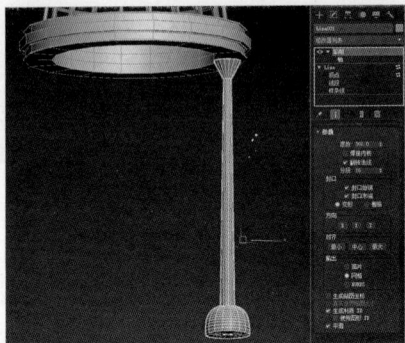

图4-100 选择"车削"修改器

⑫ 进入顶视图,点击 ▣(层次)>"轴">"仅影响轴"命令,在视图中将"X""Y"轴的坐标设置为"0""0",并取消"仅影响轴"命令(图4-101)。

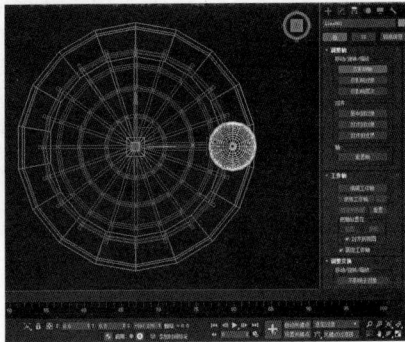

图4-101 "X""Y"轴坐标归零

⑬ 将光标移动到主工具栏的 ⬚ （角度捕捉工具），点击右键弹出"栅格和捕捉设置"对话框，将"角度"设置为"60"，并关闭对话框（图4-102）。启用 ⬚ （角度捕捉工具），在视图中选择柱脚模型，启用 ⟲ （旋转工具），按住快捷键Shift并选择"Z"轴，在弹出的"克隆选项"对话框中将"副本数"设置为"5"，点击"确定"并查看效果（图4-103）。

图 4-102　设置角度捕捉

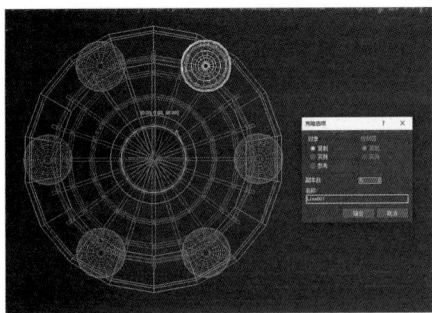

图 4-103　克隆柱脚模型

⑭ 打开 ✚ （创建）＞ ⬤ （几何体）＞"标准基本体"面板，在视图中创建"圆柱体""平面"模型，并移动到凉亭的底部（图4-104）。

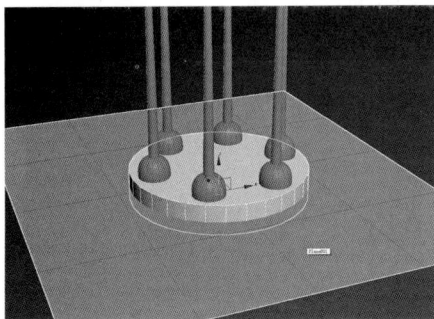

图 4-104　创建"圆柱体""平面"模型

⑮ 点击快捷键Shift+Q键进行快速渲染，查看最终模型效果（图4-105）。

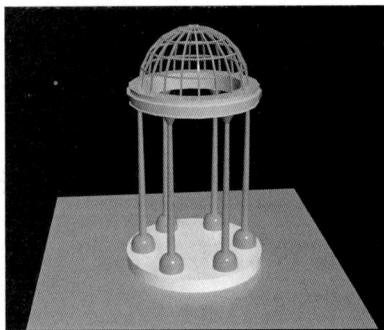

图 4-105　最终模型效果

4.5　课堂实训：卡通角色的制作

课堂实训目标：综合运用可编辑多边形建模的方法，利用多边形子层级点、线、面的工具进行模型的编辑和创建。

课堂实训要点：使用可编辑多边形中常用的"连接""切片"等工具完成卡通角色的制作。

效果所在位置：本书配套文件包＞第4章＞案例：卡通角色的制作

① 打开卡通角色初始文件，查看场景效果。本案例采用"十字交叉法"建模，场景包含两个垂直相交的角色正视图和侧视图（图4-106）。

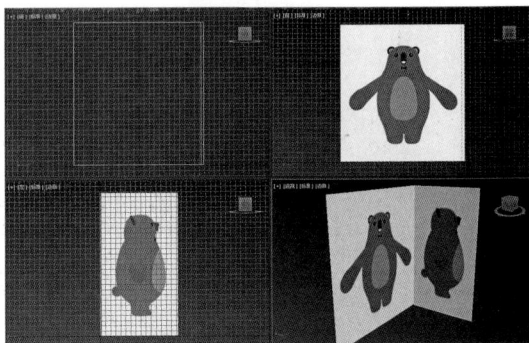

图 4-106　打开场景文件

② 单击 ✚ （创建）＞ ⬤ （几何体）＞"标准基本体"＞"长方体"，在前视图创建一个长方体，长方体的长、宽、高与图片中卡

通形象的大小相似即可，在修改面板中将"长度分段""宽度分段""高度分段"都设置为"2"。创建完成后点击右键，在弹出的"四维菜单"中选择"对象属性"，在弹出的对话框中勾选"透明"并点击"确定"，模型变成透明效果（图4-107）。

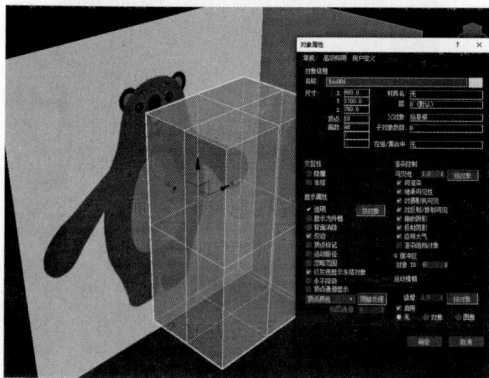

图4-107　创建模型并使用"透明"

③ 进入前视图，将模型与角色对齐，并点击右键，在弹出的"四维菜单"执行"转化为" > "可编辑多边形"。在修改面板进入"顶点"层级，选择模型右侧的顶点并删除（图4-108）。在"修改器列表"中选择"对称"修改器，打开"对称"卷展栏，勾选"X"轴后的"翻转"，随后在堆栈中进入"镜像"层级，在视图中移动坐标轴使模型显示完整，此时模型的左右两侧可以同时进行变换（图4-109）。

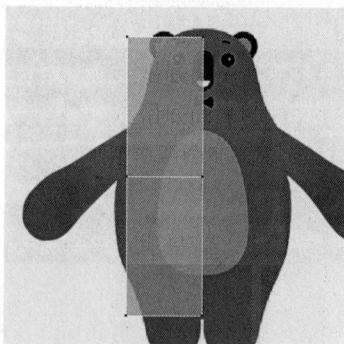

图4-108　删除模型右侧的顶点

④ 在堆栈中回到"可编辑多边形"的"边"层级，并启用 ![图标]（显示最终结果开/关切换），执行"连接"命令添加多条边（图4-110）。随后调整顶点使模型与角色身体匹配（图4-111）。

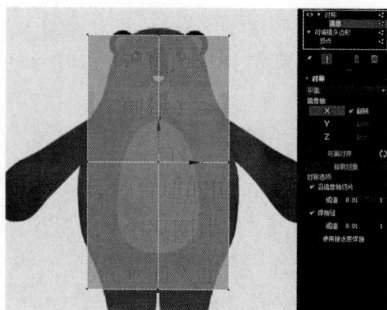

图4-109　应用"对称"修改器

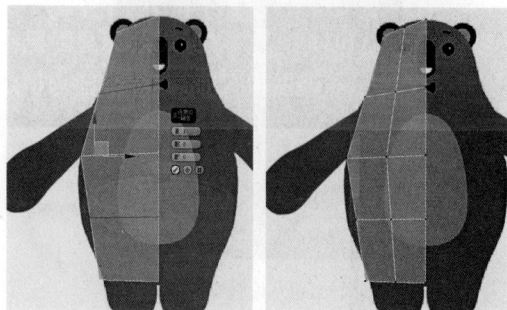

图4-110　执行"连接"命令添加多条边（1）

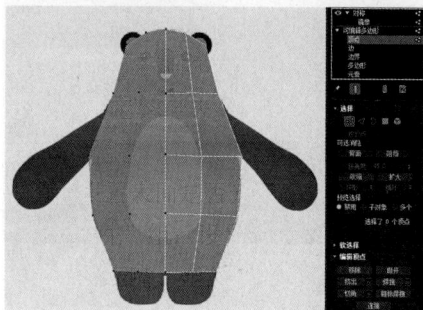

图4-111　调整顶点的位置（1）

⑤ 进入侧视图，执行"连接"命令添加多条边（图4-112），并调整顶点使模型与角色身体匹配（图4-113）。

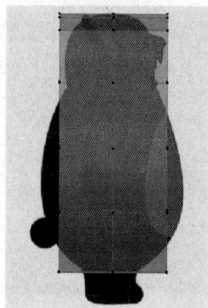

图4-112　执行"连接"命令添加多条边（2）

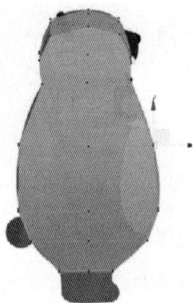

图 4-113　调整顶点的位置（2）

⑥进入顶视图，调整顶点的位置（图 4-114），使模型呈现身体造型效果（图 4-115）。

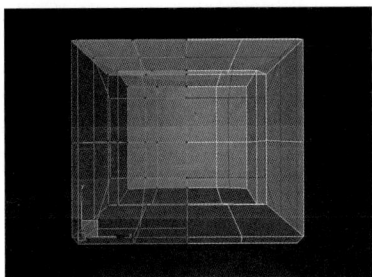

图 4-114　调整顶点的位置（3）

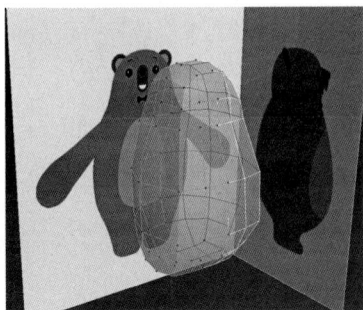

图 4-115　模型效果（1）

⑦选择底下的四个面，执行一次"倒角"命令（图 4-116）；再执行两次"挤出"命令（图 4-117），调整模型的顶点作为角色腿部（图 4-118）。

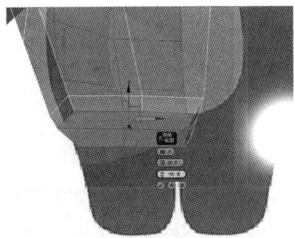

图 4-116　执行一次"倒角"命令

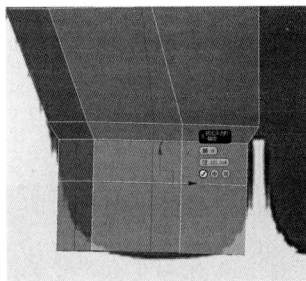

图 4-117　执行两次"挤出"命令

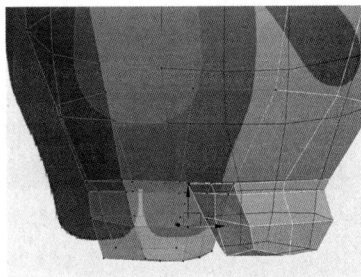

图 4-118　模型效果（2）

⑧进入前视图，选择胸部的边并执行"连接"命令，添加一条边（图 4-119）；进入侧视图，选择中间的边执行"连接"命令，添加两条边，调整顶点细化模型（图 4-120）。

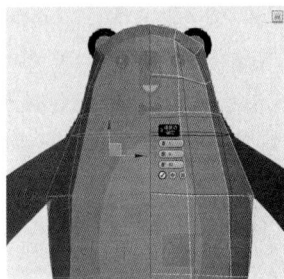

图 4-119　选择胸部的边执行"连接"命令

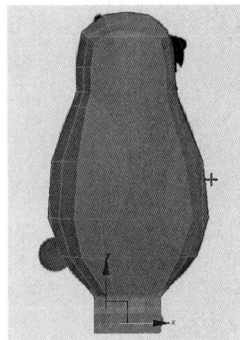

图 4-120　选择中间的边执行"连接"命令

⑨ 选择侧面的两个面，执行"挤出"命令（图 4-121），调整顶点的位置，并再次执行三次"挤出"命令（图 4-122），随后调整顶点作为胳膊模型（图 4-123）。

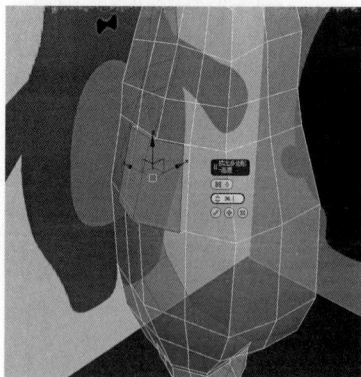

图 4-121　选择侧面的面执行"挤出"命令

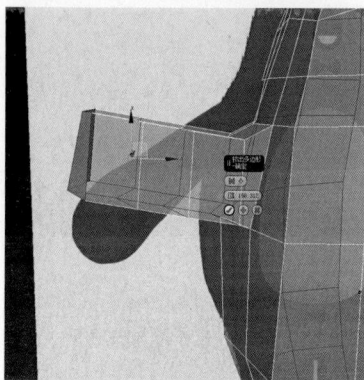

图 4-122　执行三次"挤出"命令

图 4-123　调整顶点作为胳膊

⑩ 选择手部的边并执行"连接"命令，添加一条边（图 4-124），随后调整顶点细化模型（图 4-125）。

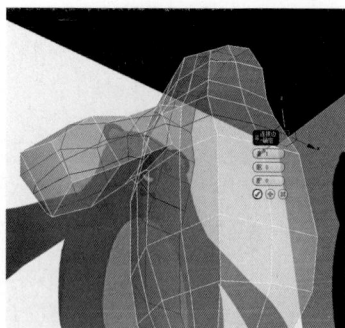

图 4-124　选择手部的边执行"连接"命令

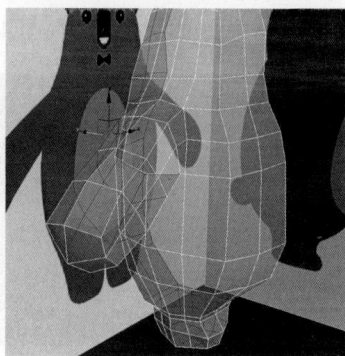

图 4-125　模型效果（3）

⑪ 在"修改器列表"选择"网格平滑"修改器，查看模型的效果（图 4-126）。

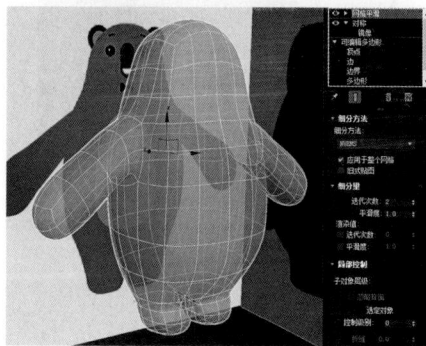

图 4-126　模型效果（4）

⑫ 进入前视图创建一个球体，在"参数"卷展栏中将"半径"设置为"165"，"分段"设置为"10"，"半球"设置为"0.5"（图 4-127）。随后，采用同样的方法，将半球的"对象属性"启用"透明"，转换为"可编辑多边形"后进入"面"层级，删除右侧的面和底面，再添加"对称"修改器，调整顶点的位置作为面部结构（图 4-128）。

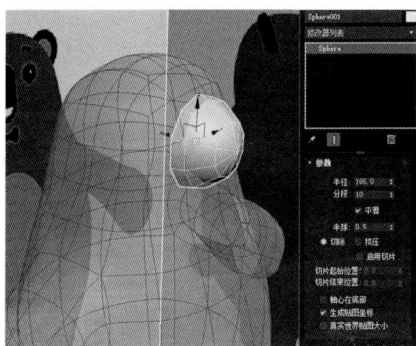

图 4-127　创建球体

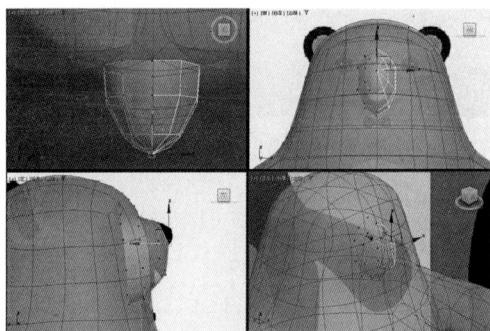

图 4-128　模型效果（5）

⑬ 在前视图创建一个球体作为眼睛，在"参数"卷展栏中将"半径"设置为"45"，"半球"设置为"0.5"，并使用主工具栏的 ![icon]（镜像工具）复制另外一只眼睛（图 4-129）。

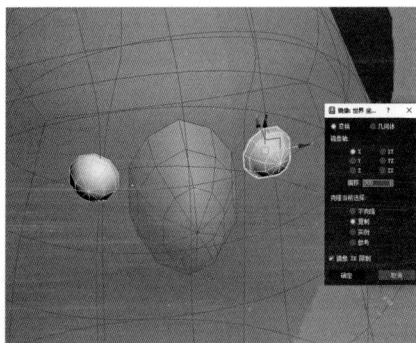

图 4-129　创建球体作为眼睛

⑭ 在前视图创建一个圆环，在"参数"卷展栏中将"半径 1"设置为"75"，"半径 2"设置为"20"，"分段"和"边数"都设为"6"，并勾选"启用切片"，"切片起始位置"设置为"260"（图 4-130）。在视图中调整模型，使其与角色的耳朵匹配，随后使用主工具栏的 ![icon]（镜

像工具）"实例"方式复制一个模型作为耳朵（图 4-131）。

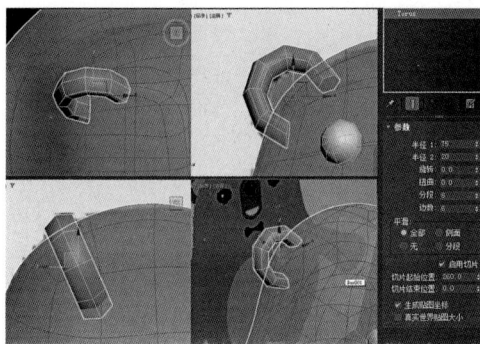

图 4-130　创建圆环作为耳朵

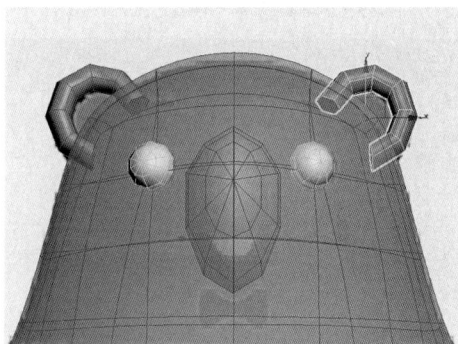

图 4-131　模型效果（6）

⑮ 在前视图创建一个半球作为鼻子，调整模型（图 4-132）。

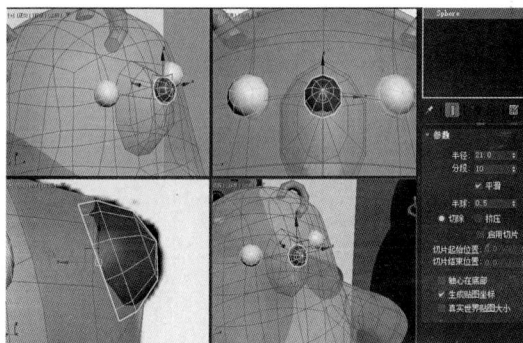

图 4-132　创建半球作为鼻子

⑯ 在前视图创建一个长方体并转变为"可编辑多边形"后，调整模型成眉毛造型，使用 ![icon]（镜像工具）"实例"方式复制一个模型放在另一侧（图 4-133）。

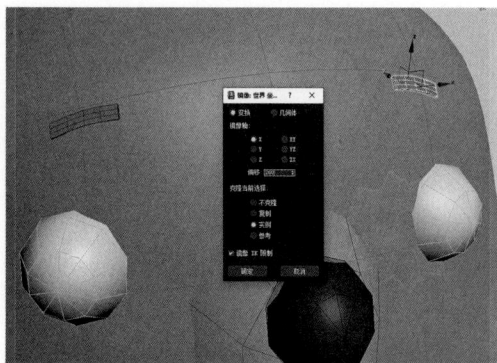

图 4-133　创建长方体作为眉毛

⑰ 进入后视图创建一个球体，在"参数"卷展栏中将"分段"设置为"10"，调整模型作为角色的尾巴（图 4-134）。

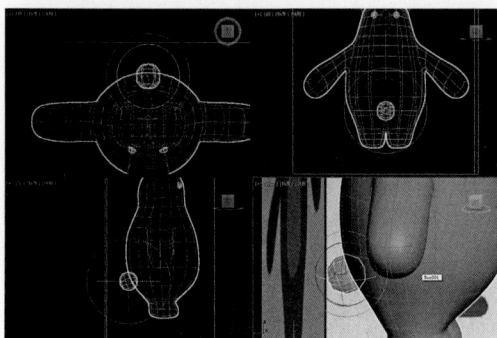

图 4-134　创建球体作为尾巴

⑱ 在前视图创建一个长方体，"长度分段""宽度分段""高度分段"分别设置为"3""4""2"，转变为"可编辑多边形"后调整模型作为领夹（图 4-135）。

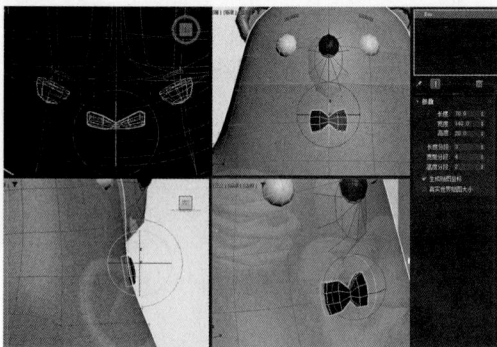

图 4-135　创建长方体作为领夹

⑲ 选择"身体"模型，在堆栈中删除"网格平滑"修改器，执行"塌陷全部"将"对称"

融入模型中（图 4-136）。进入"多边形"层级，执行"附加"命令，将创建的所有模型附加到一起（图 4-137）。

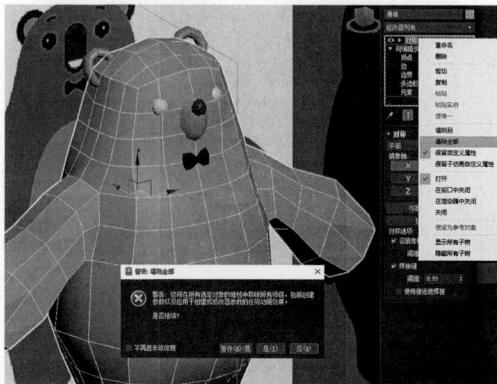

图 4-136　执行"塌陷全部"

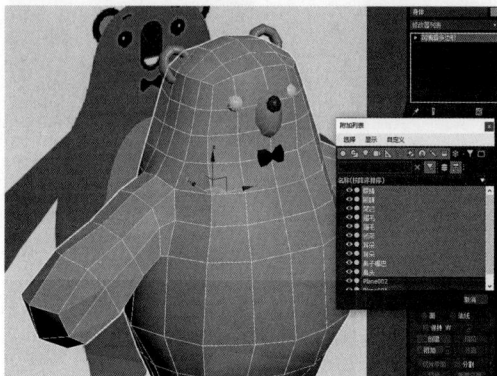

图 4-137　附加所有模型

⑳ 选择模型并在"修改器列表"添加"网格平滑"修改器，并将"细分量"卷展栏中的"迭代次数"设置为"2"，修改模型细节，查看最终模型效果（图 4-138）。

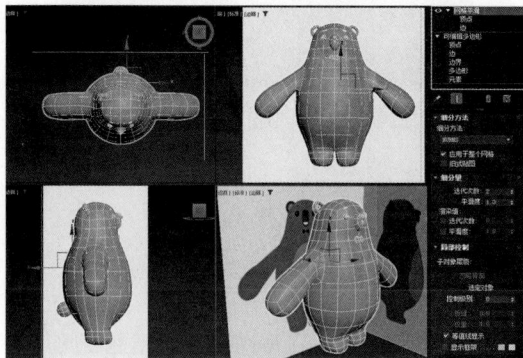

图 4-138　最终模型效果

课后拓展

使用可编辑多边形中常用的"插入""挤出""连接""倒角""切割"功能完成头像的建模。布线流程可参考图 4-139，添加"网格平滑"后的效果如图 4-140。操作步骤及最终效果文件见本书配套文件包＞第 4 章＞课后拓展：头像建模。

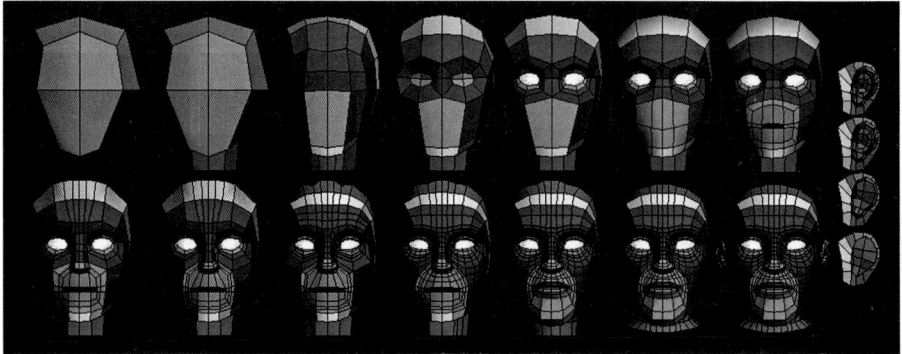

图 4-139　头像建模和布线流程

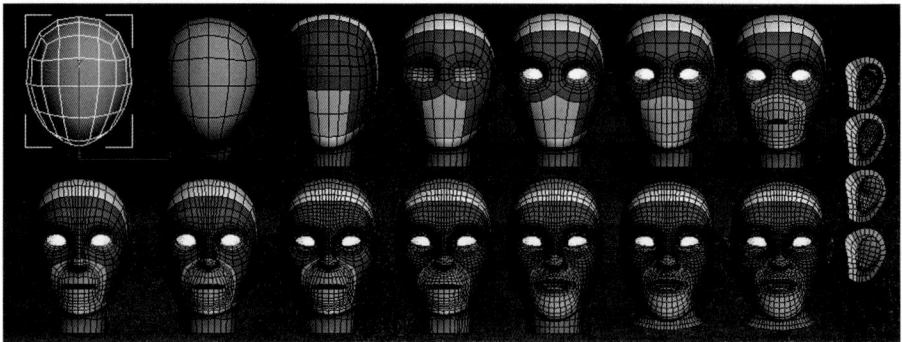

图 4-140　头像建模"网格平滑"后的效果

第5章

材质、贴图与渲染

- **本章内容** 介绍3ds Max软件的材质编辑器和渲染器，详细阐释常用的材质类型、贴图和渲染器。通过本章的学习，要对材质、贴图和渲染设置有深入的认识和了解，制作出具有想象力的图像效果。

- **学习目标** 了解材质编辑器；熟悉三维动画的常用材质类型；掌握三维动画的常用贴图设置及应用；掌握三维动画的渲染器设置及应用。

5.1 材质编辑器

现实世界的物体都有自身的表面特征和肌理效果，如玻璃的透明度，不同金属的光泽度，石材的不同颜色、纹理等。3ds Max 软件可以通过材质编辑器准确、逼真地表现不同物体的色彩、光泽和质感等特征。同时，设置材质时还可以设置光源的反射或折射等效果，使场景材质具有真实感（图 5-1）。因此，设置材质参数时，材质属性与光源属性是相辅相成的，需要相互配合才能模拟出真实物理世界的效果。

图 5-1 夜晚场景渲染效果

单击工具栏的 ▦（材质编辑器）按钮或按快捷键 M，会弹出"材质编辑器"窗口。在 3ds

Max 软件中有两种材质编辑器，分别是精简材质编辑器、石板材质编辑器。

▦（精简材质编辑器）：在 3ds Max 2011 版本发布之前，材质编辑器即精简材质编辑器，如图 5-2（a）所示。它的对话框中包含材质的快速预览。如果要赋予模型已经设计好的材质，那么精简材质编辑器可以快速实现效果。

▨（石板材质编辑器）：在 3ds Max 2011 版本发布时，材质编辑器中添加了石板材质编辑器，如图 5-2（b）所示。其中，材质和贴图通过材质树的节点表示。如果要设计新材质，则石板材质编辑器相对方便，特别是它的搜索工具，可以更好地管理具有大量材质的场景。

（a）精简材质
编辑器

（b）石板材质编辑器

图 5-2 两种材质编辑器

切换材质编辑器类型时，可以在材质编辑

器菜单中点击"模式"菜单，切换"精简材质编辑器"与"石板材质编辑器"（图 5-3）。本书中案例的制作以精简材质编辑器为例。

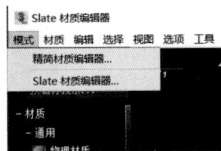
图 5-3　材质编辑器的切换

5.1.1　材质示例窗

"精简材质编辑器"对话框中，材质示例窗是显示材质效果的窗口，每个方格中的材质球代表一个材质。默认状态下，材质示例窗以 3×2 模式显示，软件提供了 3 种显示模式（图 5-4）。

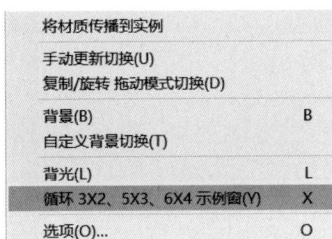
图 5-4　显示模式调整面板

如果想恢复材质球的初始状态，可以在材质编辑器的菜单栏中选择"材质">"重置示例窗旋转"命令，材质球即可恢复空白状态。

材质球显示材质设置的颜色、反光、透明等效果，编辑好的材质必须赋予模型对象才能有效。如果双击材质球，会弹出一个浮动窗口，用于单独显示该材质球，查看材质球的放大效果。拖曳浮动窗口的边框，可以放大或缩小浮动窗口（图 5-5）。

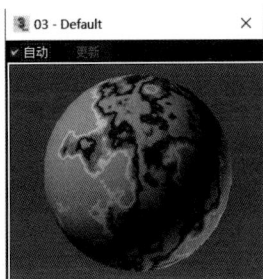
图 5-5　材质球放大效果

此外，选中一个材质球，如果按住鼠标左键不放拖曳到其他材质球上，可以得到一个相同材质效果的材质球。

5.1.2　材质编辑器工具栏

材质编辑器的工具栏分为水平工具栏和垂直工具栏。工具栏中包含设置材质的工具（图 5-6、图 5-7）。

图 5-6　水平工具栏

图 5-7
垂直工具栏

■（获取材质）：单击该按钮弹出"材质/贴图浏览器"对话框，可以设置材质和贴图。

■（将材质放入场景）：单击该按钮，可在编辑材质之后更新场景中的材质。

> **提示：** ■（将材质放入场景）仅在两种情况下可用，即活动示例窗口中的材质与场景中的材质具有相同的名称；活动示例窗口中的材质不是热材质。

■（将材质指定给选定对象）：将示例窗的材质赋予被选择的物体。

■（重置贴图）：将当前编辑的材质恢复到初始状态。

■（生成材质副本）：通过复制自身材质，生成材质副本冷却当前示例窗。

■（使唯一）：使关联材质成为独立材质。

■（放入库）：将选定的材质添加到材质库中。

■（材质 ID 通道）：单击该按钮将使用此通道 ID 的 Video Post（视频合成器）或渲染效果应用于该材质。

■（视口中显示明暗处理材质）：单击该按钮可在场景中显示该材质的效果。

■（显示最终效果）：启用时，示例窗将显示材质树的所有明暗器和贴图。禁用时，示例窗只显示当前层级的材质效果。

（转到父对象）：单击该按钮可以将当前材质向上移动一个层级。

（转到下一个同级项）：单击该按钮将移动到当前材质中相同层级的下一个贴图或材质。

（采样类型）：使用该按钮可以选择要显示在活动示例中的几何体（图5-8）。

（背光）：启用时，将背光添加到活动示例窗。图5-9左图所示为启用，右图为未启用。

图5-8 采样类型

图5-9 背光是否启用的不同效果

（背景）：单击该按钮可以显示彩色的棋盘格背景。

（采样UV平铺）：设置采样对象上的贴图重复效果。

（视频颜色检查）：检查对象的材质颜色是否超过安全NTSC或PAL（两种电视广播制式）阈值。

（生成预览、播放预览、保存预览）：生成预览会打开"创建材质预览"对话框，创建动画AVI文件（图5-10）；播放预览使用WMP（媒体播放器）播放AVI预览文件；保存预览将保存重命名的AVI文件。

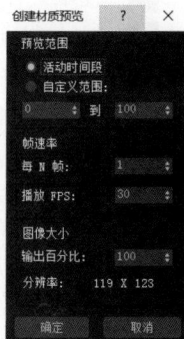

图5-10 "创建材质预览"对话框

（选项）：开启"材质编辑器选项"对话框，设置示例窗的材质和贴图显示（图5-11）。

（按材质选择）：开启"选择对象"对话框，蓝色部分是被赋予当前材质的物体，单击"选择"按钮即可选择对象。

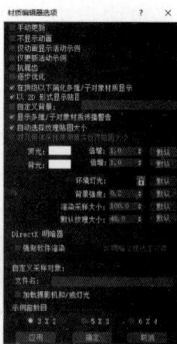

图5-11 "材质编辑器选项"对话框

（材质/贴图导航器）：开启导航器，提供材质中贴图的层次或复合材质中子材质的快速导航（图5-12）。

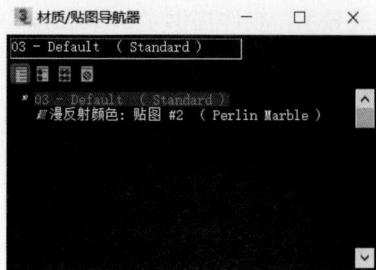

图5-12 "材质/贴图导航器"对话框

（从对象拾取材质）：单击该按钮，鼠标光标变为吸管形状，将光标移到具有材质的物体，单击鼠标左键将对象的材质吸取到当前的材质球中。

Standard：开启"材质/贴图浏览器"窗口，可设置材质和贴图类型。

5.1.3 材质编辑器参数卷展栏

以"扫描线渲染器"的"标准"材质为例，其材质编辑器参数包括"明暗器基本参数""基本参数""扩展参数""超级采样""贴图"等卷展栏，下面重点介绍常用的卷展栏。

（1）"明暗器基本参数"卷展栏

设置材质的明暗方式及渲染形态，其卷展栏如图5-13所示。

图5-13 "明暗器基本参数"卷展栏

[明暗方式下拉列表]：设置材质的渲染属性，提供了8种渲染属性（图 5-14）。其中"Blinn""金属""各向异性""Phong"是常用的材质渲染属性。8种渲染属性的使用效果如表 5-1 所示。

图 5-14　材质的渲染属性

表 5-1　8种渲染属性的使用效果

渲染属性	使用效果
Blinn	以光滑方式进行渲染，可以表现大部分物体的物理属性和效果，是软件的默认选项
金属	金属专用的材质属性，可表现出金属的强烈反光效果
各向异性	多用于曲面的物体，能很好地表现出塑料、陶瓷和粗糙金属等
Phong	以光滑方式进行表面渲染，易表现柔和的材质，如玻璃、塑料等
多层	具有两组高光控制选项，能产生更复杂的高光效果，适合做抛光的表面效果等，如缎纹、丝绸、有光泽的油漆等
Oren-Nayar-Blinn	是"Blinn"渲染属性的变种，适合表面较粗糙的物体，如织物、地毯等
Strauss	与"金属"渲染属性相似，多用于表现金属，如有光泽的油漆、光亮的金属等效果
半透明明暗器	多用于表现光线穿过的半透明物体，如窗帘、投影屏幕或者具有图案的玻璃等

"明暗器基本参数"卷展栏中的右侧用于设置材质的渲染形态，包括线框、双面、面贴图、面状四种方式。使用效果如图 5-15 所示。

（a）线框渲染效果对比

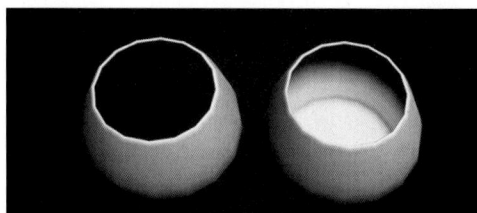

（b）双面渲染效果对比

（c）面状渲染效果对比

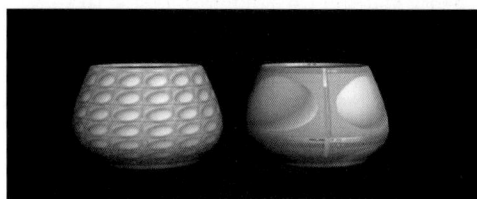

（d）面贴图渲染效果对比

图 5-15　材质的渲染形态

（2）"基本参数"卷展栏

"基本参数"卷展栏根据渲染属性的不同有所差异，但大部分参数和使用方法是相同的。这里以常用的"Blinn"和"各向异性"为例介绍参数面板中的参数。

在明暗方式下拉列表框中选择"Blinn"，"Blinn 基本参数"卷展栏如图 5-16 所示。

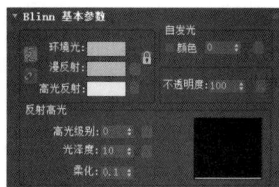

图 5-16　"Blinn 基本参数"卷展栏

环境光：设置物体表面阴影区域的颜色。

漫反射：设置物体表面的基本颜色。

高光反射：设置物体表面高光区域的颜色。单击参数右侧的颜色框，弹出"颜色选择器"对话框（图 5-17）。设置颜色后单击"确定"按钮即可应用，若单击"重置"按钮，颜色将恢复初始效果。

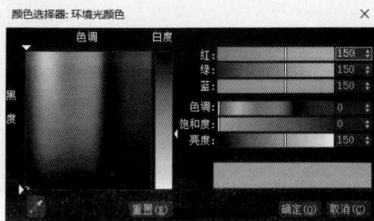

图 5-17　"颜色选择器"对话框

"自发光"组

设置材质的发光效果，用于制作灯管、电视机屏幕的光源物体。在数值框中输入数值，此时"漫反射"将作为自发光色（图 5-18），也可以选择左侧的复选框后将数值框变为颜色框，单击颜色框设置自发光的颜色（图 5-19）。

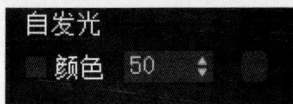

图 5-18　默认自发光数值框

图 5-19　自发光变换颜色框

不透明度：设置材质的不透明百分比值，默认值为"100"，表示完全不透明；值为"0"时，表示完全透明。

"反射高光"组

高光级别：设置高光亮度，值越大，高光亮度就越大。

光泽度：设置高光区域的大小，值越大，高光区域越小。

柔化：设置柔化高光的效果，值在 0～1之间。

在明暗方式下拉列表框中选择"各向异性"方式，"各向异性基本参数"卷展栏如图 5-20所示。

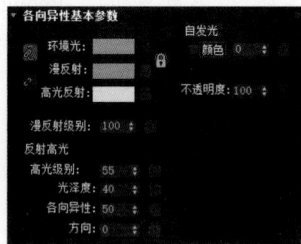

图 5-20　"各向异性基本参数"卷展栏

漫反射级别：控制材质的"环境光"颜色的亮度，改变参数值不会影响高光。

各向异性：控制高光的形状。

方向：设置高光的方向。

（3）"扩展参数"卷展栏

"扩展参数"卷展栏如图 5-21 所示。

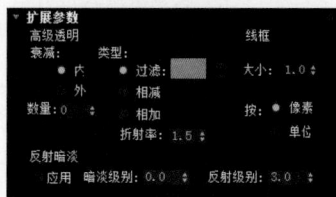

图 5-21　"扩展参数"卷展栏

"高级透明"组

"衰减"集用于设置衰减的方向以及衰减的程度。其中，"内"是朝向对象的内部增加不透明度，类似在玻璃瓶中一样；"外"是朝向对象的外部增加不透明度，类似在烟雾中一样。

数量：设置内外衰减的数量，值越高，材质越透明。

"类型"设置应用不透明度的方式。其中，"过滤"会计算透明曲面后的颜色，单击色样可更改过滤颜色；"相减"表示减除透明曲面后面的颜色；"相加"表示增加透明曲面后面的颜色。

折射率：设置材质对灯光的折射程度，用于折射贴图和光线跟踪。其中，1.0 是空气的折射率，表示穿过透明物体的对象不会产生扭曲。

"线框"组

大小：设置线框模式中线框的大小。

按：选择度量线框的方式，按照"像素"或者"单位"进行设置。

"反射暗淡"组

应用：勾选即启用"反射暗淡"效果。禁用该选项，反射贴图不会因为灯光的改变而受影响。

暗淡级别：设置阴影中的暗淡量。该值为0.0时，反射贴图在阴影中为全黑。该值为1.0时，反射贴图不进行暗淡处理。

反射级别：加大值将提高漫反射的亮度，减小值将降低漫反射的亮度。

（4）"贴图"卷展栏

标准材质的贴图设置面板中提供了多种贴图通道（图5-22）。每一种贴图通道代表了不同的材质属性，合理地调整贴图通道能使模型具有真实的材质效果。"贴图"卷展栏的部分贴图通道与"基本参数"卷展栏的参数对应。"基本参数"卷展栏中有些参数的右侧有 ■ 按钮，这和贴图通道中的 无 按钮的作用是相同的，单击后都会弹出"材质/贴图浏览器"窗口（图5-23），在窗口中可以选择贴图类型。

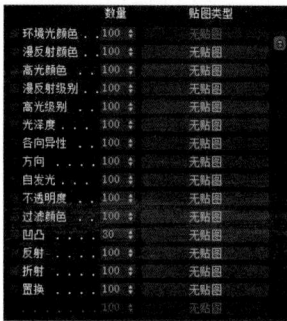

图5-22 贴图通道

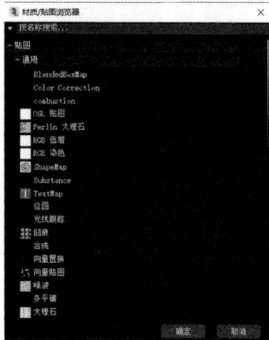

图5-23 "材质/贴图浏览器"窗口

下面重点介绍常用的贴图通道。

环境光颜色：将贴图应用于材质的阴影区。

默认状态下该通道是被禁用的。

漫反射颜色：最常用的贴图通道，设置材质的纹理效果，如图5-24（a）所示。

高光颜色：根据贴图设置材质的高光区。

高光级别：与高光区贴图相似，但强度取决于高光强度的设置。

光泽度：根据贴图设置物体高光区域贴图的光泽效果，如图5-24（b）所示。

自发光：根据贴图设置物体表面的发光效果。

不透明度：根据贴图的明暗设置物体表面的透明效果，如图5-24（c）所示。

凹凸：根据贴图的颜色产生凹凸效果，如图5-24（d）所示。

反射：用于表现材质的反射效果，常用来制作金属、镜面材质，如图5-24（e）所示。

折射：用于表现材质的折射效果，常用于表现水、玻璃的折射效果，如图5-24（f）所示。

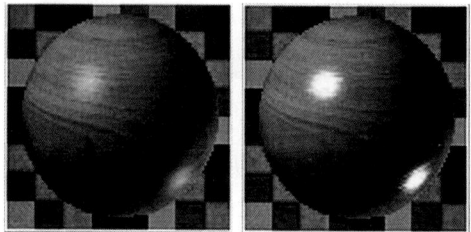

（a）漫反射颜色　　（b）光泽度

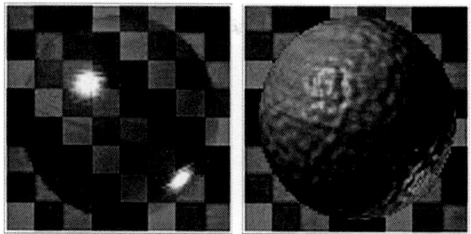

（c）不透明度　　（d）凹凸

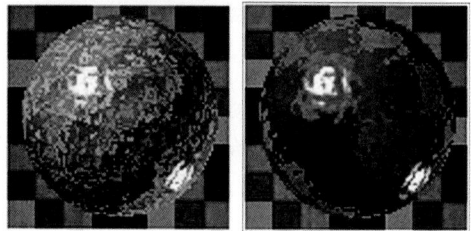

（e）反射　　　　（f）折射

图5-24 不同贴图通道的效果

5.1.4 案例：灯笼的制作

案例学习目标：使用材质编辑器制作灯笼贴图。

案例知识要点：通过材质编辑器中漫反射颜色、自发光等贴图通道的配合使用，制作灯笼贴图效果。

效果所在位置：本书配套文件包＞第 5 章＞案例：灯笼的制作。

① 打开灯笼的制作初始文件，查看场景效果（图 5-25）。

图 5-25　灯笼初始效果

② 在视图中点击快捷键 M 弹出"材质编辑器"对话框，将"反射高光"组中"高光级别"设置为"70"，"光泽度"设置为"50"（图 5-26）。

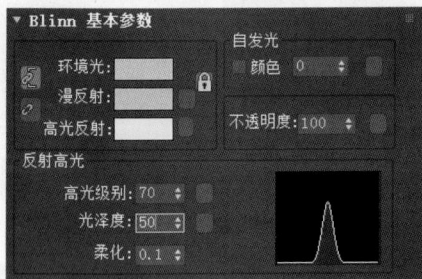

图 5-26　设置参数

③ 打开"贴图"卷展栏，单击"漫反射颜色"后的"贴图通道"按钮，在弹出的"材质 /贴图浏览器"对话框中选择"位图"贴图，单击"确定"按钮（图 5-27）。在弹出的"选择位图图像文件"对话框中选择"灯笼 .jpg"，并点击"打开"应用贴图（图 5-28）。

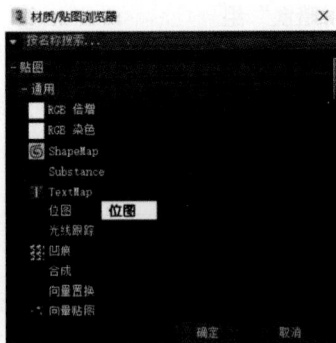

图 5-27　选择"位图"贴图

图 5-28　选择贴图文件

④ 进入"位图"贴图面板。在视图中选择灯笼模型，单击"材质编辑器"对话框工具栏中的 （将材质指定给选定对象）按钮，将材质指定给灯笼模型。再单击 （视口中显示明暗处理材质）按钮，查看灯笼的贴图效果（图 5-29）。

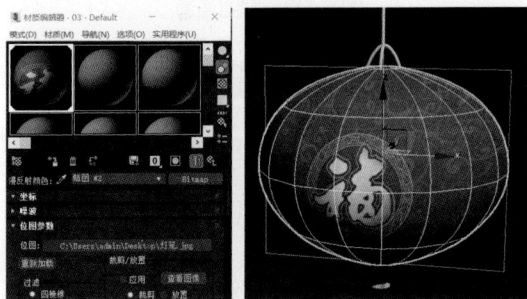

图 5-29　将贴图赋予灯笼模型

⑤ 单击 （转到父对象）按钮，回到"贴图"卷展栏。将光标放在"漫反射颜色"贴图通道的"贴图 #2（灯笼 .jpg）"并按住鼠标左键不放，并拖曳到"自发光"贴图通道中，在

弹出的"复制（实例）贴图"对话框中，选择"实例"（图5-30）。

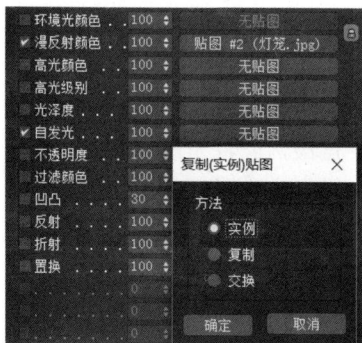

图5-30 实例粘贴贴图到"自发光"通道

⑥ 在"修改器列表"中选择"UVW 贴图"修改器赋予灯笼模型（图5-31）。修改参数，将"贴图"组设置为"球形"，"长度"设置为"200"，"宽度"设置为"180"，"高度"设置为"120"，"U 向平铺"设置为"2.0"，"对齐"组设置为"X"（图5-32）。

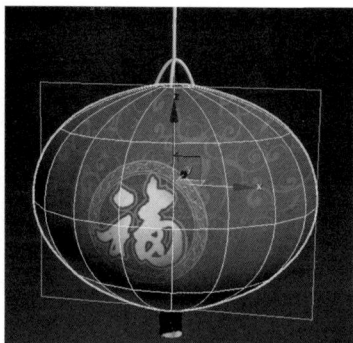

图5-31 添加"UVW 贴图"修改器

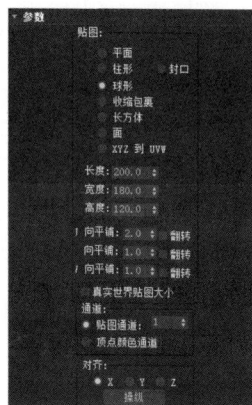

图5-32 修改参数

⑦ 选择"绳子"模型，在材质球窗选择一个空白材质球，并将"漫反射"颜色设置为红色（RGB：255，0，0），同时将"高光级别""光泽度"设置为"75"，最后将材质赋予"绳子"模型（图5-33）。

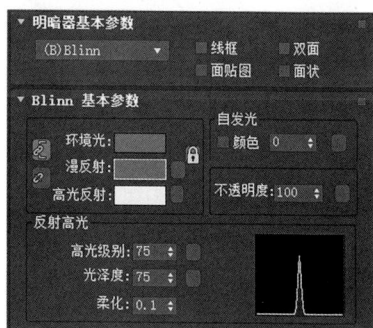

图5-33 设置绳子材质

⑧ 单击 （渲染）按钮快速渲染场景，查看画面效果（图5-34）。

图5-34 最终渲染效果

5.2 常用材质

单击"精简材质编辑器"中的"Standard"按钮，弹出"材质/贴图浏览器"面板，其中包括标准材质、复合材质等。下面介绍常用的几种材质。

5.2.1 混合材质

混合材质可以将两种不同的材质融合在同一个模型中（图5-35），并可以设置两种材质的融合效果以及材质变形动画。其卷展栏如图5-36所示。

图 5-35 混合材质效果

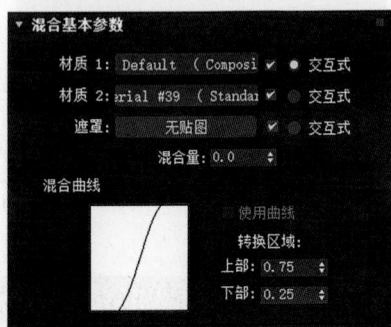

图 5-36 "混合基本参数"卷展栏

材质 1、材质 2：单击右侧的空白按钮选择相应的材质。

遮罩：选择一张图片或程序贴图作为蒙版，使用蒙版的明暗度来决定两种材质的融合效果。

交互式：在视图中以"平滑＋高光"方式渲染时，选择"材质 1/材质 2/遮罩"显示材质表面效果。

混合量：确定融合的百分比，对无遮罩的两种材质进行融合时，依据它来调节混合程度。值为 0 时，材质 1 可见，材质 2 不可见；值为 1 时，材质 1 不可见，材质 2 可见。

混合曲线：控制遮罩中黑白过渡部分的材质融合的尖锐或柔和程度。

使用曲线：确定是否使用混合曲线影响融合效果。

转换区域：分别调节上部和下部的数值来控制混合曲线。两值相近时，会产生清晰尖锐的融合边缘；两值差距较大时，会产生柔和模糊的融合边缘。

5.2.2 多维/子对象材质

多维/子对象材质用于设置几何体子对象不同的材质效果（图 5-37）。具体使用时，首先在视图中选中几何体对象并进入多边形、元素等层级，然后将多维/子对象材质的子材质指定给模型的子层级，或者为选定的面指定不同的材质 ID 号，并设置对应 ID 号的材质。其卷展栏如图 5-38 所示。

图 5-37 多维/子对象材质效果

图 5-38 "多维/子对象基本参数"卷展栏

设置数量：设置拥有子材质的数目。如果减少数目，会将已经设置的材质删除。

添加：添加一个新的子材质。新材质默认的 ID 号为当前最大的 ID 号加 1。

删除：删除当前选择的子材质。

ID：单击后子材质 ID 号按升序排列。

名称：单击后按名称栏中指定的名称排序。

子材质：按子材质的名称进行排序。

此外，在"材质/贴图浏览器"中应用多维/子对象材质时，会弹出"替换材质"对话框（图 5-39）。其中，"丢弃旧材质"是将原材质丢弃掉，直接替换为标准材质。"将旧材质保存为子材质"是将原材质转换为多维 / 子对象的子材质。

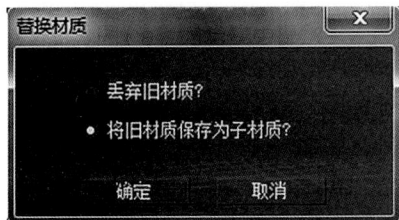

图 5-39 "替换材质"对话框

5.2.3 案例：骰子的制作

案例学习目标：使用多维 / 子对象材质制作骰子。

案例知识要点：通过可编辑多边形设置材质 ID，再使用多维 / 子对象材质的贴图通道制作骰子的不同面。

视频教程

效果所在位置：本书配套文件包＞第 5 章＞案例：骰子的制作。

① 单击 ✚（创建）＞ ⚪（几何体）＞"标准基本体"＞"长方体"，在透视图中创建一个立方体，将"参数"卷展栏的"长度""宽度""高度"都设置为"100"（图 5-40）。

② 选择立方体将其转换为可编辑多边形，

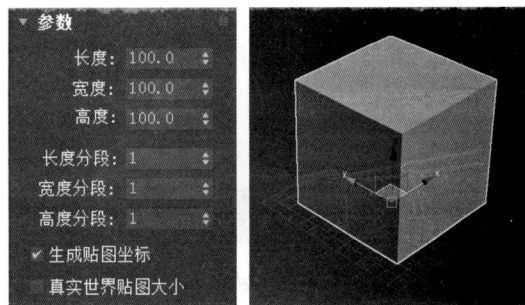

图 5-40 创建立方体

在修改面板进入"多边形"层级，在视图中选择立方体的任意一个面（图 5-41）。在"多边形：材质 ID"卷展栏的"设置 ID"选项中输入数字"1"，并点击快捷键 Enter（图 5-42）。

③ 按照步骤② 的方法，分别选择立方体的其他几个面，并在"设置 ID"选项中分别输入数字"2""3""4""5""6"并点击快捷键 Enter（图 5-43）。

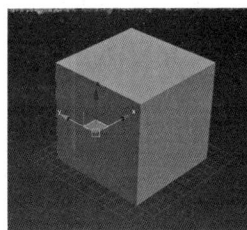

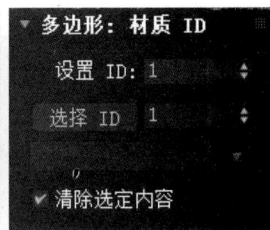

图 5-41 选择面   图 5-42 "设置 ID"参数

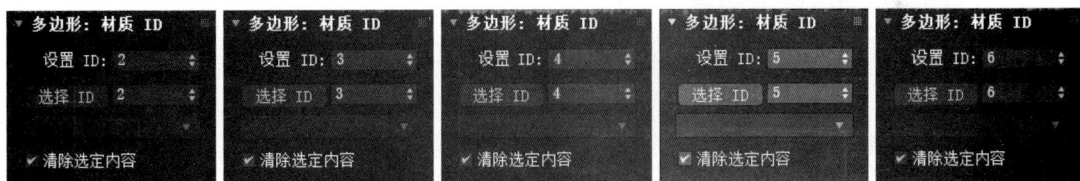

（a）设置 ID:2   （b）设置 ID:3   （c）设置 ID:4   （d）设置 ID:5   （e）设置 ID:6

图 5-43 "设置 ID"选项参数

④ 在工具栏中点击 ▦（材质编辑器）打开"材质编辑器"，选择"模式"＞"精简材质编辑器"。点击 物理材质 ，在弹出的"材质 / 贴图浏览器"对话框中选择"多维 / 子对象"材质（图 5-44）。同时会弹出"替换材质"对话框，选择"将旧材质保存为子材质"（图 5-45）。

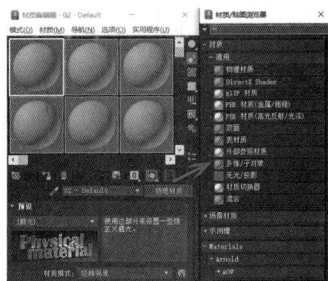

图 5-44
选择"多维 / 子对象"材质

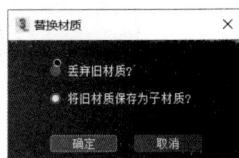

图 5-45
"替换材质"对话框

⑤ 打开"多维/子对象基本参数"卷展栏，点击"设置数量"，在弹出的"设置材质数量"对话框中输入数字"6"，点击"确定"设置完成（图5-46）。

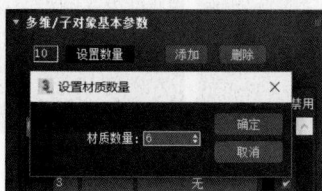

图5-46 设置材质数量

⑥ 点击 ID 1 后面的 `01 - Default`，进入材质 ID 1 的材质编辑面板，单击"基础颜色"后的 ■ 按钮（图5-47），在弹出的"材质/贴图浏览器"对话框中选择"位图"，单击"确定"按钮。在弹出的"选择位图图像文件"对话框中选择"骰子01.jpg"并点击"打开"应用（图5-48）。

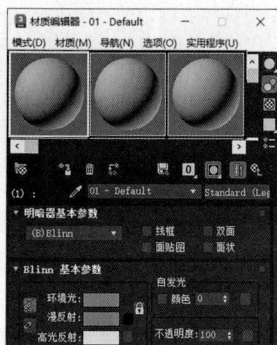

图5-47 进入材质 ID 1 的材质编辑器

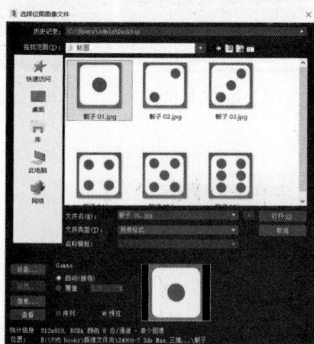

图5-48 选择"骰子01.jpg"

⑦ 随后会进入位图贴图面板，单击工具栏的 ■（视口中显示明暗处理材质）按钮（图

5-49），视图中立方体模型随即显示材质贴图效果。再单击工具栏的 ■（转到父对象）按钮回到材质 ID 1 的材质编辑面板，再次单击 ■（转到父对象）按钮（图5-50），回到"多维/子对象"材质面板。

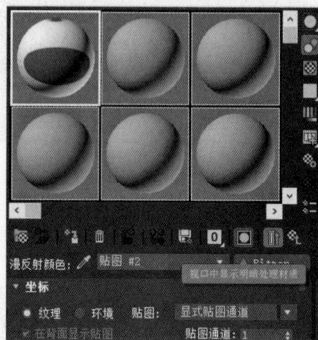

图5-49 单击"视口中显示明暗处理材质"

图5-50 单击"转到父对象"

⑧ 按照步骤⑥⑦的方法，分别对材质 ID 2、ID 3、ID 4、ID 5、ID 6 的通道设置位图"骰子02""骰子03""骰子04""骰子05""骰子06"贴图（图5-51）。

⑨ 单击 ■（渲染）按钮，快速渲染场景（图5-52）。

图5-51 分别设置材质 ID 贴图

图 5-52　最终渲染效果

5.2.4　双面材质

双面材质可以为对象的内外分别指定两种不同的材质，以及它们的透明程度（图 5-53）。"双面基本参数"卷展栏如图 5-54 所示。

图 5-53　双面材质效果对比

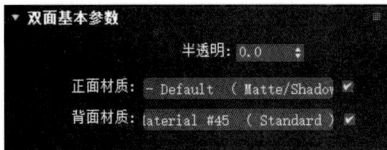

图 5-54　"双面基本参数"卷展栏

半透明：设置一个材质在另一个材质上显示出的百分比效果。

正面材质：设置对象外表面的材质。

背面材质：设置对象内表面的材质。

5.2.5　光线跟踪材质

光线跟踪材质包含标准材质的全部属性，还可以用来创建真实的反射和折射效果（图 5-55），还支持雾、半透明、荧光灯等其他特殊效果。

图 5-55　光线跟踪材质

（1）基本参数卷展栏

"光线跟踪基本参数"卷展栏如图 5-56 所示。

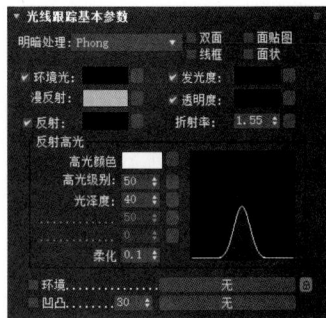

图 5-56　"光线跟踪基本参数"卷展栏

单击"明暗处理"下拉列表框，会弹出光线跟踪材质的 5 种明暗方式，分别是"Phong""Blinn""金属""Oren-Nayar-Blinn""各向异性"，这 5 种方式的属性和用法与标准材质的效果是相同的。

环境光：与标准材质不同，此处的阴影色将决定光线跟踪材质吸收环境光的多少。

漫反射：决定物体的表面颜色或肌理。

发光度：依据自身颜色来决定发光的颜色，同标准材质中的"自发光"相似。

透明度：通过颜色过滤表现出透明效果。黑色为完全不透明，白色为完全透明。

折射率：决定材质折射率的强度。该数值能真实反映物体对光线的不同折射率。值为 1 时，表示空气的折射率；值为 1.5 时，表示玻璃的折射率。

"反射高光"组

高光颜色：设置高光反射的颜色。

高光级别：设置反射光区域的范围。

光泽度：决定发光强度，数值为0~200。

柔化：对反光区域进行柔化处理。

环境：选中时，将使用场景中设置的环境贴图；未选中时，将为场景中的物体指定一个虚拟的环境贴图，并忽略"环境"对话框的环境贴图。

凹凸：设置材质的凹凸贴图，与标准类型材质中"贴图"卷展栏中的"凹凸"贴图相同。

（2）"扩展参数"卷展栏

设置光线跟踪材质的特殊效果，其参数卷展栏如图5-57所示。

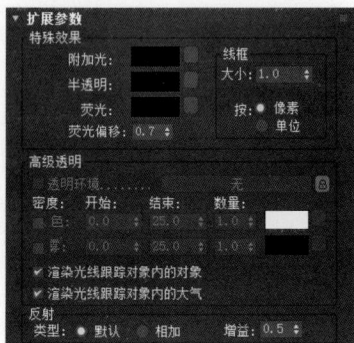

图5-57　"扩展参数"卷展栏

"特殊效果"组

附加光：模拟光从一个对象放射到另一个对象上的效果。

半透明：实现阴影投在薄对象表面的效果，用于制作类似蜡烛或有雾的玻璃效果。

荧光和荧光偏移："荧光"使材质发出类似黑暗中的荧光颜色。"荧光偏移"决定亮度，1表示最亮，0表示不起作用。

"线框"组

大小：设置线框模式中线框的大小。

按：选择度量线框的方式，可以设置像素或当前单位。

"高级透明"组

透明环境：使用透明覆盖场景的环境贴图。

密度：作用于透明材质，如果材质不透明，该控件将没有效果。

色：根据厚度设置过渡色。

雾：使用不透明的自发光的雾填充对象。这种效果类似于在玻璃中弥漫的烟雾。

渲染光线跟踪对象内的对象：启用或禁用光线跟踪对象内部的对象渲染。

渲染光线跟踪对象内的大气：启用或禁用光线跟踪对象内部的大气效果渲染。大气效果包括火、雾、体积光等。

"反射"组

类型：优化反射效果。选择"默认"选项时，将反射颜色添加到漫反射颜色。选择"相加"选项时，给漫反射颜色添加反射颜色。

增益：控制反射的亮度，取值范围为0~1。

5.2.6　案例：洗手池场景的制作

案例学习目标：使用光线跟踪材质制作金属、玻璃及水材质。

视频教程

案例知识要点：通过材质编辑器设置不同的材质效果，制作完成水龙头和洗手池场景。

效果所在位置：本书配套文件包>第5章>案例：洗手池场景的制作。

① 打开洗手池场景的初始文件，查看场景效果（图5-58）。点击快捷键F10，在弹出的"渲染设置"对话框中将"渲染器"设置为"扫描线渲染器"（图5-59）。

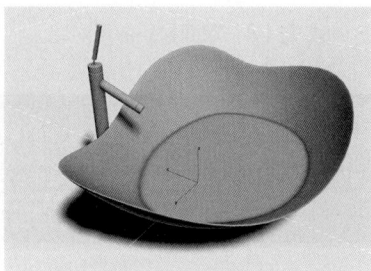

图5-58　初始场景效果

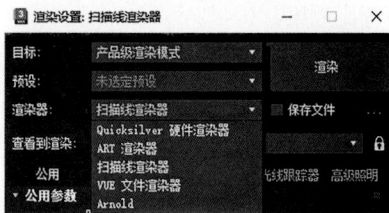

图5-59　选择"扫描线渲染器"

② 单击快捷键M弹出"材质编辑器"对话框，将材质命名为"地面"（图5-60）。点击"漫

反射"的贴图通道，在弹出的"材质/贴图浏览器"对话框中选择"平铺"并点击"确定"，进入贴图通道面板，将"坐标"卷展栏的"瓷砖"的"U"和"V"设置为"6"（图5-61）。

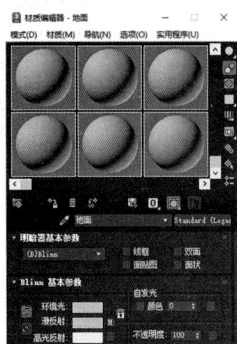

图 5-60　材质命名

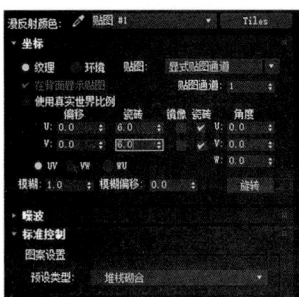

图 5-61　设置"U"和"V"参数

③ 点击 （转到父对象）回到材质主面板，打开"贴图"卷展栏，选择"漫反射"的贴图通道并按住鼠标拖曳到"凹凸"贴图通道，在弹出的"复制（实例）贴图"对话框中选择"实例"，将"数量"设置为"–55"（图5-62）。在场景中选择地面模型，并点击材质编辑器的工具栏 （将材质指定给选定对象），查看视图中的场景效果（图5-63）。

图 5-62　实例复制贴图

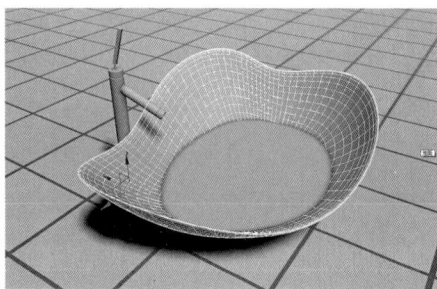

图 5-63　将材质指定给选定对象

④ 在"贴图"卷展栏中点击"折射"贴图通道，在弹出的"材质/贴图浏览器"中选择"光线跟踪"并点击"确定"，应用"光线跟踪"材质（图5-64）。点击 （转到父对象）回到材质主面板，将反射通道的"数量"设置为"35"，地面材质设置完成（图5-65）。

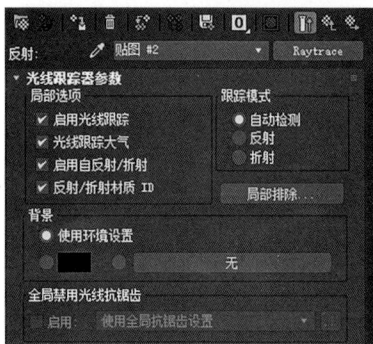

图 5-64　应用"光线跟踪"材质

图 5-65　设置反射通道参数

⑤ 选择一个空白材质球，命名为"不锈钢"，将"明暗器基本参数"设置为"金属"，并勾选"双面"（图5-66）。点击"环境光"的颜色通道，在弹出的"颜色选择器"中设置为深灰色（RGB：160，160，160），将"反射高

光"组的"高光级别"设置为"90","光泽度"设置为"80"(图5-67)。

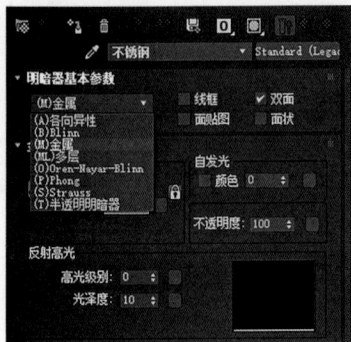

图 5-66 设置"明暗器基本参数"

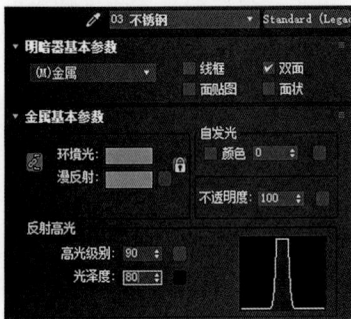

图 5-67 设置"金属基本参数"

⑥ 打开"贴图"卷展栏,点击"反射"的贴图通道,在弹出的"材质/贴图浏览器"中选择"光线跟踪"并点击"确定"。进入"反射"通道面板,点击"背景"组的 无,在弹出的"材质/贴图浏览器"对话框中选择"位图"(图5-68)。在随后弹出的"选择位图图像文件"对话框中选择"室内环境.hdr"贴图,点击"打开"应用贴图效果(图5-69)。

图 5-68 设置"光线跟踪"材质(1)

图 5-69 选择室内环境贴图

⑦ 连续点击两次 (转到父对象)按钮,返回材质编辑器主面板,在场景中选择水龙头模型,并点击 (将材质指定给选定对象),点击快捷键 Shift+Q,查看视图中的场景效果(图5-70)。

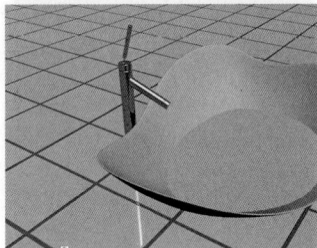

图 5-70 查看场景效果(1)

⑧ 选择一个空白材质球,命名为"玻璃"。点击"Standard",在弹出的"材质/贴图浏览器"中选择"光线跟踪"并点击"确定"(图5-71)。设置参数,将"漫反射"的颜色设置为浅蓝色(RGB:40,180,255),"反射"的颜色设置为深灰色(RGB:50,50,50),"透明度"的颜色设置为深灰色(RGB:250,250,250),"折射率"设置为"1.5",将"反射高光"组的"高光级别"设置为"95","光泽度"设置为"60"(图5-72)。

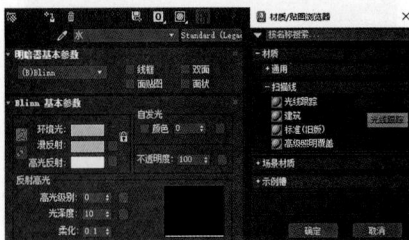

图 5-71 设置"光线跟踪"材质(2)

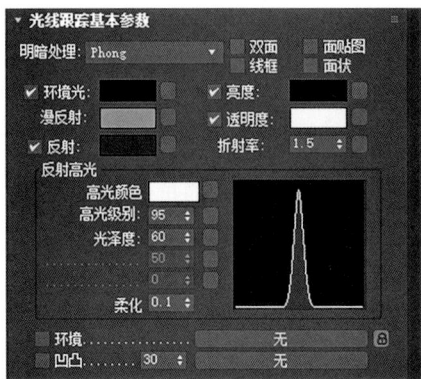

图 5-72　设置基本参数

⑨ 设置完成后将材质球赋予"玻璃"模型，点击快捷键 Shift+Q 查看场景效果（图 5-73）。

图 5-73　查看场景效果（2）

⑩ 进入"贴图"卷展栏，点击"凹凸"的贴图通道，在弹出的"材质／贴图浏览器"中选择"噪波"并点击"确定"，将"噪波参数"卷展栏的"噪波类型"组选择"湍流"，"大小"设置为"200"（图 5-74）。点击两次 （转到父对象）按钮，返回材质编辑器主面板，点击快捷键 Shift+Q 查看场景效果（图 5-75）。

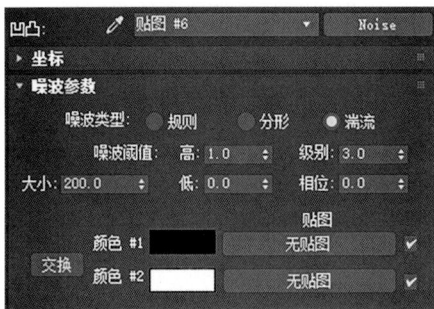

图 5-74　选择"噪波"并设置参数

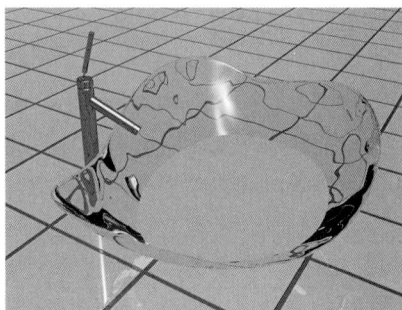

图 5-75　查看场景效果（3）

⑪ 选择一个空白材质球，命名为"水"。点击"Standard"，在弹出的"材质／贴图浏览器"中选择"光线跟踪"并点击"确定"。将"漫反射"的颜色设置为浅蓝色（RGB：40，40，40），"反射"的颜色设置为深灰色（RGB：70，70，70），"透明度"的颜色设置为深灰色（RGB：230，235，250），"折射率"设置为"1.33"。将"反射高光"组的"高光级别"设置为"95"，"光泽度"设置为"60"，设置完成后将材质球赋予"水"模型（图 5-76）。

⑫ 点击快捷键 Shift+Q 查看场景效果（图 5-77）。

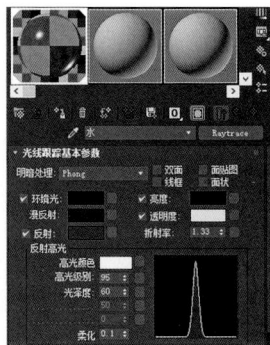

图 5-76　设置"光线跟踪"材质（3）

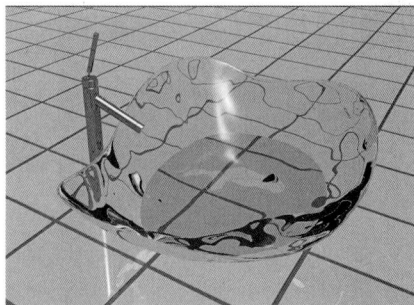

图 5-77　查看场景效果（4）

5.3　常用贴图

常用贴图可以分为两种类型，一种是位图贴图，另一种是程序贴图。位图贴图是指将像素图片作为材质贴在物体表面，或作为环境贴图为场景创建背景。除此之外的其他贴图方式都属于程序贴图，程序贴图是由计算机生成的贴图图像效果，能够在不增加对象几何结构的基础上丰富模型的细节，最大程度地提高材质的真实效果。此外，一些程序贴图还可以用于创建环境或灯光投影效果。下面介绍材质编辑器的常用贴图。

5.3.1　位图贴图

位图贴图是最简单也是最常用的贴图方式，可以在对象表面形成平面图案（图5-78）。位图贴图支持 JPG、TIF、TGA、BMP 等静帧图像，以及 AVI、FLC、FLI 等动画格式。需要注意的是，位图在三维空间具有方向性，在为对象指定位图贴图材质时，一般需要配合使用"UVW贴图"修改器设置贴图在对象表现的方向，以及进行重复或镜像等。

图 5-78　位图贴图效果

"位图参数"卷展栏如图 5-79 所示。

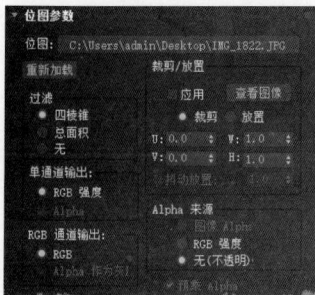

图 5-79　"位图参数"卷展栏

位图：用于选择位图文件。

重新加载：单击此按钮重新载入所选的位图文件。

"过滤"组

选项允许选择位图的抗锯齿方式。其中，"四棱锥"使用较少的内存，并能满足大多数要求；"总面积"使用较多的内存，但能产生更好的效果；"无"是禁用过滤。

"单通道输出"组

根据输入的位图确定输出单色通道。其中，"RGB 强度"将红、绿、蓝通道的强度用作贴图；"Alpha"将 Alpha 通道的强度用作贴图。

"RGB 通道输出"组

主要设置显示颜色的贴图，包括环境光、漫反射、高光、过滤色、反射和折射等。

"裁剪 / 放置"组

用于裁剪或放置图像的尺寸。

应用：启用或禁用裁剪或放置设置。

查看图像：打开对话框，用于显示和编辑要裁剪或放置的图像。

裁剪：选中时，表示对图像进行裁剪操作。

放置：选中时，表示对图像进行放置操作。

U、V：调节图像的坐标位置。

W、H：调节图像或裁剪区的宽度和高度。

抖动放置：会产生一个随机值设定放置图像的位置。

"Alpha 来源"组

主要设置 Alpha 通道的来源。其中，"图像 Alpha"使用位图自带的 Alpha 通道；"RGB 强度"将位图的颜色转换为灰度值并用于透明度；"无（不透明）"表示不使用不透明度。

5.3.2　合成贴图

合成材质可以融合 10 种材质，复合方式有增加不透明度（Additive Opacity）、减少不透明度（Subtractive Opacity）和混合（Mix）三种方式，分别用"A""S""M"表示（图5-80）。应用合成贴图时一般需要配合使用带有 Alpha 透明度通道的图像。其参数卷展栏如图 5-81 所示。

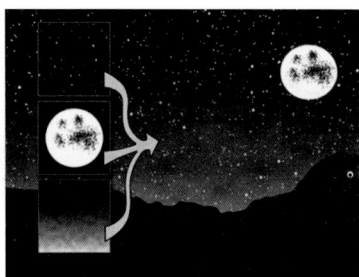

图 5-80　合成贴图效果

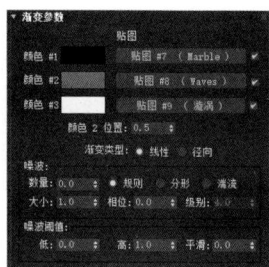

图 5-81　"合成基本参数"卷展栏

基础材质：指定基础材质，默认为标准材质。

材质 1～材质 9：选择要进行融合的材质，前面的复选框控制是否使用该材质。

A（增加不透明度）：各种材质的颜色依据其不透明度相加，总计作为最终的材质颜色。

S（减少不透明度）：各种材质的颜色依据其不透明度相减，总计作为最终的材质颜色。

M（混合）：各种材质依据其百分比进行混合。

数量：控制混合的百分比。

5.3.3　渐变贴图

渐变贴图包含 3 个可以随意调节的色彩通道，可以生成无限的图像渐变和嵌套效果（图 5-82），还包括噪波参数，用于控制区域的杂乱效果。其参数卷展栏如图 5-83 所示。

图 5-82　渐变贴图效果

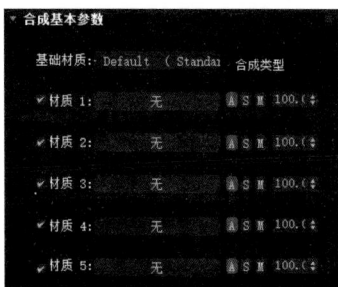

图 5-83　"渐变参数"卷展栏

颜色 #1～3：设置渐变的 3 种颜色，也可以指定贴图。颜色 #2 用于设置颜色 #1、#3 之间的过渡效果。

颜色 2 位置：设置中间颜色的位置，取值范围为 0～1。当值为 0 时，颜色 2 取代颜色 3；当值为 1 时，颜色 2 取代颜色 1。

渐变类型：设置线性渐变或径向渐变。

"噪波"组

数量：设置噪波的程度。

规则 \ 分形 \ 湍流：设置噪波效果的杂乱程度。

大小：用于扩大或缩放噪波效果，此值越小，噪波碎片越小。

相位：设置噪波的移动速度。

级别：设置分形、湍流的分形迭代次数。

"噪波阈值"组

低：设置低阈值。

高：设置高阈值。

平滑：用以生成阈值间较为平滑的过渡。当平滑值为 0 时，不应用平滑；当为 1 时，应用最大数量的平滑。

5.3.4　噪波贴图

噪波贴图可以生成凹凸不平的噪点效果，常用于制作杂乱的贴图效果（图 5-84）。其参数卷展栏如图 5-85 所示。

图 5-84　噪波贴图效果

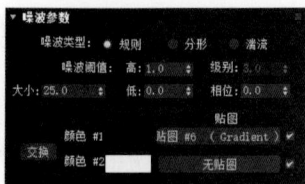

图 5-85 "噪波参数"卷展栏

噪波类型：选择噪波类型。图 5-86 为规则、分形和湍流三种噪波类型效果。

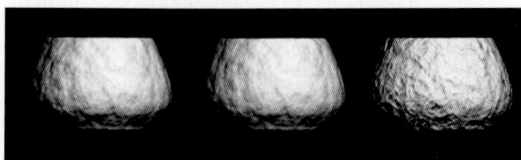

图 5-86 三种噪波类型效果

规则：系统默认设置，普通噪波效果。

分形：使用分形算法生成噪波。

湍流：使用绝对值函数生成噪波。

噪波阈值：设置噪波的高阈值和低阈值。

级别：决定分形、湍流噪波的迭代次数。

相位：设置噪波的动画速度。使用此选项可以设置噪波的动画。

交换：切换两个颜色或贴图的位置。

颜色 #1、颜色 #2：可以选择两个主要噪波颜色，所选的两个颜色生成中间颜色值。

贴图：选择位图或程序贴图作为噪波颜色。

5.3.5 案例：扇面的制作

案例学习目标：使用标准材质完成扇子的贴图效果。

案例知识要点：通过标准材质的漫反射颜色通道和多维/子对象材质等制作模型贴图。

效果所在位置：本书配套文件包＞第 5 章＞案例：扇子的制作。

① 打开扇子的制作初始文件，查看模型效果（图 5-87）。

② 选择"扇子"模型，在修改面板中进入"元素"层级，在模型中选择扇骨元素（图 5-88），在"多边形：材质 ID"卷展栏的"设置 ID"中输入"1"，并单击快捷键 Enter 应用（图 5-89）。

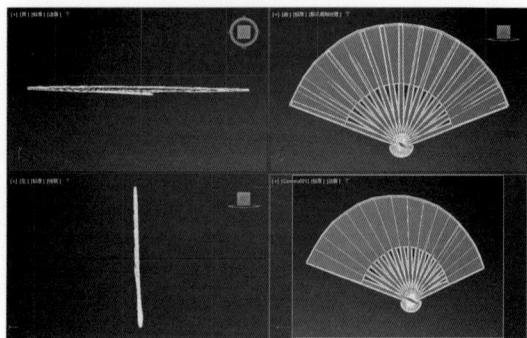

图 5-87 查看场景文件

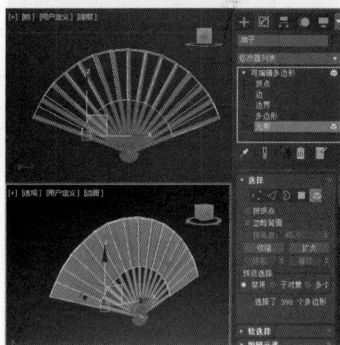

图 5-88 选择模型

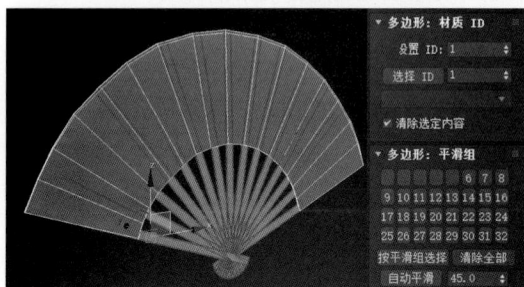

图 5-89 设置 ID 1

③ 在模型中选择扇面，在"设置 ID"中输入"2"，单击快捷键 Enter 应用（图 5-90）。

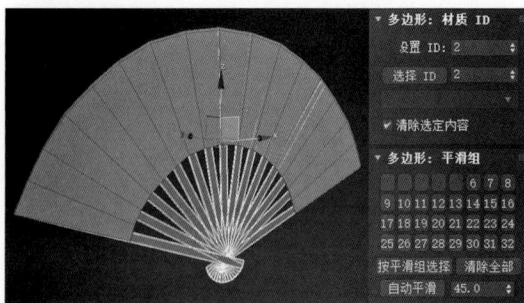

图 5-90 设置 ID 2

④ 单击主工具栏的▦（材质编辑器）打开"材质编辑器"对话框，选择一个空白材质球，单击"Standard"，在弹出的对话框中选择"多维/子对象"材质，单击"确定"按钮（图5-91）。

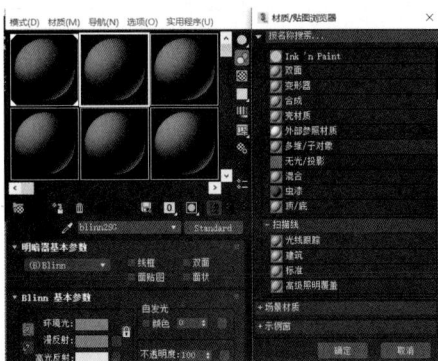

图5-91 选择"多维/子对象"材质

⑤ 在弹出的"替换材质"对话框中选择"丢弃旧材质"选项，单击"确定"按钮。在"多维/子对象基本参数"卷展栏中点击"设置数量"，在"设置材质数量"对话框中输入"2"，单击"确定"应用（图5-92）。

图5-92 设置材质数量

⑥ 单击"1"号材质，进入"1"号材质面板。将"反射高光"组中"高光级别"设置为"60"，"光泽度"设置为"80"（图5-93）。点击"漫反射"的颜色通道，在弹出的"材质/贴图浏览器"对话框中选择"位图"，并在"选择位图图像文件"对话框中选择"檀木贴图.jpg"，点击"打开"应用贴图（图5-94）。

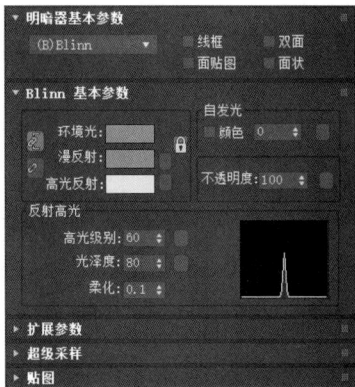

图5-93 设置参数

图5-94 选择"檀木贴图"

⑦ 在"1"号材质球面板中点击▦（转到父对象）按钮，转到"多维/子对象"材质面板。点击"2"号材质的子材质按钮，在弹出的"材质/贴图浏览器"对话框中选择"标准"（图5-95），进入"2"号材质控制面板。点击"漫反射"的颜色通道，在弹出的"材质/贴图浏览器"对话框中选择"位图"，并在"选择位图图像文件"中选择"扇面"贴图（图5-96）。

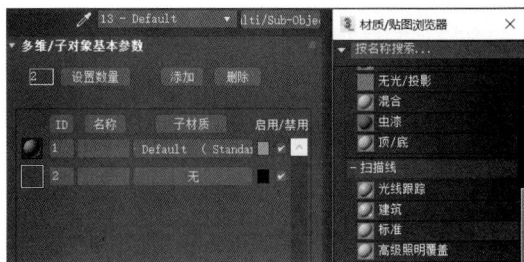

图5-95 选择"标准"材质

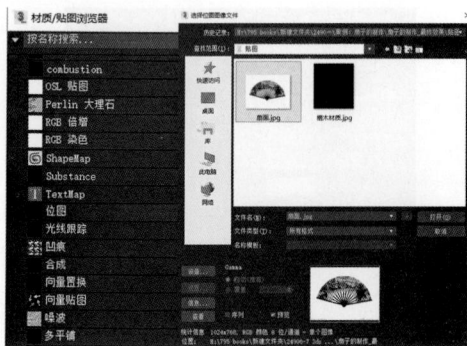

图 5-96 选择"扇面"贴图

⑧ 在"2"号材质球面板中点击■（转到父对象）按钮，转到"多维/子对象"材质面板。在主工具栏单击■（将材质指定给选定对象）、■（视口中显示明暗处理材质）按钮，将材质赋予扇子模型（图 5-97）。

图 5-97 将贴图赋予模型

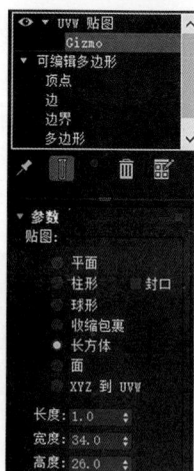

图 5-98 选择"UVW 贴图"并修改参数

⑨ 进入扇子的"元素"层级，选择"扇面"模型，在"修改器列表"中选择"UVW 贴图"，在"参数"面板中调整参数，将"贴图"调整为"长方体"，将"长度""宽度""高度"分别设置为"1""34""26"（图 5-98）。在修改器堆栈中进入"UVW 贴图"的 Gizmo 层级，在视口中将贴图坐标轴移动到合适位置（图 5-99）。

图 5-99 移动 Gizmo 到合适位置

⑩ 在视图的空白处点击右键，在弹出的菜单中选择"全部取消隐藏"，显示"文字"模型（图 5-100）。

图 5-100 显示"文字"模型

⑪ 选择一个空白材质球，点击"漫反射"贴图通道，在弹出的"材质/贴图浏览器"对话框中选择"位图"，在"选择位图图像文件"中选择"文字.jpg"（图 5-101）。点击■（转到父对象）按钮，进入材质主面板，选择"不透明"贴图通道，在弹出的"材质/贴图浏览器"对话框中选择"位图"，在"选择位图图像文件"中选择"文字通道贴图.jpg"。查看画面效果（图5-102）。

图 5-101 选择"文字"位图

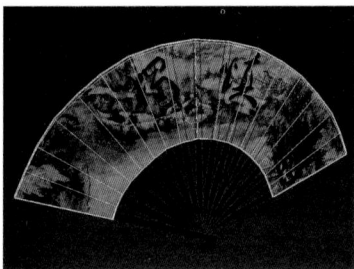

图 5-102　查看画面效果

⑫ 在"修改器列表"中选择"UVW 贴图"，在"参数"卷展栏中选择"长方体"，将"长度""宽度""高度"设置为"1""26""18"，查看贴图效果（图 5-103）。

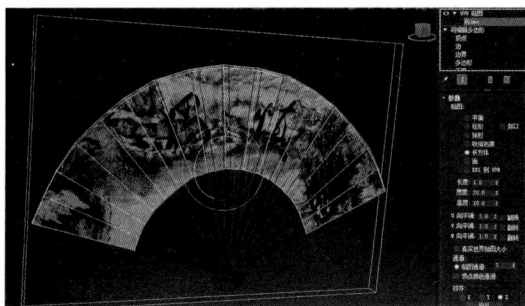

图 5-103　选择"UVW 贴图"并设置参数

⑬ 点击快捷键 Shift+Q，查看渲染效果（图 5-104）。

图 5-104　最终渲染效果

5.4　渲染器

渲染是制作三维动画的关键环节，场景模型的贴图、照明、阴影、特效等设置只有通过渲染器才能输出图片或者视频等文件。

5.4.1　渲染设置

渲染时需要使用"渲染设置"对话框（图

5-105）。该对话框包括目标、预设、公用参数、电子邮件通知、脚本、指定渲染器等几个部分，其中公用参数等面板会根据不同的渲染器有所差异。

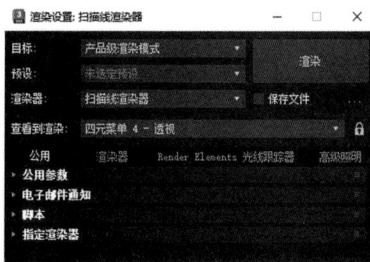

图 5-105　"渲染设置"对话框

"渲染设置"参数介绍如下。

目标：设置不同的渲染模式（图 5-106），包括产品级渲染模式、迭代渲染模式、ActiveShade 模式、A360 在线渲染模式、提交到网络渲染等，具体使用方法和效果如表 5-2 所示。

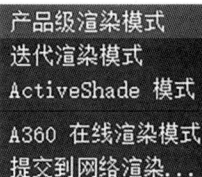

图 5-106　"目标"对话框

表 5-2　渲染模式的使用方法和效果

渲染模式	使用方法和效果说明
产品级渲染模式	默认设置，产品级渲染通常用于进行最终渲染，可以安装在 3ds Max 中的任何渲染器
迭代渲染模式	迭代渲染模式只会执行特定对象或区域的渲染，例如查看反射或折射的效果，渲染帧窗口的其余部分保留完好。迭代渲染会忽略文件输出、网络渲染、多帧渲染和电子邮件通知
ActiveShade 模式	ActiveShade 渲染模式提供实时渲染效果，例如在调整灯光、几何体、摄影机或材质时进行自动渲染。通常，使用 ActiveShade 渲染的效果不如使用产品级渲染那样精确
A360 在线渲染模式	设置 Autodesk Rendering Cloud 渲染，A360 云渲染将文件提交到 Autodesk 官方的云渲染平台，在官网登录后设置好相机就可以提交，价格相对较贵
提交到网络渲染	将当前场景提交到网络渲染。选择此选项后，软件将打开"网络作业分配"对话框

渲染: 单击使用当前目标模式（除网络渲染之外）渲染场景。

保存文件：快速设置保存即将渲染的文件。

预设：设置预设渲染参数集，以及加载、保存渲染参数（图 5-107）。

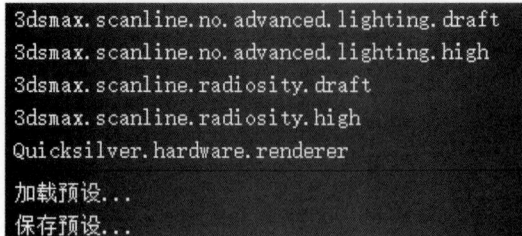

```
3dsmax.scanline.no.advanced.lighting.draft
3dsmax.scanline.no.advanced.lighting.high
3dsmax.scanline.radiosity.draft
3dsmax.scanline.radiosity.high
Quicksilver.hardware.renderer
加载预设...
保存预设...
```

图 5-107 "预设"对话框

5.4.2 渲染器类型

3ds Max 软件提供多种渲染器，包括扫描线渲染器、Arnold、ART 渲染器、Quicksilver 硬件渲染器和 VUE 文件渲染器等（图 5-108）。每种渲染器支持一些特定材质，并具有自身的优点。

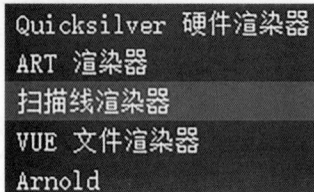

```
Quicksilver 硬件渲染器
ART 渲染器
扫描线渲染器
VUE 文件渲染器
Arnold
```

图 5-108 "渲染器"对话框

扫描线渲染器：该渲染器以自上到下生成的一系列扫描线渲染场景，可应用于全局照明选项，包括光线跟踪和光能传递等。扫描线渲染器可以使用"渲染到纹理"功能，适用于游戏引擎场景渲染，效果如图 5-109 所示。

图 5-109 扫描线渲染器渲染效果

Arnold：该渲染器属于基于物理算法的电影级别渲染引擎，擅长应用于长篇动画和视觉特效的渲染。Arnold 渲染器支持高速运动模糊、节点拓扑化、即时渲染等，计算光线跟踪也有明显的加速效果，效果如图 5-110 所示。

图 5-110 Arnold 渲染效果

ART 渲染器：全称为 Autodesk Raytracer 渲染器，是一种基于物理方式的 CPU 快速渲染器，适用于建筑、产品和工业设计渲染与动画。ART 渲染器支持 IES 灯光、光度学灯光和日光灯光，可用于创建高精度的建筑场景图像，配合 Backburner 在多台计算机上实现网络渲染，效果如图 5-111 所示。

图 5-111 ART 渲染器渲染效果

Quicksilver 硬件渲染器：该渲染器使用图形硬件生成渲染效果。它的优点在于渲染速度，提供快速渲染，但渲染精度不高，效果如图 5-112 所示。

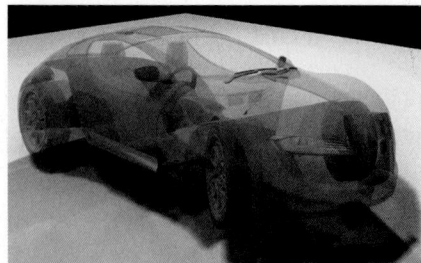

图 5-112 Quicksilver 硬件渲染器渲染效果

VUE 文件渲染器：使用 VUE 文件渲染器（图 5-113）创建 VUE 文件，其中 VUE 文件使用可编辑 ASCII 格式。

图 5-113　VUE 文件渲染器

5.4.3　渲染器"公用参数"

"公用参数"卷展栏包含时间输出、输出大小，以及设置所有渲染器的公用参数（图 5-114）。下面介绍其具体参数。

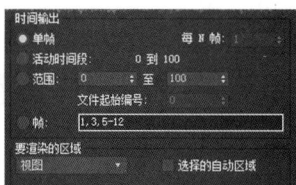

（a）

（b）

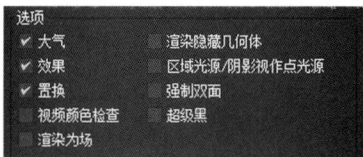

（c）

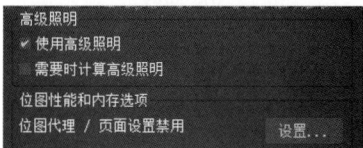

（d）

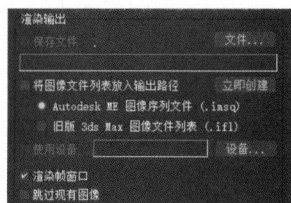

（e）

图 5-114　"公用参数"卷展栏

"时间输出"组

单帧：设置单帧画面输出。

活动时间段：设置时间滑块内的帧范围输出。

范围：指定两个数字之间（包括这两个数字）的帧输出。

文件起始编号：指定文件起始编号，从这个编号开始递增文件名，范围为"–99999～99999"，只用于"活动时间段"和"范围"输出。

帧：可以指定非连续帧，帧与帧之间用逗号隔开（如 2，5），或连续的帧的范围，用连字符相连。

每 N 帧：帧的规则采样。例如此值为"8"，则每隔 8 帧渲染一次。只用于"活动时间段"和"范围"输出。

"输出大小"组

自定义：选择预设的电影和视频分辨率以及纵横比，常用预设包括 35mm（电影）、NTSC（视频）、PAL（视频）、HDTV（视频）及自定义等。

光圈宽度（毫米）：设置创建渲染输出的摄影机光圈宽度。

宽度、高度：以像素为单位设置图像的宽度和高度。

预设分辨率选项。鼠标右键单击按钮，弹出"配置预设"对话框，可以更改分辨率。

图像纵横比：设置图像的纵横比。

提示：在 3ds Max 软件中，图像纵横比值表示为倍增值。电影和视频的纵横比通常描述为比率，例如"1.33333"通常表示为 4∶3。

像素纵横比：设置显示在设备上的像素纵横比。如果使用标准格式而非自定义格式，则不可以改变像素纵横比（图 5-115）。

（锁定）：固定图像纵横比和像素纵横比。

图 5-115　不同像素纵横比效果对比

"选项"组

大气：启用此选项后，渲染应用的大气效果，如体积雾。

效果：启用此选项后，渲染应用的渲染效果，如模糊等。

置换：渲染应用的置换贴图。

视频颜色检查：检查超出 NTSC 或 PAL 安全阈值的像素颜色。

渲染为场：为视频创建动画时，将视频渲染为场，而不是渲染为帧。

渲染隐藏几何体：渲染场景中隐藏的几何体。

区域光源/阴影视作点光源：将所有的区域光源或阴影当作点光源渲染，加快渲染速度。

强制双面：渲染所有模型对象的两个面。如果需要渲染对象的内部及外部，或渲染法线未统一的复杂几何体，则可以启用此选项。

超级黑：用于视频组合的渲染几何体的暗度。

"高级照明"组

使用高级照明：启用该选项后，软件在渲染时启用光能传递或光跟踪效果。

需要时计算高级照明：启用该选项后，当进行逐帧渲染时，软件会计算光能传递。

"位图性能和内存选项"组

设置软件渲染使用高分辨率贴图还是位图代理。要更改此设置，可单击 设置… 按钮。

"渲染输出"组

保存文件：启用该选项后，软件将渲染后的图像或动画保存到设备中。单击 文件… 按钮指定输出文件后，该选项才可用。

文件… ：单击此按钮弹出"渲染输出文件"对话框，可以指定输出文件名、格式以及路径。

将图像文件列表放入输出路径：启用该选项，可创建图像序列（IMSQ）文件，并将其保存在与渲染相同的目录中。

立即创建：单击此按钮，可以快速渲染图像，前提是已经设置完成渲染输出格式及路径。

Autodesk ME 图像序列文件（.imsp）：选中此选项后，渲染器会创建图像序列（IMSQ）文件。

旧版 3ds Max 图像文件列表（.ifl）：选中此选项后，可创建 3ds Max 旧版本的图像列表（IFL）。

使用设备：可将渲染的图像文件输出到录像机等设备上。

渲染帧窗口：在渲染帧窗口中显示渲染输出。

跳过现有图像：启用该选项，且勾选"保存文件"后，渲染器将跳过序列中已经渲染到设备的图像。

5.4.4　案例：室内餐厅的渲染

案例学习目标：使用扫描线渲染器渲染室内餐厅场景。

案例知识要点：通过扫描线渲染器的设置，渲染室内场景效果。

效果所在位置：本书配套文件包>第5章>案例：室内餐厅的渲染。

视频教程

① 打开场景渲染初始文件，查看场景效果（图5-116）。

图 5-116　打开初始文件

② 点击快捷键 F10 弹出"渲染设置"对话框，将"渲染器"设置为"扫描线渲染器"（图5-117）。打开"公用参数"卷展栏，将"时间输出"设置为"单帧"，"要渲染的区域"设置为"视图"，"输出大小"组的"宽度"设置为"4000"，"高度"设置为"2000"（图5-118）。

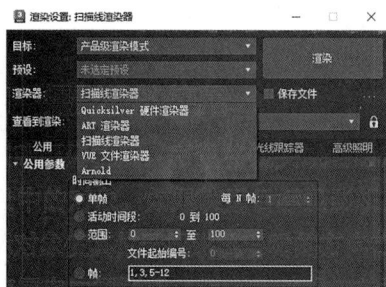

图 5-117　设置"扫描线渲染器"

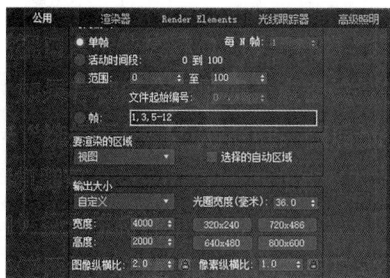

图 5-118　设置"公用"参数

③ 进入"渲染器"面板的"扫描线渲染器"卷展栏，在"抗锯齿"组中勾选"抗锯齿"，"过滤器"中选择"Catmull-Rom"，提升画面抗锯齿效果（图5-119）。

④ 打开"光线跟踪器"面板，在"全局光线抗锯齿器"组中选择"多分辨率自适应抗锯齿器"（图5-120）。

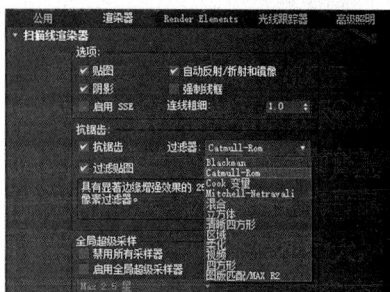

图 5-119　选择"Catmull-Rom"

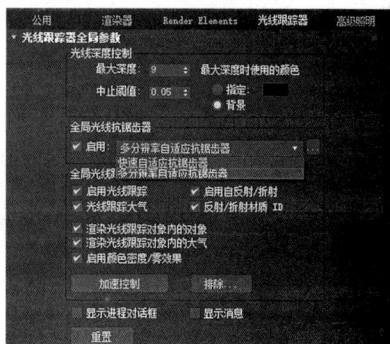

图 5-120　选择"多分辨率自适应抗锯齿器"

⑤ 点击"渲染设置"对话框顶部的"渲染"按钮，弹出渲染对话框，同时弹出"缺少贴图坐标"对话框，点击"继续"关闭对话框（图5-121），等待渲染完成（图5-122）。

图 5-121　弹出"缺少贴图坐标"对话框

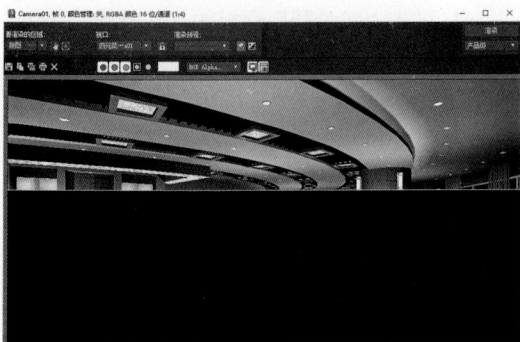

图 5-122　等待渲染

⑥ 渲染完成后，点击渲染对话框的 ▣（保存），在弹出的"保存图像"对话框中设置保存路径，以及"文件名"和"保存类型"（图 5-123）。

图 5-123　保存文件

⑦ 将"保存类型"设置为"JPEG 文件"后，弹出"JPEG 图像控制"对话框，将图像质量设置为"最佳"，并点击"确定"关闭对话框（图 5-124）。

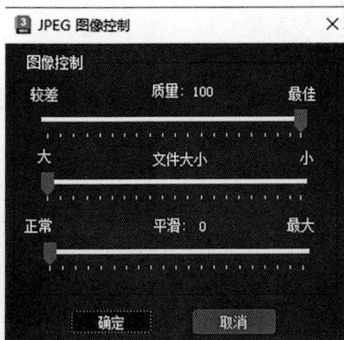

图 5-124　图像质量设置为"最佳"

⑧ 查看渲染的图片效果（图 5-125）。

图 5-125　查看渲染效果

5.5　课堂实训：儿童床的制作

课堂实训目标：使用材质编辑器完成儿童床贴图的制作。

课堂实训要点：通过漫反射颜色、凹凸贴图等贴图通道的配合使用，完成儿童床贴图的制作。

视频教程

效果所在位置：本书配套文件包＞第 5 章＞课堂实训：儿童床的制作。

① 打开儿童床的制作初始文件，查看场景效果（图 5-126）。点击快捷键 F10，在弹出的"渲染设置"对话框中将"渲染器"设置为"扫描线渲染器"（图 5-127），关闭"渲染设置"对话框。

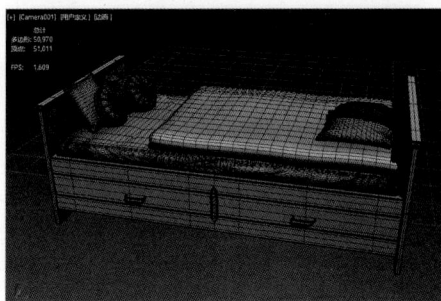

图 5-126　打开初始文件

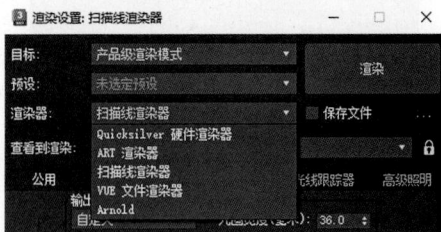

图 5-127　设置"扫描线渲染器"

② 点击主工具栏的 ，开启"材质编辑器"对话框。选择一个空白材质球，打开"Blinn 基本参数"卷展栏，将"反射高光"组中"高光级别"设置为"60"，"光泽度"设置为"80"（图5-128）。

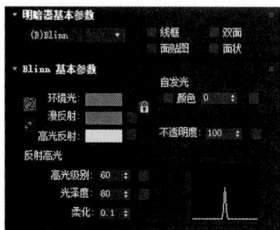

图 5-128　设置参数

③ 打开"贴图"卷展栏，单击漫反射的"贴图通道"按钮，在弹出的对话框中选择"位图"贴图，单击"确定"按钮。在弹出的"选择位图图像文件"对话框中选择"淡绿色儿童床贴图04.jpg"文件，点击"打开"应用贴图（图5-129）。

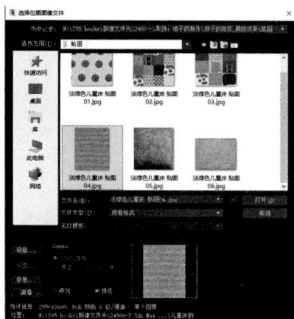

图 5-129　选择贴图文件

④ 进入"位图"贴图面板。在视图中选择"床"模型，单击"材质编辑器"对话框工具栏中的 ![icon]（将材质指定给选定对象），将贴图指定给"床"模型。单击 ![icon]（视口中显示明暗处理材质），查看贴图效果（图5-130）。

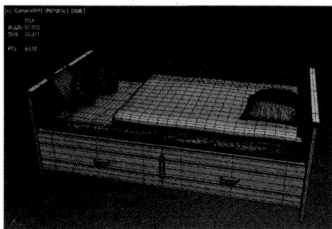

图 5-130　视图中显示贴图

⑤ 选择一个空白材质球，按照步骤③的方法设置"位图"贴图，在弹出的"选择位图图像文件"对话框中选择"淡绿色儿童床贴图06.jpg"文件，点击"打开"应用贴图（图5-131）。在视图中选择"床垫01"模型，将贴图指定给"床垫01"模型。

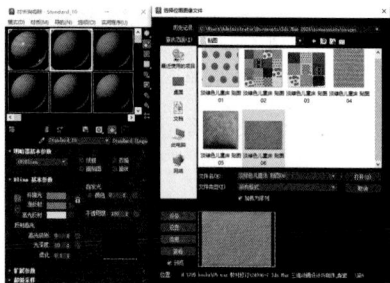

图 5-131　选择位图文件

⑥ 运用同样的方法，为"床垫02"模型赋予"淡绿色儿童床贴图03.jpg"文件，为"抱枕01""抱枕02"模型赋予"淡绿色儿童床贴图02.jpg"文件，为"抱枕03""抱枕04""抱枕05"模型赋予"淡绿色儿童床贴图05.jpg"文件，为"抱枕06""抱枕07"模型赋予"淡绿色儿童床贴图01.jpg"文件（图5-132）。

⑦ 单击 ![icon]（渲染）按钮，快速渲染场景（图5-133）。

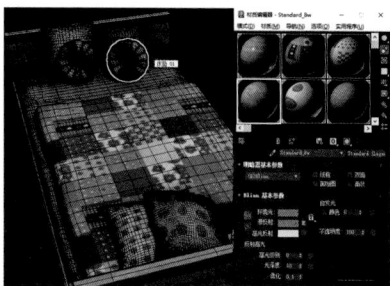

图 5-132　为模型赋予贴图

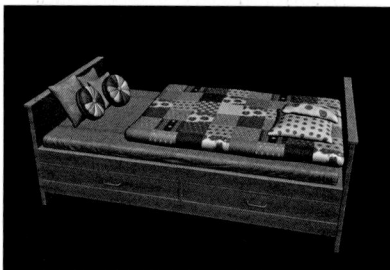

图 5-133　最终渲染效果

打开配套文件包中的初始效果文件，效果如图 5-134 所示，通过材质球漫反射通道赋予贴图，并为金属材质设置透明通道、反射效果，为滑梯赋予塑料材质，制作出如图 5-135 所示的效果。具体操作步骤见文件包。

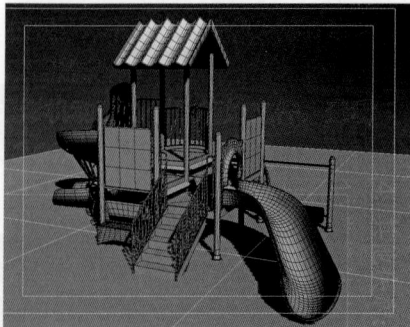

图 5-134　初始效果文件

图 5-135　最终效果图

第6章

灯光与摄影机

- **本章内容** 介绍3ds Max软件的灯光和摄影机，使读者认识和了解灯光和摄影机的使用方法，并能够在具体设计实践中灵活运用。

- **学习目标** 了解灯光和摄影机的概念及相关知识；熟悉并掌握灯光的创建方式；熟悉并掌握摄影机的创建方式；掌握灯光和摄影机的参数调节。

6.1 灯光基础知识

3ds Max 软件中，灯光对象用于模拟灯光效果，例如室内的灯光、舞台的射灯、手术台的照明设备和太阳光等，还可以用来投射图像等。不同的灯光对象以不同的方法投射并产生阴影，成为渲染场景的重要工具（图6-1）。当场景未创建灯光对象时，3ds Max 软件会自动使用默认照明进行着色或渲染场景。默认照明由两盏不可见的灯光组成，一旦场景中创建了灯光对象，默认照明就会禁用。如果场景中删除所有的灯光对象，则默认照明又会重新启用。

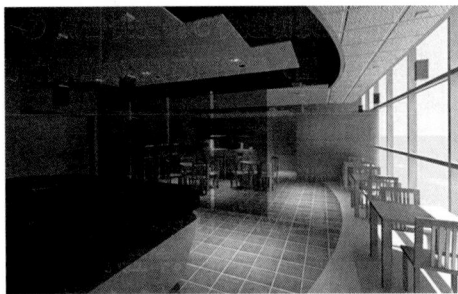

图6-1 使用灯光的室内场景

3ds Max 软件中提供两种类型的灯光：标准灯光和光度学灯光，它们的使用方法和参数卷展栏有所区别。

标准灯光可以模拟常见的大部分自然光源和人造光源，如家用灯光、办公室灯光、舞台灯光、拍摄电影时的灯光和太阳光等，效果如图6-2所示。与光度学灯光不同，标准灯光的参数设置不参考物理强度值。

图6-2 标准灯光制作的夜间场景

光度学灯光使用光度学（光能）值精确地定义灯光效果，以表现现实世界中的人造光源为主（图6-3），不擅长表现自然光照。光度学灯光可以通过参数面板设置灯光的分布、强度、色温和灯光的其他特性。此外，还可以导入特定的光度学文件表现商用灯光的照明效果。

图6-3 光度学灯光制作的室内场景

6.2 标准灯光

标准灯光对象的使用方法类似，下面介绍其类型和参数。

6.2.1 标准灯光类型

标准灯光的对象类型如图 6-4 所示，单击 ➕（创建）> 💡（灯光）>"标准"的灯光对象按钮即可创建标准灯光。

图 6-4　标准灯光类型

（1）目标聚光灯

目标聚光灯可以像射灯一样投射聚焦的光束，形成类似于"圆锥体"的聚光区（图 6-5、图 6-6）。目标聚光灯具有可移动的目标对象，移动目标对象可以精准地设置灯光指向。

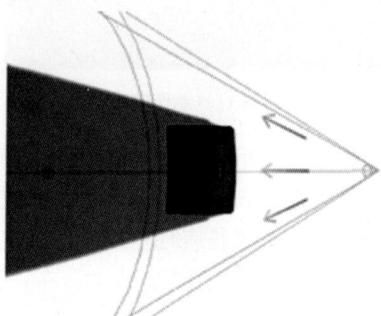

图 6-5　目标聚光灯的顶视图

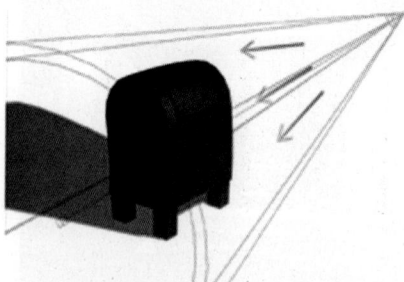

图 6-6　目标聚光灯的透视图

（2）自由聚光灯

与目标聚光灯不同，自由聚光灯没有目标对象（图 6-7、图 6-8），可以移动和旋转自由聚光灯的本体调整灯光指向。

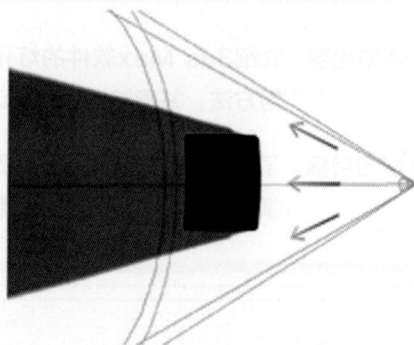

图 6-7　自由聚光灯的顶视图

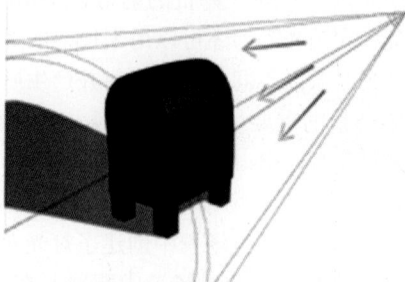

图 6-8　自由聚光灯的透视图

（3）目标平行光

目标平行光用于模拟类似于太阳光的大范围照明效果。目标平行光使用目标对象设置灯光指向。目标平行光的光线呈圆形或棱柱（图 6-9、图 6-10）。

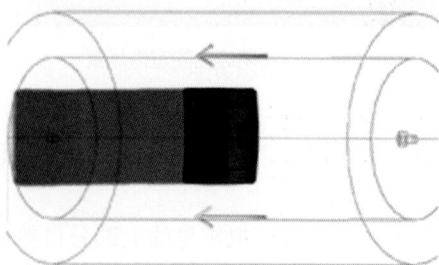

图 6-9　目标平行光的顶视图

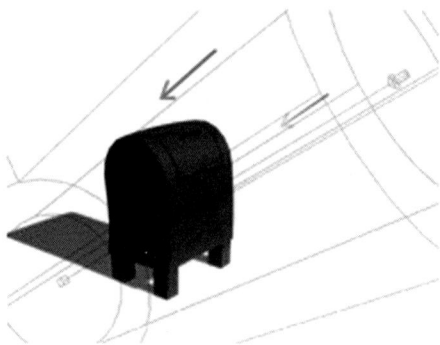

图 6-10 目标平行光的透视图

（4）自由平行光

与目标平行光不同，自由平行光没有目标对象。移动和旋转灯光对象本体可以设置灯光指向（图 6-11、图 6-12）。

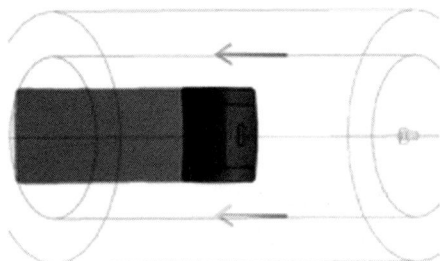

图 6-11 自由平行光的顶视图

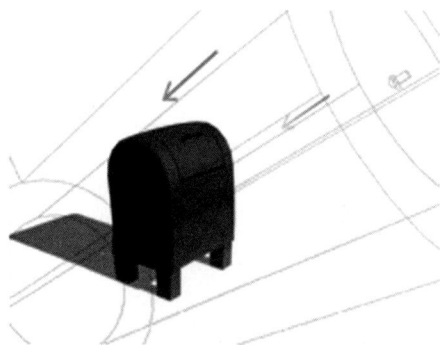

图 6-12 自由平行光的透视图

（5）泛光

泛光可以从光源中心向各个方向投射光线。泛光在场景中大多用于辅助照明，或模拟点光源。设置颜色、衰减、投影等方法与其他灯光类似（图 6-13、图 6-14）。

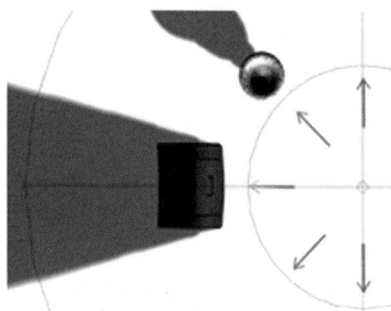

图 6-13 泛光的顶视图

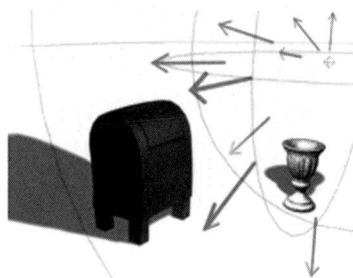

图 6-14 泛光的透视图

（6）天光

天光用于投射类似于太阳光的全局照明效果，可以自由地设置天光的颜色或指定光照贴图。该灯光常用于类似于球天的光照环境效果（图 6-15）。当使用扫描线渲染器渲染时，天光与高级照明结合使用效果最佳（图 6-16）。

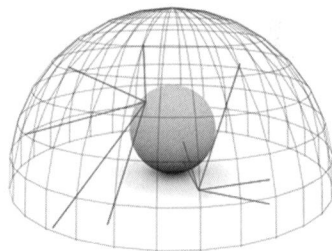

图 6-15 球天场景的天光效果

图 6-16 天光和光线跟踪渲染的场景

6.2.2　标准灯光参数

下面以聚光灯为例，介绍灯光的参数卷展栏。选择灯光并进入修改面板，其参数卷展栏如下。

（1）"常规参数"卷展栏

"常规参数"卷展栏如图 6-17 所示。

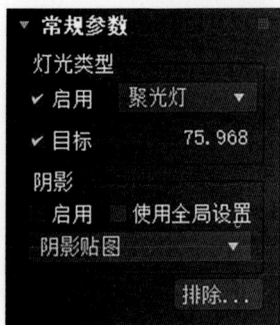

图 6-17　"常规参数"卷展栏

"灯光类型"组

启用：启用该选项时，开启灯光着色并应用于渲染场景。

[灯光类型列表]：选择灯光的类型，包括聚光灯、平行光和泛光。

目标：启用该选项后，灯光启用目标对象。灯光本体与目标对象的距离显示在复选框的右侧。禁用该选项，则取消目标对象。

"阴影"组

启用：启用该选项后，灯光进行投射阴影。

使用全局设置：启用该选项，使用投射阴影的全局设置。禁用该选项，启用阴影的单个设置。

[阴影贴图列表]：设置渲染器的阴影类型，包括高级光线跟踪阴影、区域阴影、光线跟踪阴影、阴影贴图等。阴影类型优缺点如表 6-1 所示。

表 6-1　阴影类型的优缺点

阴影类型	优缺点
高级光线跟踪阴影	优点：支持透明度和不透明度贴图，使用不少于系统内存的标准生成光线跟踪阴影 缺点：比阴影贴图更慢，不支持柔和阴影，边角相对比较硬
区域阴影	优点：支持透明度和不透明度贴图，使用较少的系统内存 缺点：比阴影贴图更慢
光线跟踪阴影	优点：支持透明度和不透明度贴图，如果不存在对象动画，则只计算一次阴影效果 缺点：可能比阴影贴图更慢，不支持柔和阴影
阴影贴图	优点：只产生柔和阴影，如果不存在对象动画，则只计算一次阴影效果，属于最快的阴影类型 缺点：使用很多系统内存，不支持使用透明度或不透明度贴图的对象

排除…：将选定对象排除在灯光照明之外。单击此按钮，弹出"排除 / 包含"对话框，单击包含或排除按钮，将对象移入右侧排除栏中，不再受到该灯光的影响。也可以对照明和阴影分别排除。

（2）"强度 / 颜色 / 衰减"卷展栏

设置灯光强度、颜色和衰减等，其卷展栏如图 6-18 所示。

倍增：设置灯光功率的放大或缩小。例如，将倍增设置为 2，灯光将亮两倍，默认设置为 1。其右侧的色块用于调整灯光的颜色。

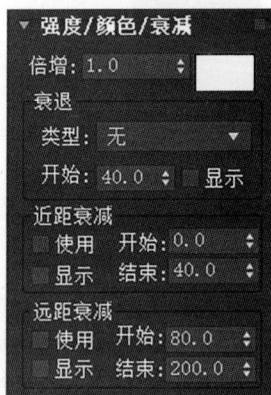

图 6-18　"强度 / 颜色 / 衰减"卷展栏

"衰退"组

类型：选择要使用的衰退类型，包括无、倒数、平方反比三种类型。其中，"无"表示不应用衰退，灯光始终保持初始强度；"倒数"表示应用反向衰退；"平方反比"表示以指数比应用衰退效果。

开始：设置开始衰减的距离。

显示：启用或禁用衰减范围框的显示。

"近距衰减 / 远距衰减"组

使用：启用灯光的近 / 远距衰减。

显示：在视口中显示近 / 远距衰减范围。

开始 / 结束：设置灯光开始衰减的距离和实现消失的距离。

（3）"聚光灯参数"卷展栏

"聚光灯参数"卷展栏如图 6-19 所示。

图 6-19 "聚光灯参数"卷展栏

显示光锥：启用或禁用圆锥体的显示。

泛光化：启用时，灯光将在各个方向投射灯光。

聚光区 / 光束：调整灯光圆锥体的角度，以度为单位表示，默认值为 43。

衰减区 / 区域：调整灯光衰减区的角度，以度为单位表示，默认值为 45。

圆 / 矩形：确定聚光区和衰减区的形状。"圆形"是圆形光束，"矩形"是矩形光束。

纵横比：设置矩形光束的纵横比，默认值为 1。

位图拟合：设置纵横比匹配特定的位图。

（4）"高级效果"卷展栏

设置灯光投射到对象表面的效果，其卷展栏如图 6-20 所示。

对比度：调整对象曲面的漫反射和环境光之间的对比度。提高值可产生特殊效果，例如太空中刺眼的灯光。

图 6-20 "高级效果"卷展栏

柔化漫反射边：增加值可以柔化对象曲面的漫反射与环境光之间的边缘，有助于消除某些情况下曲面产生的毛糙边缘。

漫反射：启用该选项，灯光将影响对象曲面的漫反射属性。

高光反射：启用该选项后，灯光将影响对象曲面的高光属性。

仅环境光：启用该选项后，灯光仅影响环境光组件。同时，"对比度""柔化漫反射边""漫反射""高光反射"不可用。

投影贴图：勾选"贴图"复选框，可以选择一张图像作为灯光的投射效果。

（5）"阴影参数"卷展栏

设置阴影的颜色及效果，其卷展栏如图 6-21 所示。

图 6-21 "阴影参数"卷展栏

"对象阴影"组

密度：设置阴影的密度。

贴图：启用该选项，使用指定贴图。

▬▬▬ 无 ▬▬▬ ：添加贴图。

灯光影响阴影颜色：启用该选项后，将灯光颜色与阴影颜色相混合。

"大气阴影"组

启用：启用该选项，大气效果会投射阴影。

不透明度：设置阴影的不透明度，默认设置为100。

颜色量：设置大气颜色与阴影颜色的混合量，默认设置为100。

（6）"阴影贴图参数"卷展栏

设置阴影贴图的相关参数，其卷展栏如图6-22所示。

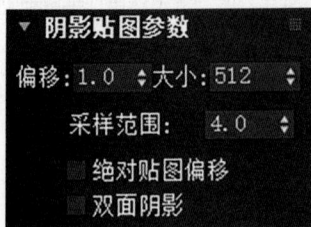

图6-22 "阴影贴图参数"卷展栏

偏移：将阴影靠近或偏离生成阴影的对象。

大小：设置灯光阴影贴图的大小。值越大，贴图效果越细致。

采样范围：设置阴影边缘的模糊程度，范围为0.01～50。

绝对贴图偏移：启用此选项后，阴影贴图的偏移会限制在固定比例。

双面阴影：启用此选项后，将计算对象背面的阴影效果。

（7）"大气和效果"卷展栏

设置灯光的环境特效，其卷展栏如图6-23所示。

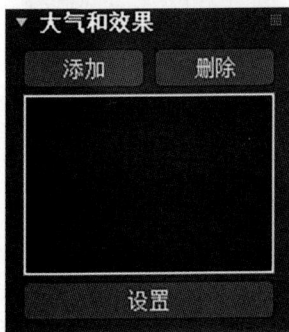

图6-23 "大气和效果"卷展栏

添加：打开颜色选择器选择阴影颜色，默认颜色为黑色。

[大气和效果列表]：显示大气或效果的名称。

设置：设置列表中选定的大气或特殊效果。

6.2.3 案例：展厅场景的布光

案例学习目标：学习室内场景布光的基本原理和方法，掌握目标聚光灯和泛光灯的创建方式和参数调节的设置，对场景照明进行合理的设置和安排。

视频教程

案例知识要点：目标聚光灯的创建和参数调整，以及体积光的添加；泛光灯的创建和参数调整，通过两者的结合实现展厅场景布光。

效果所在位置：本书配套文件包＞第6章＞案例：展厅场景的布光。

① 打开展厅场景灯光初始文件，查看创建效果（图6-24）。

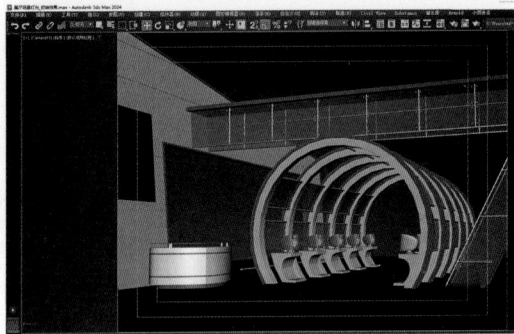

图6-24 打开场景文件

② 单击 ✚（创建）＞ 💡（灯光）＞"标准"＞"目标聚光灯"，在场景中创建一个目标聚光灯作为主光源，目标聚光灯的位置角度和照射角度如图6-25所示。

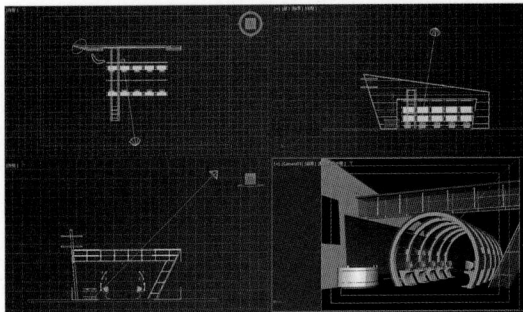

图6-25 创建"目标聚光灯"（1）

③ 进入修改面板，在"常规参数"卷展栏中勾选"阴影"组的"启用"，并选择"区域阴

影"；在"聚光灯参数"卷展栏，将"聚光区/光束"设置为"60"，将"衰减区/区域"设置为"80"（图6-26）。点击快捷键Shift+Q查看画面效果（图6-27）。

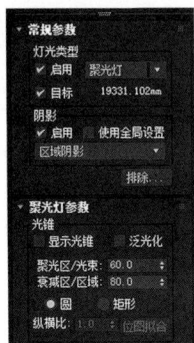

图6-26 设置灯光参数

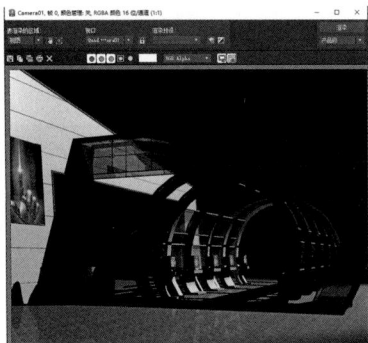

图6-27 查看画面效果

④ 单击 ➕（创建）＞💡（灯光）＞"标准"＞"泛光灯"，在吧台上方创建一个泛光灯。在"常规参数"卷展栏中取消勾选"阴影"组的"启用"，在"强度/颜色/衰减"卷展栏中将"倍增"设置为"0.8"，灯光颜色设置为浅蓝色（RGB：200，255，250）（图6-28）。

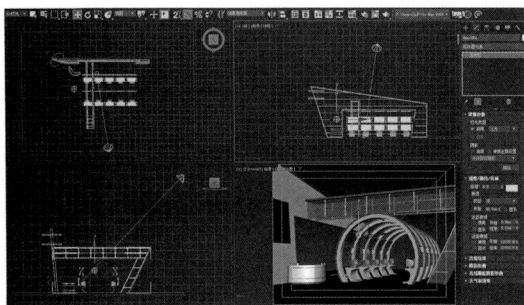

图6-28 创建"泛光灯"并设置参数

⑤ 在圆环顶部创建一个目标聚光灯，目标聚光灯的位置角度和照射角度如图6-29所示。

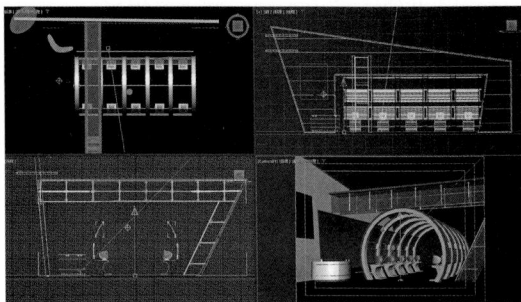

图6-29 创建"目标聚光灯"（2）

⑥ 在"常规参数"卷展栏中取消勾选"阴影"的"启用"；在"聚光灯参数"卷展栏中将"聚光区/光束"设置为"20"，"衰减区/区域"设置为"50"；在"强度/颜色/衰减"卷展栏中将"倍增"设置为"0.5"，灯光颜色设置为浅蓝色（RGB：200，255，250），点击快捷键Shift+Q查看场景效果（图6-30）。

图6-30 设置参数并渲染场景（1）

⑦ 选择刚刚创建的聚光灯，沿着场景中的圆环复制5个，作为圆环的顶灯（图6-31）。

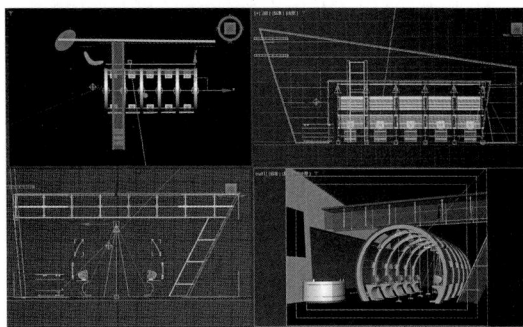

图6-31 复制5个聚光灯

⑧ 单击 ➕（创建）> 💡（灯光）>"标准">"聚光灯"，在场景中创建一个目标聚光灯，灯光的照射角度朝向吧台（图6-32）。

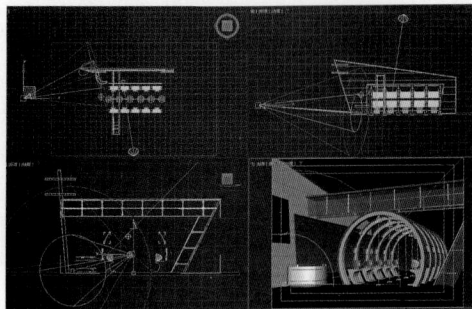

图6-32　创建"目标聚光灯"（3）

⑨ 在"常规参数"卷展栏中取消勾选"阴影"的"启用"；在"聚光灯参数"卷展栏中将"聚光区/光束"设置为"20"，"衰减区/区域"设置为"45"；在"强度/颜色/衰减"卷展栏中将"倍增"设置为"0.3"，颜色设置为浅蓝色（RGB：200，255，250），点击快捷键Shift+Q查看场景效果（图6-33）。

图6-33　设置参数并渲染场景（2）

⑩ 选择作为主光源的聚光灯，打开"阴影参数"卷展栏，将"对象阴影"组的"颜色"设置为深蓝色（RGB：20，30，40），"密度"设置为"0.9"（图6-34）。

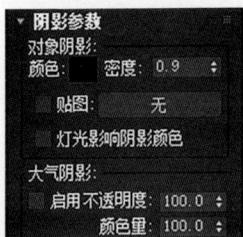

图6-34　设置"对象阴影"参数

⑪ 选择吧台上方的泛光灯，将其复制一个并拖曳到展厅的右侧，照亮展厅的远端（图6-35）。

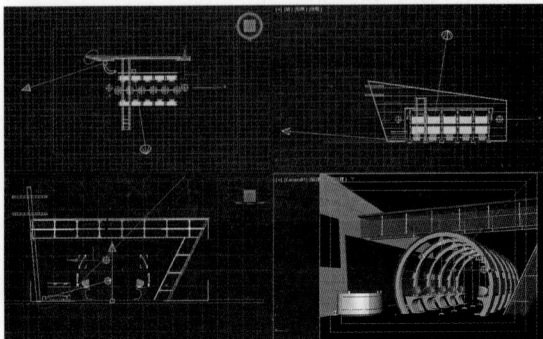

图6-35　复制"泛光灯"

⑫ 将作为主光源的聚光灯"倍增"设置为"0.8"，颜色设置为浅蓝色（RGB：225，240，250）。调整摄影机的角度，渲染展厅场景的近端效果和远端效果（图6-36）。

（a）近端效果　　　　（b）远端效果

图6-36　最终渲染效果

6.3　光度学灯光

光度学灯光通过设置光度值显示场景中的灯光效果，包括灯光的分布方式、颜色特征，并可以导入光度学文件。

6.3.1　光度学灯光类型

单击 ➕（创建）> 💡（灯光）>"光度学"中的灯光按钮即可创建光度学灯光（图6-37）。

（1）目标灯光

目标灯光具有设

图6-37　光度学灯光

置灯光指向的目标对象（图6-38），目标对象决定了灯光指向。

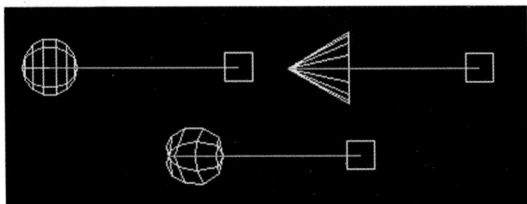

图 6-38　统一球形、聚光灯分布及光度学 Web 目标灯光的示意图

（2）自由灯光

自由灯光没有目标对象（图6-39），可以通过调整灯光本体调整灯光指向。

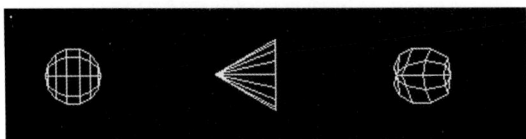

图 6-39　统一球形、聚光灯分布及光度学 Web 自由灯光的示意图

（3）太阳定位器

太阳定位器可以设置位置、日期、时间和指南针方向，也可以制作日期和时间快速转换的动画。一旦创建了"太阳位置"对象，系统就会自动创建环境贴图和曝光控制插件。

6.3.2　光度学灯光参数

（1）"模板"卷展栏

该卷展栏可以在下拉列表中选择各种预设的灯光模板（图6-40）。选择模板后将使用预设灯光的参数值，并且列表的文本区域会显示该灯光的说明。

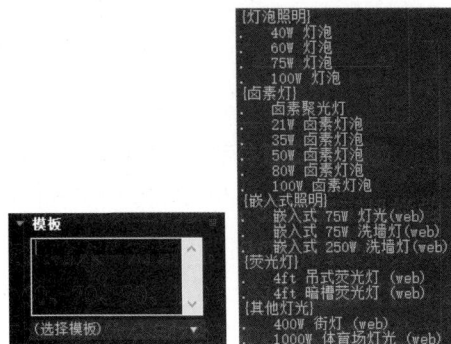

图 6-40　"模板"卷展栏

（2）"常规参数"卷展栏

该卷展栏中灯光组的参数与标准灯光参数的意义相同，不再赘述（图6-41）。

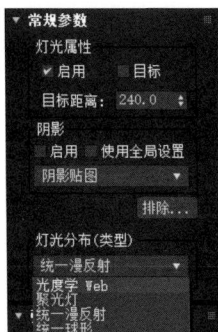

图 6-41　"常规参数"卷展栏

灯光分布（类型）提供光度学 Web、聚光灯、统一漫反射、统一球形 4 种类型。其中，"光度学 Web"分布使用光域网定义灯光的分布；"聚光灯"使用聚光灯创建灯光的分布；"统一漫反射"分布仅在半球体中投射漫反射灯光，从各个角度观看灯光都具有相同明显的强度；"统一球形"可在各个方向上均匀投射灯光。

（3）"强度 / 颜色 / 衰减"卷展栏

设置灯光的颜色、强度和衰减等参数，其卷展栏如图 6-42 所示。

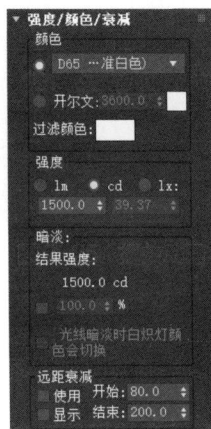

图 6-42　"强度 / 颜色 / 衰减"卷展栏

"颜色"组

[灯光列表]：选择预制灯光功率及颜色。包含常用的灯光类型预设，例如低压钠灯、高压钠灯、水银灯、白炽灯、卤素灯、荧光灯等。

开尔文：通过开尔文度数表示灯光的强度。

右侧的色块设置灯光颜色。

过滤颜色：使用颜色过滤器模拟光源上的过滤色效果。

"强度"组

强度：以物理单位指定光度学灯光的强度或亮度。

lm（流明）：表示灯光（光通量）的输出功率。100W 灯泡约有 1750lm 的光通量。

cd（坎德拉）：表示灯光的最大发光强度。100W 灯泡的发光强度约为 139cd。

lx（勒克斯）：即光照度，表示受光对象表面单位面积上受到的光通量。

"暗淡"组

结果强度：显示暗淡所产生的强度。

[暗淡百分比]：勾选该选项后，指定用于降低灯光强度的百分比数值。百分比低时，灯光较暗。

光线暗淡时白炽灯颜色会切换：勾选该选项后，灯光可在暗淡时产生黄色光模拟白炽灯。

（4）"图形 / 区域阴影"卷展栏

设置灯光阴影，其卷展栏如图 6-43 所示。

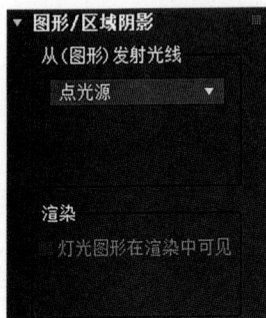

图 6-43　"图形 / 区域阴影"卷展栏

"图形"组

[下拉列表]：使用该下拉列表，选择阴影生成的图形效果。

点光源：生成类似于点光源产生的阴影。

线：生成类似于线光源产生的阴影。

矩形：生成类似于矩形光源产生的阴影。

"渲染"组

灯光图形在渲染中可见：勾选此选项后，灯光图形在渲染中会显示为照明的图形。关闭此选项后，将无法渲染灯光图形。

6.3.3　案例：展览馆场景的布光

案例学习目标：创建光度学目标灯光，并将灯光指定为 Web 灯光。

案例知识要点：学习如何创建光度学目标灯光，并利用光域网文件进行照明设置，模拟光度学效果。

视频教程

效果所在位置：本书配套文件包＞第 6 章＞案例：展览馆场景的布光。

① 打开射灯效果的制作初始文件，查看场景效果（图 6-44）。

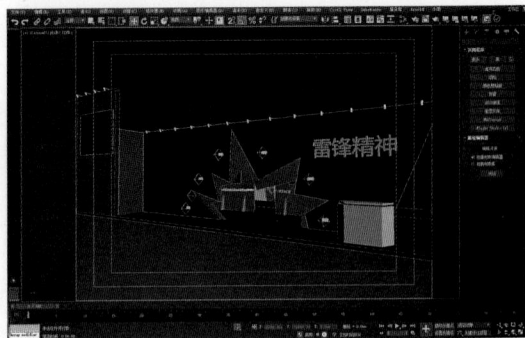

图 6-44　打开场景文件

② 单击 ✛（创建）＞ 💡（灯光）＞"光度学"＞"目标灯光"，此时画面中会弹出"创建光度学灯光"对话框，其中提示"建议您使用物理摄影机曝光控制"，这里点击"否"关闭对话框即可（图 6-45）。

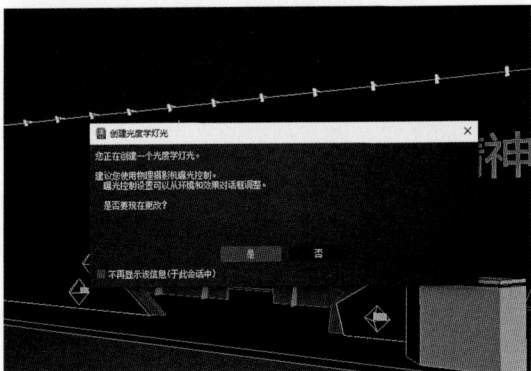

图 6-45　弹出"创建光度学灯光"对话框

③ 进入前视图，在墙面顶端的射灯模型处自上而下拖曳创建一个目标灯光，调整灯光的位置，使灯光依据射灯的方向照射墙面，效果如图 6-46 所示。

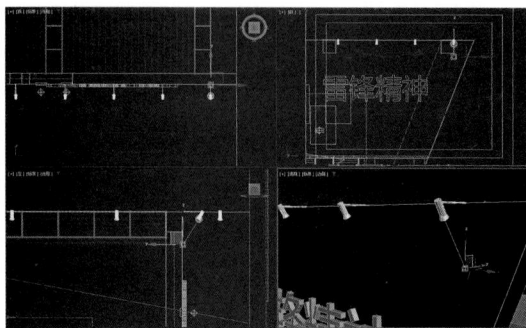

图 6-46 创建目标灯光

④ 进入修改面板，在"常规参数"卷展栏将"灯光分布（类型）"设置为"光度学 Web"（图 6-47）。打开"分布（光度学 Web）"卷展栏，点击 〈 选择光度学文件 〉 ，在弹出的"打开光域 Web 文件"对话框中选择"光域网 .ies"文件，查看渲染效果（图 6-48）。

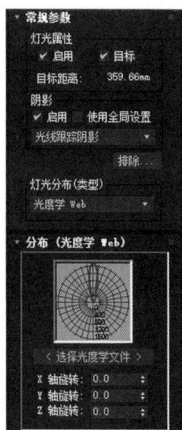

图 6-47 设置灯光参数（1）

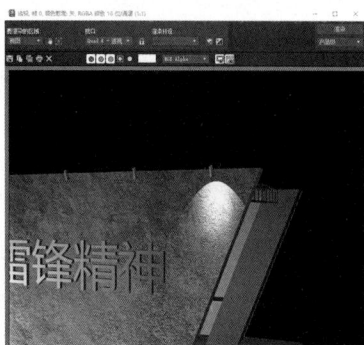

图 6-48 查看灯光效果（1）

⑤ 在"强度 / 颜色 / 衰减"卷展栏中将"颜色"组的"灯光类型"设置为"HID 磷光水银灯"，将"强度"组设置为"cd"，参数修改为"800"，查看渲染效果（图 6-49）。

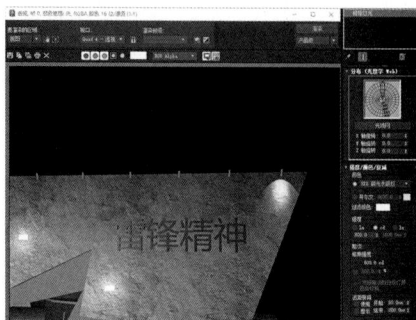

图 6-49 设置灯光参数（2）

⑥ 选择灯光，并沿着墙顶的射灯模型复制 12 个目标灯光（图 6-50），点击快捷键 Shift+Q 查看渲染效果（图 6-51）。

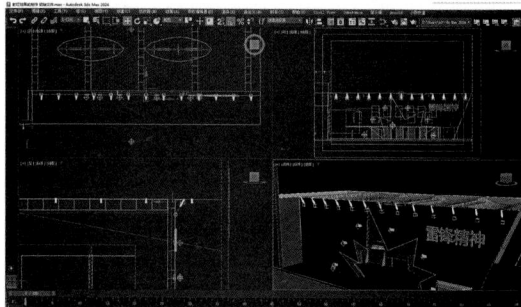

图 6-50 复制 12 个目标灯光

图 6-51 查看灯光效果（2）

> **提示：** 制作灯光阵列时，首先创建一个灯光，然后可以复制多个灯光形成阵列。进行复制时可以采取"实例"的方式，在修改参数的时候只需要修改一个灯光的参数，其他灯光一起发生改变，这样可以大大提高制作的效率。

⑦ 复制 4 个灯光到主体宣传墙的射灯模型。在"强度/颜色/衰减"卷展栏中将"颜色"组的"灯光类型"设置为"D50 Illuminant（基准白色）"，将"强度"组设置为"cd"，参数设置为"1200"（图 6-52），查看渲染效果（图 6-53）。

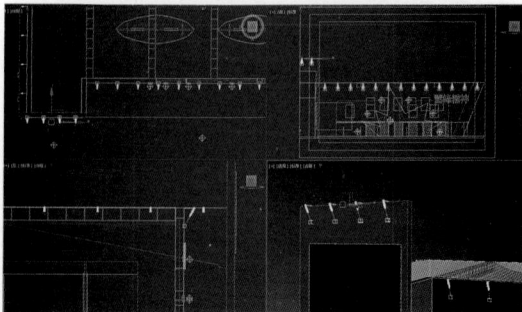

图 6-52　复制 4 个目标灯光

图 6-53　查看灯光效果（3）

⑧ 适当调整摄影机角度，点击 Shift+Q 查看渲染效果（图 6-54）。

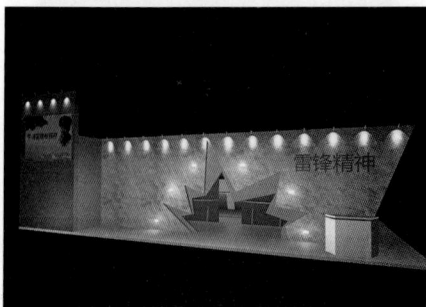

图 6-54　最终灯光效果

6.4　摄影机

3ds Max 软件中，摄影机对象是制作三维动画的重要工具，用于生成模拟场景的静止图像、动画视频等。摄影机对象的设置和操控与现实生活中的摄影机基本一样，甚至更为灵活和方便。软件中包含两种摄影机类型：一种是物理摄影机；一种是传统摄影机，包括目标摄影机和自由摄影机（图 6-55）。其中，目标摄影机创建一个双图标，用于表示摄影机本体（与蓝色三角形相交的蓝色框）和摄影机目标对象（蓝色框）。自由摄影机创建单个图标，表示摄影机本体及其视野。

目标摄影机是 3ds Max 软件默认的摄影机类型，配合目标对象使用，用于表现以目标对象为中心的场景内容，易于定位，方便操作。目标摄影机本身及其目标对象可以分别设置不同的动画，摄影机本体独立运动时，可以通过移动目标对象控制场景内容。

自由摄影机没有目标对象，只有摄影机本体，表现镜头所指方向内的场景内容，多应用于轨迹动画效果，例如室内巡游、室外鸟瞰、车辆跟踪等动画。当需要摄影机沿着路径表现动画时，使用自由摄影机更加方便。

与其他摄影机相比，物理摄影机可以实现真实照片级渲染效果，模拟真实的摄影机成像效果，轻松地调节透视关系。它提供 ISO 感光度、快门速度、光圈、白平衡和曝光值等设置，另外还有许多其他的特殊功能和效果，因此其更接近真实的单反相机。物理摄影机的使用相对复杂，需要使用者在前期对摄像摄影的相关概念和参数有一定了解，并在大量练习之后才能熟悉掌握使用技巧。对于一般的渲染项目而言，使用默认的目标摄影机或者自由摄影机即可。

图 6-55　摄影机类型

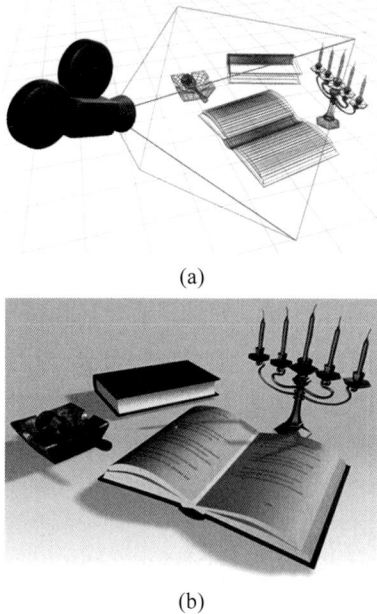

(a)

(b)

图 6-56　摄影机示例及画面效果

6.4.1　摄影机的使用

创建摄影机后，可以将镜头或目标对象指向场景中的对象。如果使用目标摄影机，则拖动目标对象使其位于摄影机观看的方向或对象。如果使用自由摄影机，则应移动或旋转摄影机本体图标使其面向需要观看的方向或对象。选择摄影机时，如果场景中只存在一个摄影机，在激活视口点击快捷键C，即切换到"摄影机"视口；如果存在多个摄影机，点击快捷键C会弹出来"选择摄影机"对话框，随后选择需要的摄影机即可。

（1）摄影机特性

在使用摄影机之前，需要掌握真实世界摄影机的相关特性（图6-57）。

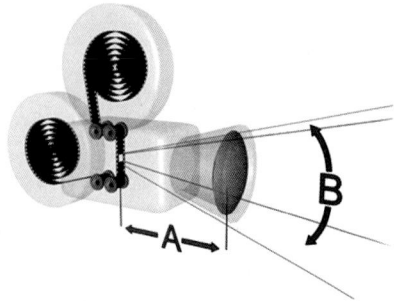

图 6-57　真实世界摄影机测量
（A 为焦距长度；B 为视野，即 FOV）

焦距：焦距影响对象出现在图片上的清晰度。焦距越小，镜头中包含的场景范围就越广，但是远距离对象会变模糊；焦距越大，镜头中包含的场景范围就越小，远距离对象会变清晰。焦距以毫米为单位表示。50mm 镜头通常称为标准镜头，焦距小于 50mm 的镜头称为短镜头或广角镜头，焦距大于 50mm 的镜头称为长镜头或长焦镜头。

视野（FOV）：视野（FOV）控制镜头中场景范围，它与镜头的焦距直接相关。镜头越长，FOV 越窄，场景范围越小。反之，镜头越短，FOV 越宽，场景范围越大。

FOV 和透视的关系如下。

短焦距（宽 FOV）强化透视变形，使对象看起来更宏伟、更高大（图 6-58 右下图）。长焦距（窄 FOV）弱化透视变形，使对象看起来压平或与观察者平行（图 6-58 左上图）。

图 6-58　FOV 和透视的关系示意图

需要指出的是，50mm 镜头的使用频率较高，广泛用于摄影、新闻照片、电影等，主要原因是它接近肉眼（类似于 35mm 镜头）看到的透视效果。

（2）剪切平面

摄影机对象具有近端和远端剪切平面功能，剪切平面可以排除场景中的部分对象，只查看或渲染场景的某些部分。其中，比近距剪切平面近或比远距剪切平面远的对象是不可见的。如果场景中有许多复杂几何体，那么剪切平面对渲染其中选定部分的场景非常有用。如图 6-59 所示，左下图为剪切平面排除前景椅子和桌子前方区域，右下图为剪切平面排除背景椅子和桌子后方区域。

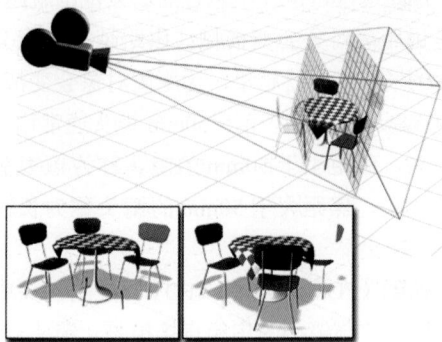

图 6-59 使用剪切平面排除几何体

剪切平面的位置是沿着摄影机的视线（Z 轴）进行测量的。可以分别设置摄影机的近端或者远端剪切平面，来排除近平面对象或远平面对象，当然也可以同时设置近端和远端剪切平面。

（3）安全框

安全框用于显示渲染视口的可见部分，用于查看视口中输出对象是否完整、画面纵横比是否正确等，检查渲染输出中可能被裁剪的部分对象或画面。查看安全框，可以在视口左上角的标签菜单选择"显示安全框"或者点击快捷键 Shift+F。开启后，摄影机视口中会显示四个矩形，最外面是淡黄色，里面是淡蓝色、黄色，最里面是紫色（图 6-60）。最外部淡黄色矩形表示当前渲染画面的区域和纵横比；中间的淡蓝色矩形是动作安全框，对象的动画或动作尽量放在该安全框内；中间黄色矩形表示字幕安全框，标题及文字等尽量放在该安全框内；内部

紫色矩形表示用户安全框，重要的画面对象尽量放置在该安全框内。

图 6-60 摄影机视口中显示安全框

（4）设置摄影机动画

当"设置关键点"或"自动关键点"按钮处于启用状态时，在关键帧调整摄影机或更改摄影机参数就可以设置摄影机的动画。通常，场景动画需要不停地移动摄影机，使用自由摄影机较方便，在其他一些场景动画中需要固定摄影机位置时，使用目标摄影机设置动画会更加方便。

6.4.2 摄影机参数

（1）"参数"卷展栏

"参数"卷展栏如图 6-61 所示。

镜头：以毫米为单位设置摄影机的焦距。可以使用镜头微调器指定焦距值，也可以使用镜头组框的预设值。

：选择应用视野（FOV）值，包括水平、垂直、对角线 3 种方式。

视野：决定摄影机查看区域的宽度（视野）。

正交投影：启用该选项后，摄影机视图生成没有透视关系的正交视图。禁用该选项后，摄影机视图生成具有透视效果的正常视图。

"备用镜头"组

"备用镜头"组提供了 9 种常用镜头，以便快速选择，其

图 6-61 "参数"卷展栏

中 35mm、50mm 最常用。

类型：将摄影机类型在目标摄影机与自由摄影机之间切换。

显示圆锥体：显示摄影机视野定义的锥形光线。

显示地平线：在摄影机视口中显示一条深灰色的地平线线条。

"环境范围"组

显示：以矩形显示近距范围和远距范围。

近距范围／远距范围：设置大气效果的近距范围和远距范围限制。

"剪切平面"组

手动剪切：启用该选项可定义剪切平面。

近距剪切／远距剪切：设置需要剪切的近距和远距的平面，其效果如图 6-62 所示。

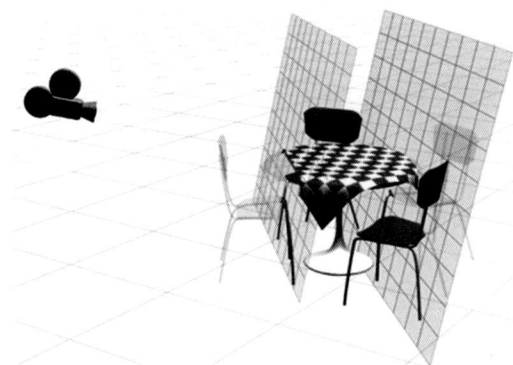

图 6-62　"近"和"远"距剪切平面

"多过程效果"组

启用：启用该选项后，使用效果预览或渲染。

预览：单击该按钮，在活动摄影机视口中预览效果。

［效果列表］：选择生成景深或运动模糊等效果，默认设置为景深。

渲染每过程效果：启用该选项后，将渲染效果应用到多重效果的每个过程（景深或运动模糊）。

目标距离：使用目标摄影机时，表示摄影机和目标对象之间的距离。

（2）"景深参数"卷展栏

"景深参数"卷展栏如图 6-63 所示。

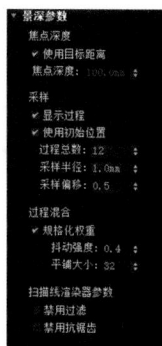

图 6-63　"景深参数"卷展栏

"焦点深度"组

使用目标距离：将摄影机的目标距离用作摄影机的焦点距离，默认设置为启用。

焦点深度：禁用使用目标距离时，设置目标距离偏移摄影机的深度。

"采样"组

显示过程：启用该选项后，渲染帧窗口显示多个渲染通道。禁用该选项后，帧窗口只显示最终的结果。

使用初始位置：启用该选项后，第 1 个渲染过程位于摄影机的初始位置。禁用该选项后，与所有随后的过程一样偏移第 1 个渲染过程。

过程总数：生成效果的过程数。提高此值可以增强渲染效果，但会增加渲染时间。

采样半径：调整生成模糊的半径。增加值将增加整体的模糊程度，减小值将减小模糊程度。

采样偏移：设置靠近或远离采样半径的权重。

"过程混合"组

规格化权重：启用此选项后，画面效果会变得平滑。禁用此选项后，画面会变得清晰，但颗粒效果明显。

抖动强度：控制渲染通道的抖动程度。增加值会增加抖动量，并生成颗粒状效果。

平铺大小：设置抖动时图案的大小。

"扫描线渲染器参数"组

禁用过滤／禁用抗锯齿：启用该选项后，禁用过滤过程和抗锯齿，默认设置为禁用。

6.4.3　案例：摄影机动画的制作

案例学习目标：创建目标摄影机，掌握摄影

机绑定路径并设置动画的方法。

案例知识要点：使用目标摄影机通过路径约束命令绑定路径，对摄影机目标点的绑定注视约束，并设置摄影机漫游动画。

视频教程

效果所在位置：本书配套文件包＞第6章＞案例：摄影机动画的制作。

① 打开摄影机动画的创建初始文件，查看场景效果（图6-64）。

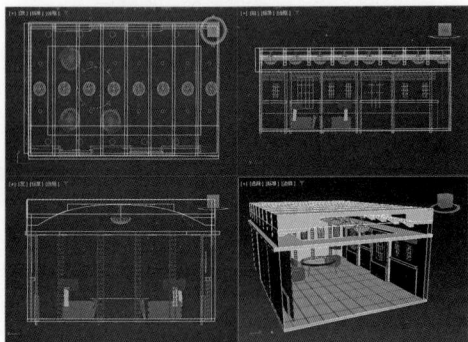

图6-64　打开场景文件

② 单击 ✚（创建）＞ ⊘（图形）＞"样条线"＞"线"，在顶视图创建一条U形曲线。单击 ✚（创建）＞ ◣（辅助对象）＞"标准"＞"虚拟对象"，在曲线的起点位置创建一个虚拟对象，位置如图6-65所示。

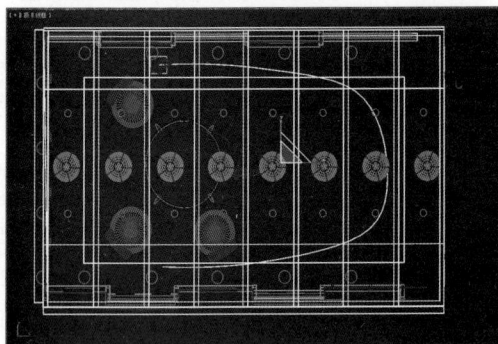

图6-65　场景中线和虚拟对象的位置

③ 单击 ✚（创建）＞ ▣（摄影机）＞"标准"＞"自由"，在视图中创建一个自由摄影机，摄影机的指向如图6-66所示，摄影机高度与人的视角高度相近即可。在修改面板中，将"参数"卷展栏的"镜头"设置为"28mm"（图6-67）。

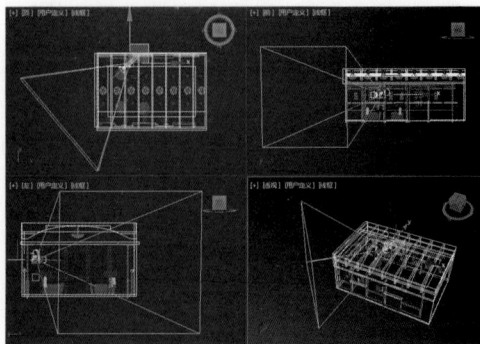

图6-66　创建自由摄影机

图6-67　摄影机参数设置

④ 点击动画工具栏的 ▣（时间配置），打开对话框，将"帧速率"组设置为"自定义"，"FPS"设置为"25"，"动画"组的"结束时间"设置为"200"（图6-68）。

⑤ 选择虚拟对象，单击"动画"菜单＞"约束"＞"路径约束"命令，随后在视图中单击U形曲线，虚拟对象的运动路径即约束到曲线（图6-69）。

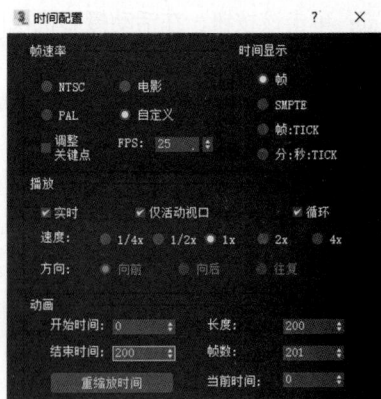

图6-68　时间配置更改为200帧

图 6-69 虚拟对象路径约束到曲线

⑥ 保持摄影机的朝向不变,将自由摄影机本体移动到虚拟对象的位置。首先点击主工具栏上的 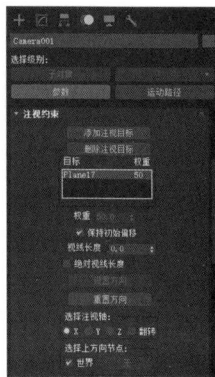（绑定），选择摄影机并按住鼠标左键,将光标移动到虚拟对象并点击,将摄影机绑定到虚拟对象,即可通过虚拟对象控制摄影机的移动（图 6-70）。

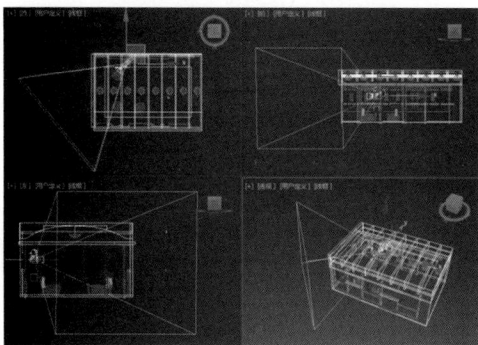

图 6-70 摄影机绑定到虚拟对象

⑦ 点击快捷键 C 快速切换到摄影机视图,拖动时间滑块观看动画效果（图 6-71）。

图 6-71 第 100 帧的画面效果

⑧ 在摄影机画面中将镜头注视到墙壁中

的图画。随后,选择自由摄影机,单击"动画"菜单 >"约束"＞"注视约束"命令,再选择墙壁中间的"图画"对象,注视约束创建完成。进入"运动"＞"参数"面板,勾选"注视约束"卷展栏的"保持初始偏移"（图 6-72）,此时摄影机画面就会始终朝向该对象（图 6-73）。

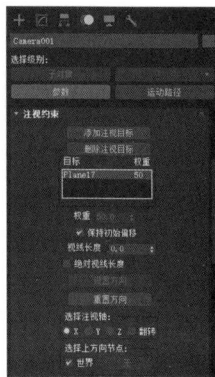

图 6-72 添加"注视约束"

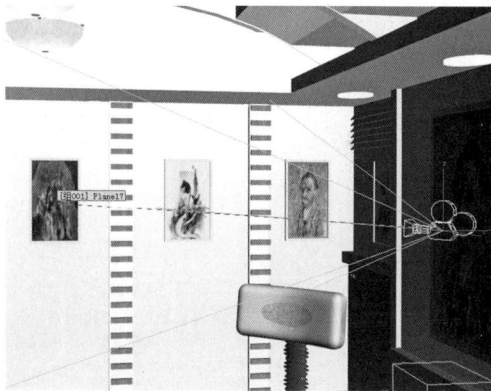

图 6-73 选择注视约束的目标

⑨ 设置渲染参数,输出最终的摄影机动画（图 6-74）。

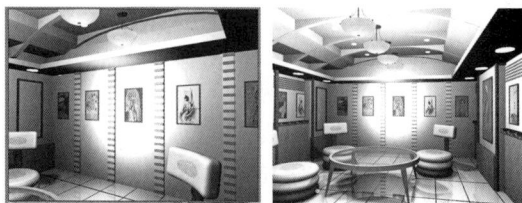

（a）第 20 帧　　　　　　（b）第 80 帧

（c）第 140 帧　　　　　　（d）第 180 帧

图 6-74 最终渲染效果

6.5 课堂实训：室内间接灯光的表现

课堂实训目标：学习室内间接灯光表现的基本原理和方法，掌握间接照明的创建方式和灯光群体控制方式，合理地设置场景的照明。

视频教程

课堂实训要点：创建目标聚光灯和泛光灯并调整参数，通过灯光阵列实现室内场景的间接照明。

效果所在位置：本书配套文件包>第 6 章>课堂实训：室内间接灯光的表现。

① 打开室内间接灯光表现初始文件，查看场景效果（图 6-75）。

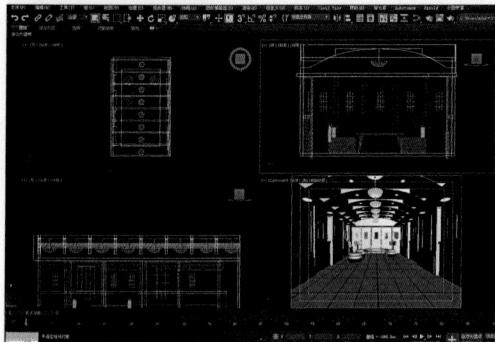

图 6-75　打开初始文件

② 单击 ✚（创建）> 💡（灯光）>"标准">"目标聚光灯"，在前视图创建一个目标聚光灯作为主光源，灯光方向自上而下，在"强度 / 颜色 / 衰减"卷展栏中勾选"远距衰减"组的"使用"，将"开始"设置为"1500"，"结束"设置为"20000"（图 6-76）。

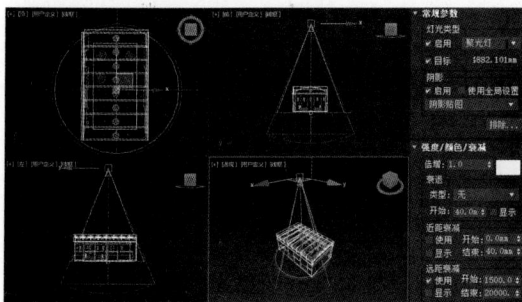

图 6-76　目标聚光灯位置和修改参数

③ 单击 ✚（创建）> 💡（灯光）>"标准">"泛光灯"，创建一个泛光灯，将"强度 / 颜色 / 衰减"卷展栏的"倍增"设置为"0.2"，取消勾选"阴影"的"启用"，勾选"远距衰减"的"使用"，将"开始"设置为"1500"，"结束"设置为"6000"。选择泛光灯并复制 7 个形成一个灯组作为补光照明，灯光的位置如图 6-77 所示。随后，选择灯组并复制 4 组，并沿着房间吊顶的位置排列，作为屋顶的吊顶照明设置，将"倍增"设置为"0.3"，"远距衰减"的"结束"设置为"2000"，位置如图 6-78 所示。

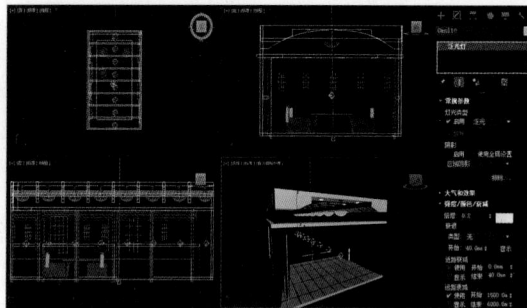

图 6-77　中间泛光灯的位置

图 6-78　4 排吊顶泛光灯的位置

④ 单击 ✚（创建）> 💡（灯光）>"光度学">"目标灯光"，创建一个目标灯光，将"常规参数"卷展栏的"灯光分布（类型）"设置为"光度学 Web"，在"分布（光度学 Web）"卷展栏选择"两层射灯"；在"强度/颜色/衰减"卷展栏中将"强度"组设置为"cd"，参数设置为"800"（图 6-79）。随后围绕房间墙壁的射灯位置创建一组目标灯光，位置如图 6-80 所示。

⑤ 根据室内灯光模型的位置调整灯光分布（图 6-81）。进入摄影机视图，按快捷键 F9 快速渲染最终效果（图 6-82）。

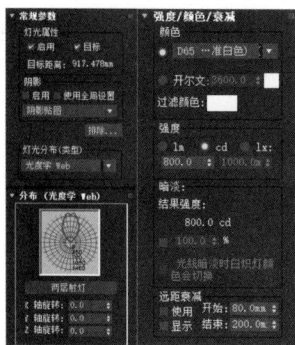

图 6-79　目标灯光的参数

图 6-81　所有灯光在视图中的位置

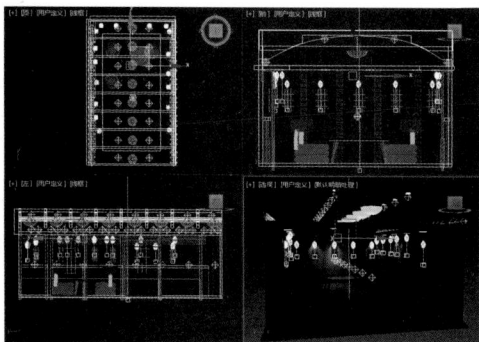

图 6-80　目标灯光的位置

图 6-82　最终渲染效果

课后拓展

打开本书配套文件包中的"静物灯光的创建_初始效果"文件，效果如图 6-83 所示，练习使用静物场景布光的原理和方法进行静物灯光的创建，实现如图 6-84 所示的渲染效果。具体操作步骤和最终效果文件见文件包。

图 6-83　初始效果

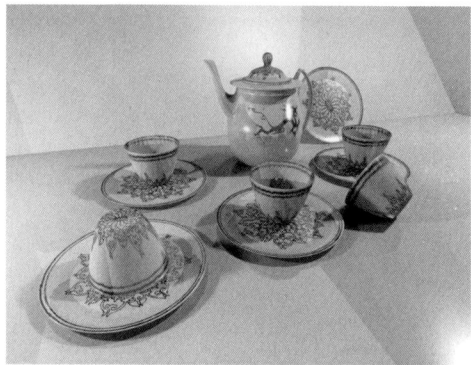

图 6-84　最终效果

第7章
基础动画制作

- **本章内容** 3ds Max软件提供了大量的动画制作工具，动画师可以用来制作简单的基础动画，也可以制作复杂的角色动画、MassFX物理模拟动画、粒子动画等。本章介绍了一些动画制作方法和制作效果。

- **学习目标** 了解动画制作的基础知识；掌握关键帧动画的使用方法；熟悉视图窗口的使用方法；掌握约束控制器的使用方法；掌握动画修改器的使用方法。

7.1 动画制作基础知识

系统学习动画制作之前，应先掌握有关的动画基础知识。由于人眼的生理结构具有"视觉暂留"特性，人眼在观看一系列快速运动的静态图像时，大脑会认为这些静态图像是连续的、不间断的动态画面，从而将其作为关联性的影像认知，这是电影、动画等影像艺术制作的基本原理。动画由连续的静态图像组成，其中每幅静态图像称为"帧"或者"单帧"（图7-1）。例如根据国际标准PAL制式制作的影像，帧频是25帧/秒，即每秒钟包含25张静态图像。

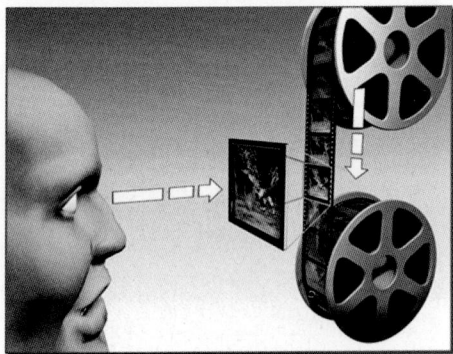

图7-1 帧是动画的单个图像

通常，制作动画的难点在于动画师必须设计大量"帧"画面。例如，一分钟的动画需要720～1800张图像，传统的制作方法是手工绘制这些图像，费时又费力。为了提高工作效率，出现了一种称为关键帧的技术。动画师绘制重要的画面，称为关键帧。助理动画师绘制关键帧之间的过渡帧，这些过渡帧称为中间帧（图7-2）。完成关键帧和中间帧之后，就可以连接或渲染图像生成最终动画。

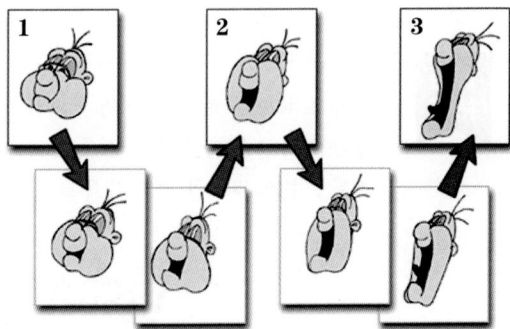

图7-2 图像1、2和3是关键帧，
其他图像是中间帧

使用3ds Max软件制作动画，动画师只需创建动画的起点与终点的关键帧，这些关键帧也称为关键点。随后，软件将自动计算关键点之间的插补值，生成完整动画（图7-3）。3ds Max软件中，利用任意对象的任意参数都可以创建动画，包括变换对象（移动、缩放、旋转）、设置修改器（如弯曲、挤压、变形）、调整材质参数（如颜色、透明度）等。

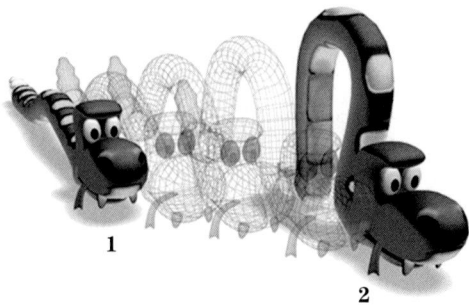

图7-3 1和2的对象位置是关键帧，
软件自动生成中间帧

7.1.1 动画控制区

动画控制区位于 3ds Max 软件界面的状态栏和视图控制区之间［图7-4（a）］，用于设置动画关键帧、播放动画以及调整动画时间等。

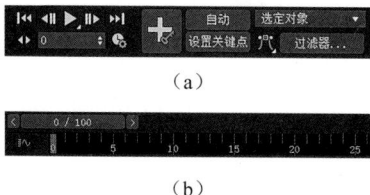

（a）

（b）

图7-4 动画控制区、轨迹栏与时间滑块

➕（设置关键点）：单击该按钮为选择对象在轨迹栏上设置关键帧。

自动关键点：单击该按钮，激活自动记录关键帧模式，对象的所有变换操作、参数设置等都会自动生成关键帧并记录在轨迹栏中。

设置关键点：手动记录关键点模式，可以使用"设置关键点"和"关键点过滤器"为对象创建关键点。与"自动关键点"模式不同，"设置关键点"模式可以控制设置关键帧的操作对象、时间等。

选定对象：使用"设置关键点"模式时，可快速选择操作对象。

（新建关键点的默认出/入切线）：该按钮为新建的动画关键帧提供切线类型。

关键点过滤器：点击该按钮打开"设置关键点过滤器"对话框，可以指定创建关键帧所在的轨迹。

⏮/⏭（转至开头/转至结尾）：单击该按钮，时间滑块快速跳至第0帧/最后一帧。

⏪/⏩（上一帧/下一帧）：单击该按钮，时间滑块倒回至前一帧/移动到下一帧。

▶/⏸（播放/停止）："播放"按钮用于播放动画。播放动画时，"播放"按钮将变为"停止"按钮，点击"停止"按钮，时间滑块会停止在当前帧。

◀▶（关键点模式）：使用该按钮，时间滑块在轨迹栏的关键帧之间直接跳转。

0 ⏶⏷：在该处输入数值并点击快捷键 Enter，时间滑块直接跳到指定帧。

7.1.2 轨迹栏与时间滑块

轨迹栏提供了显示帧数（或相应的显示单位）的时间线，用于移动、复制和删除关键帧，以及更改关键帧属性等。在视口中选择单个或多个对象，轨迹栏上将会显示其动画关键帧［图7-4（b）］。

时间滑块代表当前帧，可以将它移动到活动时间段的任何帧，观察和设置动画。

时间滑块左侧和右侧两个数字分别表示当前时间滑块所在的帧数和动画终止帧数，如 ‹ 0 / 100 › 表示当前时间滑块在第0帧，动画终止为第100帧。

7.1.3 "时间配置"对话框

单击动画播放控制区的 🕐（时间配置）按钮，弹出"时间配置"对话框（图7-5）。该对话框提供了帧速率、时间显示、播放设置和动画设置等工具，用于调整动画长度，设置活动时间段、开始帧和结束帧等。

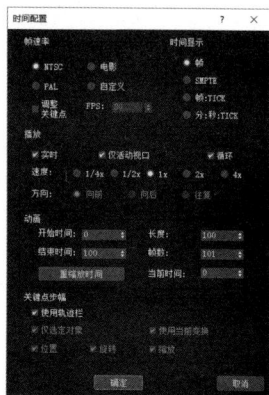

图7-5 "时间配置"对话框

"帧速率"组

NTSC/电影/PAL/自定义：设置每秒的帧数，即帧速率（FPS）。前3个选项使用预设的帧速率，"自定义"选项可以根据需要设置帧速率。

FPS（帧速率）：采用每秒帧数设置动画的帧速率。NTSC制式视频帧速率是30fps；电影帧速率是24fps；Web和多媒体动画则使用更低的帧速率。目前，中国使用PAL制式视频格式，即帧速率是25fps。

"时间显示"组

指定时间滑块及轨迹栏中显示时间的方式，有帧数、分钟数、秒数和刻度数。例如，时间滑块位于第35帧，并且"帧速率"为30fps。不同的时间显示设置的数值如下："帧"为35；"SMPTE"为0：1：5；"帧：TICK"为35：0；"分：秒：TICK"为0：1：800。

"播放"组

实时：设置动画的播放速度。速度设置只影响动画在视口中的播放，不影响渲染效果。

仅活动视口：动画播放只在活动视口中进行。禁用该选项后，所有视口都将显示动画。

循环：设置动画是否重复播放。

方向：设置动画向前、向后或往复播放。

"动画"组

开始时间/结束时间：设置轨迹栏中显示的活动时间段。

长度：显示活动时间段的帧数。

帧数：渲染时间段的数量。帧数为"长度+1"，如长度为"100"帧的时间段，渲染出的帧数就是"101"。

当前时间：指定时间滑块的当前帧。

重缩放时间：拉伸或收缩时间段内的动画，并重新定位轨迹中所有关键点的位置，动画播放会加速或者减速。

"关键点步幅"组

使用轨迹栏：在"关键点模式"下使用轨迹栏中的帧记录所有动画关键点。

仅选定对象：在"关键点模式"下只记录选定对象的动画关键点。

使用当前变换：在"关键点模式"下使用当前变换，禁用"位置""旋转"和"缩放"。

位置/旋转/缩放：指定"关键点模式"下使用的变换。

7.1.4 关键帧动画

关键帧动画是基本的动画制作方式，主要记录对象的移动、旋转、缩放等。3ds Max软件中，可以根据习惯使用"自动关键点"或"设置关键点"方式来创建关键帧动画。

自动关键点：单击"自动关键点"按钮，将时间滑块移动到合适的时间帧，随后更改场景中的对象，包括对象的位置、旋转或缩放的参数等。

设置关键点：单击"设置关键点"按钮，将时间滑块移动到合适的时间帧，随后更改场景中的对象，点击■（锁定）按钮生成关键帧，记录对象的动画。

7.1.5 案例：小球摆动动画的制作

案例学习目标：掌握两种关键帧动画的制作方法。

案例知识要点：通过"自动关键点""设置关键点"等按钮制作小球的摆动动画。

效果所在位置：本书配套文件包>第7章>案例：小球摆动动画的制作。

（1）创建"自动关键点"动画

① 打开自动关键点小球摆动初始文件，查看场景效果（图7-6）。

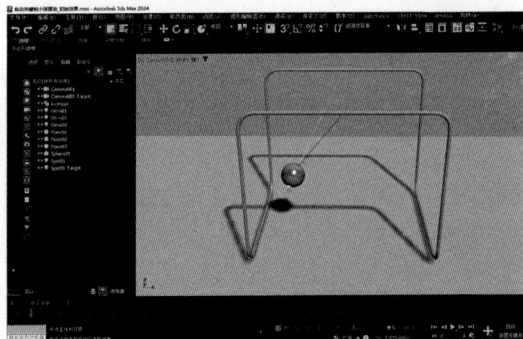

图7-6　打开初始文件

② 单击动画面板的"自动关键点"按钮，该按钮和活动窗口会显示为红色状态（图7-7）。

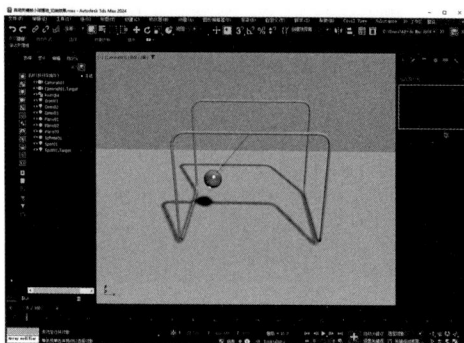

图 7-7　打开"自动关键点"模式

③ 将时间滑块拖曳到第 25 帧，选择"球体"对象，将光标移动到主工具栏的 ⟳（旋转工具）并单击右键，弹出"旋转变换输入"对话框，在"偏移：世界"组"Y"轴输入框中输入"–50"并点击快捷键 Enter 应用（图 7-8）。查看球体运动效果（图 7-9）。

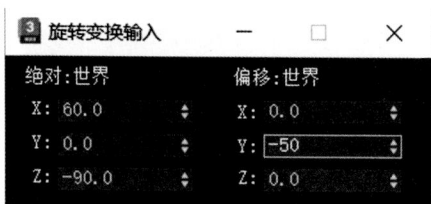

图 7-8　打开"旋转变换输入"对话框

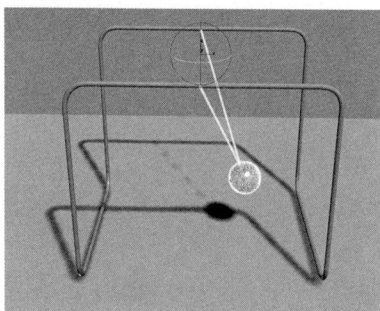

图 7-9　第 25 帧球体动画效果

④ 保持球体的选择状态，将时间滑块拖动到第 50 帧，将"偏移：世界"组"Y"轴输入框中输入"40"并点击快捷键 Enter 应用，查看球体运动效果（图 7-10）。

⑤ 同理，将时间滑块拖动到第 75 帧，在"偏移：世界"组"Y"轴输入框中输入"–30"并点击快捷键 Enter 应用（图 7-11）。

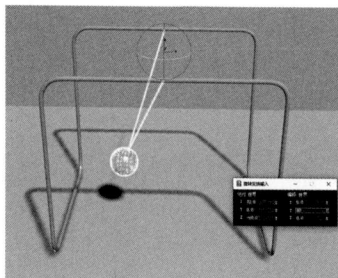

图 7-10　第 50 帧球体动画效果

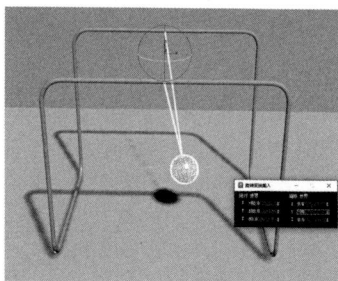

图 7-11　第 75 帧球体动画效果

⑥ 同理，将时间滑块拖动到第 100 帧，在"偏移：世界"组"Y"轴输入框中输入"20"并点击快捷键 Enter 应用，制作球体运动的循环动画（图 7-12）。

⑦ 点击快捷键 C 进入摄影机视图，单击 ▶（播放）按钮播放动画效果（图 7-13）。

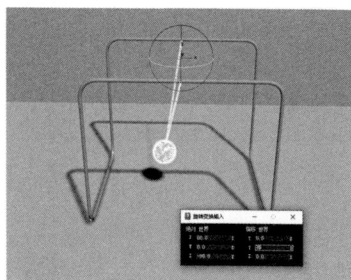

图 7-12　第 100 帧球体动画效果

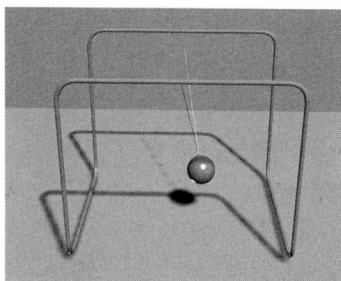

图 7-13　播放动画

（2）创建"设置关键点"动画

① 打开设置关键点小球摆动初始文件，查看场景效果（图7-14）。

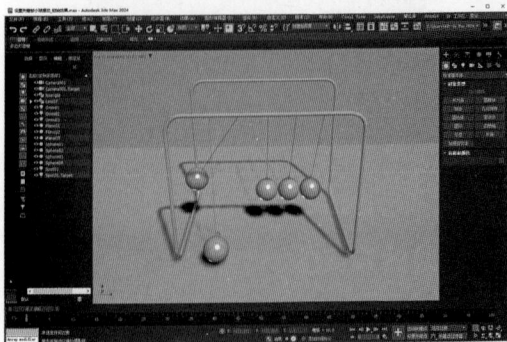

图 7-14　打开初始文件

② 单击动画控制区的"设置关键点"按钮，该按钮和活动窗口显示为红色状态。点击快捷键 F 进入前视图，将时间滑块保持在第 0 帧，选择左侧的球体对象，单击 ➕（设置关键点）创建第一个关键帧（图7-15）。

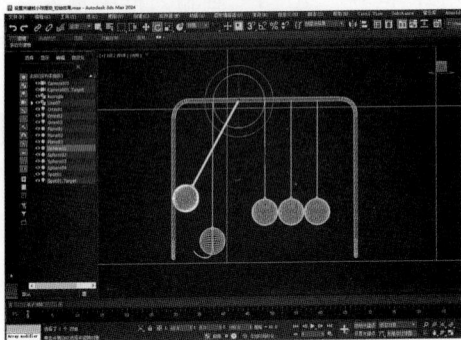

图 7-15　左侧球体第一个关键帧

③ 时间滑块拖动到第 10 帧，选择左侧的球体对象，将光标移动到主工具栏的 ↻（旋转工具）并单击右键，弹出"旋转变换输入"对话框，在"偏移：屏幕"组的"Z"轴输入框中输入"30"并点击快捷键 Enter 应用，单击 ➕ 设置第二个关键帧（图7-16）。

④ 保持时间滑块在第 10 帧，选择右侧的球体对象，单击 ➕ 创建第一个关键帧（图7-17）。时间滑块拖动到第 20 帧，选择右侧的球体对象，在"偏移：屏幕"组"Z"轴输入框中输入"30"并点击快捷键 Enter 应用，单击 ➕ 设置第二个关键帧（图7-18）。

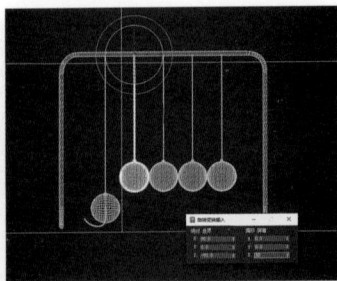

图 7-16　左侧球体第二个关键帧

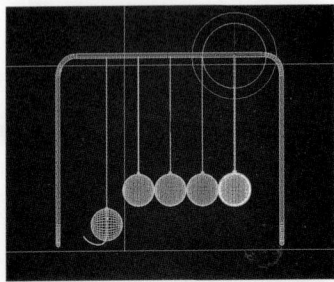

图 7-17　右侧球体第一个关键帧

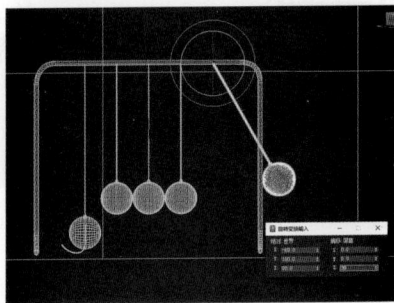

图 7-18　右侧球体第二个关键帧

⑤ 时间滑块拖动到第 30 帧，选择右侧的球体对象，在"偏移：屏幕"组"Z"轴输入框中输入"−30"并点击快捷键 Enter，单击 ➕ 设置第三个关键帧（图7-19）。保持时间滑块在第 30 帧，选择左侧的球体，单击 ➕ 设置第三个关键帧（图7-20）。

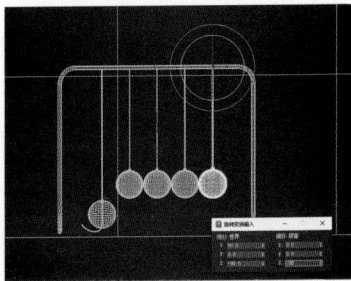

图 7-19　右侧球体第三个关键帧

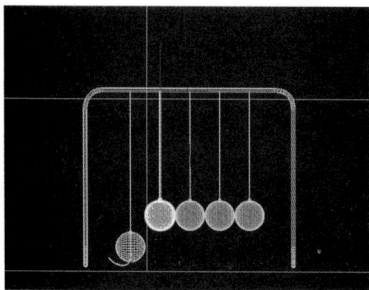

图 7-20 左侧球体第三个关键帧

⑥ 时间滑块拖动到第 40 帧，选择左侧的球体，在"偏移：屏幕"组"Z"轴输入框中输入"–30"并点击快捷键 Enter 应用，单击 ➕ 设置第四个关键帧（图 7-21）。

⑦ 时间滑块拖动到第 50 帧，选择左侧的球体，在"偏移：屏幕"组"Z"轴输入框中输入"30"并点击快捷键 Enter 应用，单击 ➕ 设置第五个关键帧（图 7-22）。

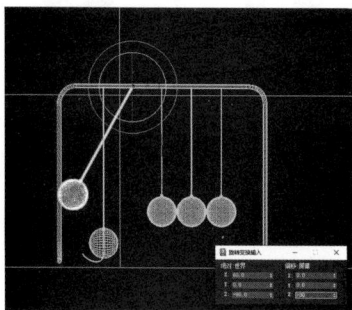

图 7-21 左侧球体第四个关键帧

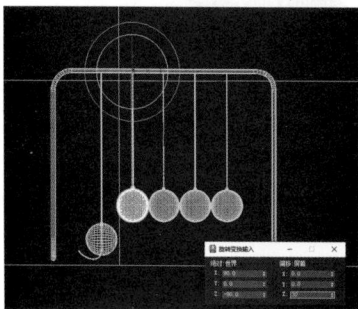

图 7-22 左侧球体第五个关键帧

⑧ 按照以上的操作，通过主工具栏的"旋转变换输入"对话框，设置右侧球体分别在第 50、60、70、90、100 帧的关键帧（图 7-23），设置左侧球体分别在第 70、80、90 帧的关键帧（图 7-24）。

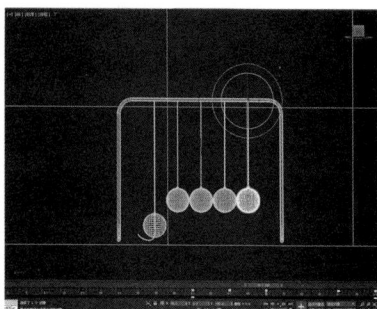

图 7-23 最右侧的球体关键帧

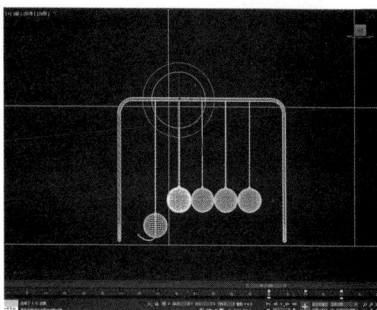

图 7-24 最左侧的球体关键帧

⑨ 点击快捷键 C 进入摄影机视图，单击 ▶（播放）按钮播放动画效果（图 7-25）。

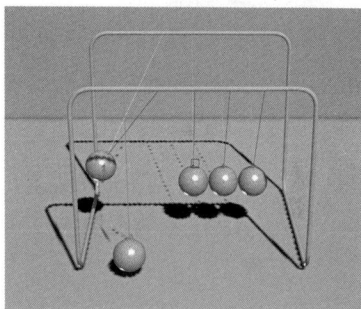

图 7-25 播放动画

7.2 约束动画控制器

约束动画控制器可以实现动画制作过程的自动化。它们通过与其他对象的绑定关系，控制位移、旋转和缩放等动画效果。约束动画控制器需要一个约束对象及至少一个目标对象，目标对象将对约束对象施加特定的限制。例如，设置飞机沿着预定跑道起飞的动画，可以使用路径约束限制飞机按照样条线的路径进行运动。

3ds Max 软件的约束类型主要有以下七种。

附着约束：将对象的位置附着到另一个对象的表面（图 7-26）。

曲面约束：将对象的位置限制到另一个对象的曲面上（图 7-27）。

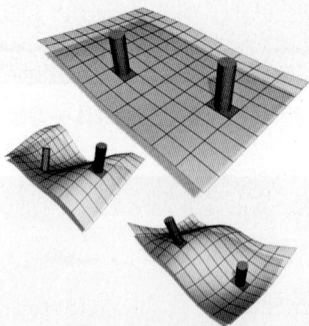

图 7-26　附着约束保持圆柱体位于曲面表面

图 7-27　曲面约束制作地球的天气符号运动

路径约束：将对象约束在样条线上，使其沿着该样条线移动，或在多个样条线之间以平均距离移动（图 7-28）。

位置约束：将对象约束到目标对象，跟随目标对象的运动而运动（图 7-29）。

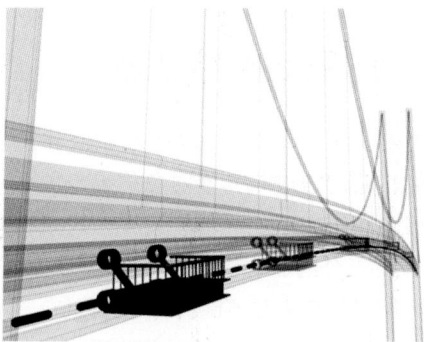

图 7-28　路径约束制作观光平台沿桥体运动

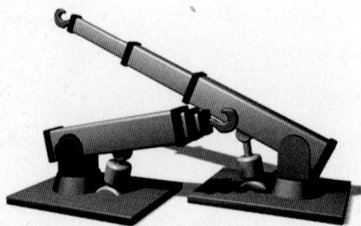

图 7-29　位置约束对齐机器各个部分

链接约束：将对象链接到另一个对象（图 7-30）。

注视约束：将对象始终注视目标对象（图 7-31）。

方向约束：将对象的旋转始终跟随目标对象的旋转（图 7-32）。

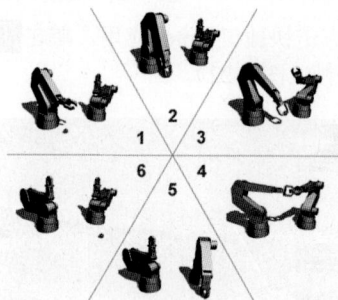

图 7-30　链接约束制作机器人手臂的运动

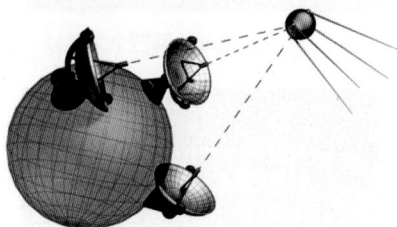

图 7-31　注视约束控制碟形天线来跟踪卫星

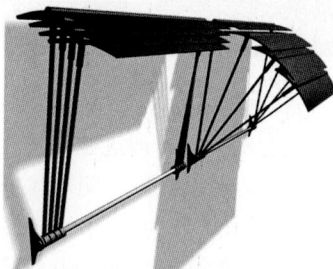

图 7-32　方向约束对齐遮篷叶片与支撑杆

7.2.1 路径约束

路径约束的路径可以是任意类型的样条线，约束对象只能在路径位移，但并不影响约束对象的其他动画设置和操作，"路径参数"卷展栏如图7-33所示。

对象指定路径约束之后，可以在 ■（运动）>"路径参数"卷展栏设置参数，包括添加或者删除目标、设置权重及动画等。

图7-33 "路径参数"卷展栏

添加路径：添加新的样条线路径约束对象。

删除路径：从目标列表中移除路径。

[路径列表]：显示路径及其权重。

权重：为目标指定权重阈值并设置动画。

"路径选项"组

% 沿路径：设置对象在路径上的位置百分比。

跟随：设置对象沿路径运动的方向。

倾斜：设置对象通过样条线弯曲位置时倾斜。

倾斜量：设置对象的倾斜幅度。

平滑度：设置对象在路径转弯时运动的快慢程度。

允许翻转：启用此选项，对象在路径的弯曲位置行进时可以翻转。

恒定速度：对象沿着路径以恒定的速度运动。

循环：对象到达路径末端时循环回到起始点。

相对：启用此选项，保持约束对象的原始位置。

"轴"组

X、Y、Z：设置对象的轴与路径轨迹对齐。

翻转：启用此选项，翻转轴的方向。

7.2.2 注视约束

注视约束可以控制对象的方向，使它始终朝向一个或多个目标对象。例如，将角色的眼球约束到目标对象，它就会始终朝向目标对象运动，"注视约束"卷展栏如图7-34所示。

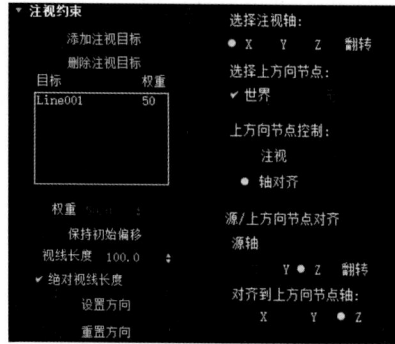

图7-34 "注视约束"卷展栏

添加注视目标：添加约束对象的目标对象。

删除注视目标：移除约束对象的目标对象。

[目标列表]：显示目标及其权重。

权重：为目标指定权重阈值并设置动画。

保持初始偏移：保持约束对象的原始方向。

视线长度：设置从约束对象到目标对象的视线长度。

绝对视线长度：启用此选项后，仅使用"视线长度"设置主视线的长度。

设置方向：手动设置对约束对象的偏移方向。

重置方向：恢复约束对象的默认方向。

"选择注视轴"组

确定注视目标的轴。"X""Y""Z"轴表示约束对象的局部坐标轴。"翻转"将翻转轴的方向。

"选择上方向节点"组

默认上方向节点是"世界"。对上方向节点对象设置动画会移除上方向节点平面。

"上方向节点控制"组

设置在注视上方向节点控制和轴对齐之间快速切换。其中，"注视"将上方向节点与注视目标相匹配。"轴对齐"将上方向节点与对象轴对齐。

"源/上方向节点对齐"组中，"源轴"指选择与上方向节点轴对齐的约束对象的轴。"对齐到上方向节点轴"指选择与选中的原轴对齐的上方向节点轴。

7.2.3 方向约束

方向约束的约束对象会跟随目标对象的移动进行旋转。一旦约束后，约束对象便不能手动旋转，但是仍然可以移动或缩放该对象。其中，目标对象可以是任意类型的对象。"方向约束"卷展栏如图 7-35 所示。

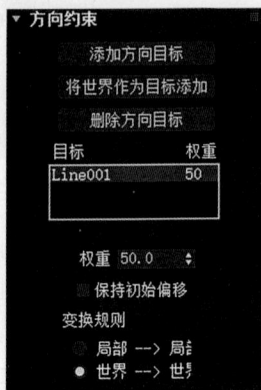

图 7-35 "方向约束"卷展栏

添加方向目标：添加约束对象的目标对象。

将世界作为目标添加：将约束对象与世界坐标轴对齐。

删除方向目标：移除约束对象的目标对象。

[目标列表]：显示目标及其权重。

权重：为目标指定权重并设置动画。

保持初始偏移：保持约束对象的初始方向。

局部→局部：选择此按钮后，局部节点变换将用于方向约束。

世界→世界：选择此按钮后，将应用父变换或世界变换，而不应用局部节点变换。

7.2.4 案例：注视动画的制作

案例学习目标：掌握注视动画的操作方式和参数调节。

案例知识要点：通过添加注视约束并调整参数，结合自动关键帧工具，实现不同物体的关联动画。

视频教程

效果所在位置：本书配套文件包>第 7 章>案例：注视动画的制作。

① 打开注视动画初始效果文件，查看场景效果（图 7-36）。

图 7-36 打开初始文件

② 在视图中选择"眼球"模型，执行"动画"菜单>"约束">"注视约束"（图 7-37），此时光标牵引出一条虚线，在视图中点击前方的球体对象，注视约束创建完成（图 7-38）。

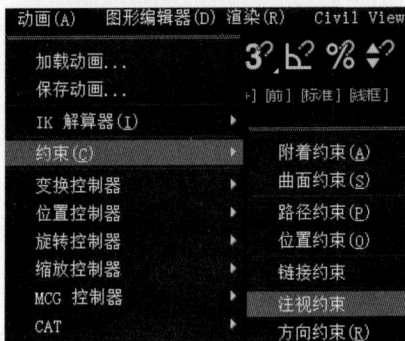

图 7-37 注视约束命令

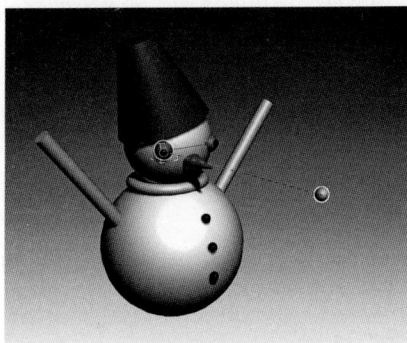

图 7-38 创建注视约束

③ 切换到运动面板，在"注视约束"卷展栏中勾选"保持初始偏移"，眼睛即正视球体对象（图 7-39）。同理，将另外一个眼球按照相同的操作注视约束到球体对象。

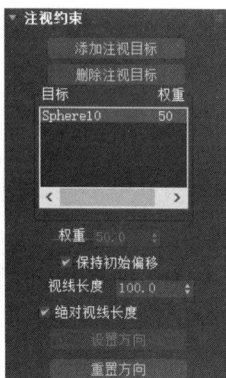

图 7-39 "注视约束"参数

④ 点击时间滑块的"自动关键点",在视图中选择球体对象,分别在第 25 帧、第 50 帧、第 75 帧处移动球体对象,生成关键帧动画(图7-40)。单击 ▶ (播放)按钮播放动画效果。

(a)第 25 帧

(b)第 50 帧

(c)第 75 帧

图 7-40　最终动画效果

7.3　动画修改器

3ds Max 软件的动画修改器用于设置模型变形、动画等。其中,大部分的修改器位于"修改器列表"。需要注意的是,对象可以添加多个动画修改器,它们按照应用顺序堆叠在一起,自下而上地依次作用于模型,实现复杂的动画效果。

7.3.1　路径变形修改器

路径变形修改器将样条线或 NURBS 曲线作为路径设置对象的移动轨迹。通过该修改器,对象可以沿着路径移动和旋转,也可以沿着路径拉伸和扭曲,效果如图 7-41 所示。

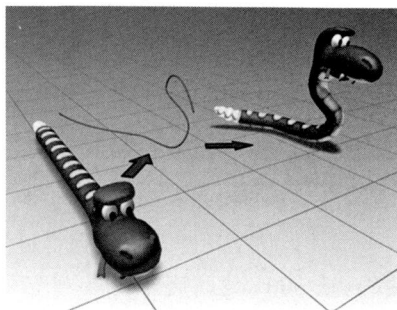

图 7-41　"路径变形"动画

要使用路径变形修改器,首先选中路径变形对象并应用该修改器,然后单击"拾取路径"按钮并选择样条线或曲线,随后就可以调整参数,使对象沿着路径的 Gizmo 变形或设置动画。"参数"卷展栏如图 7-42 所示。

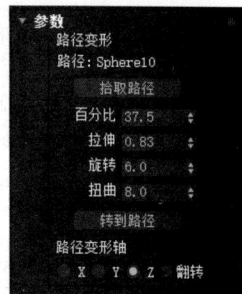

图 7-42　"参数"卷展栏

"路径变形"组

设置拾取路径、调整对象位置和沿着路径变形等。

百分比：设置路径长度的百分比。

拉伸：对路径对象进行比例拉伸。

旋转：沿着路径旋转路径对象。

扭曲：沿着路径扭曲路径对象。

"路径变形轴"组

X、Y、Z：选择一条轴旋转 Gizmo，使其与对象的局部轴对齐。

翻转：将 Gizmo 围绕指定轴翻转 180°。

7.3.2 案例：飞舞丝带动画的制作

案例学习目标：掌握路径变形的操作方式和参数调节。

案例知识要点：通过设置路径变形修改器并调整参数，结合自动关键帧工具，制作丝带飞舞的动画效果。

效果所在位置：本书配套文件包＞第 7 章＞案例：飞舞丝带动画的制作。

① 点击 ➕（创建）＞ ⬤（几何体）＞"扩展基本体"＞"切角长方体"，打开"键盘输入"卷展栏，将"长度"设置为"30"，"宽度"设置为"300"，"高度"设置为"2"，"圆角"设置为"2"，并点击"创建"（图 7-43）。在视图中生成一个切角长方体（图 7-44）。

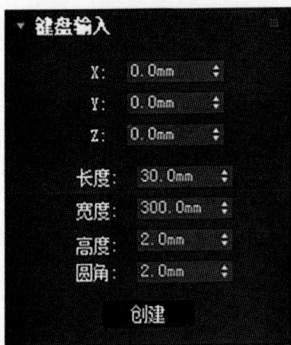

图 7-43 设置"键盘输入"参数

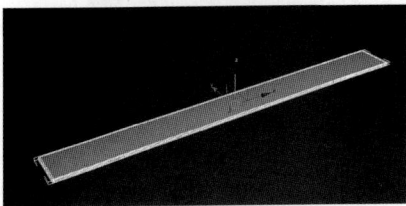

图 7-44 生成切角长方体

② 进入修改面板，将"宽度分段"设置为"50"，查看切角长方体效果（图 7-45）。

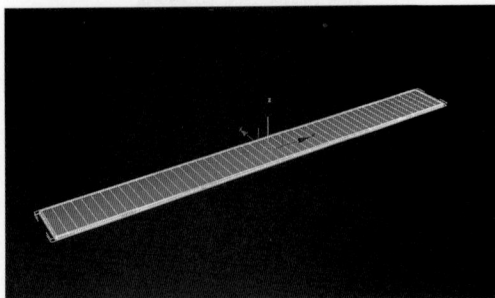

图 7-45 修改"宽度分段"

③ 点击 ➕（创建）＞ ⦿（图形）＞"样条线"＞"文本"，在"参数"卷展栏将"字体"设置为"黑体"，"大小"设置为"22"，"字间距"设置为"1"，在文本输入框中输入文字"传承红色文化弘扬革命精神"（图 7-46）。随后在透视图点击鼠标左键生成文字（图 7-47）。

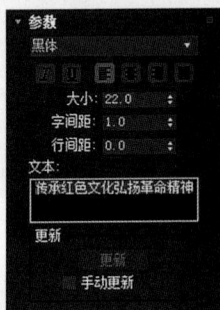

图 7-46 设置文本参数（1）

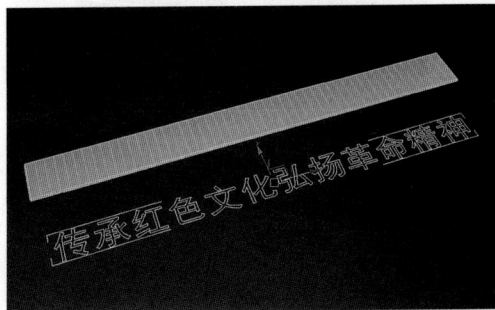

图 7-47 创建文字

④ 进入修改面板，在"渲染"卷展栏中勾选"在渲染中启用""在视口中启用"，将"径向"组的"厚度"设置为"1.5"，"边"设置为"12"（图 7-48），查看文字效果（图 7-49）。

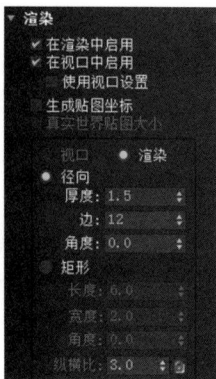

图 7-48 设置文字参数（2）

图 7-49 文字效果

⑤ 进入顶视图，将创建的文字放在切角长方体的上方，使文字与切角长方体对齐（图7-50）。

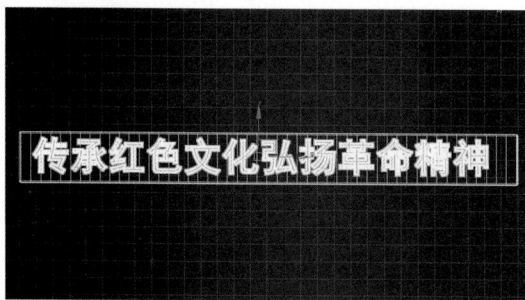

图 7-50 文字与切角长方体对齐

⑥ 点击 **+**（创建）> **⬛**（图形）>"样条线">"螺旋线"命令，在"键盘输入"卷展栏将"半径1"设置为"150"，"半径2"设置为"80"，"高度"设置为"150"（图7-51）。随后在透视图中点击鼠标左键创建一条螺旋线。进入修改面板，打开"渲染"卷展栏，取消勾选"在渲染中启用""在视口中启用"，查看模型效果（图7-52）。

图 7-51 设置螺旋线参数

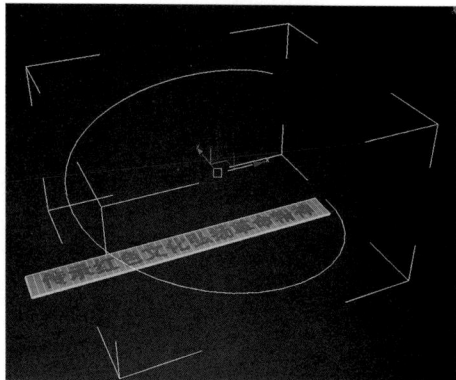

图 7-52 创建螺旋线

⑦ 选中切角长方体和文字并移动到螺旋线的起点位置。保持选择状态，打开修改面板，在"修改器列表"中添加"路径变形绑定（WSM）"修改器，随后在"参数"卷展栏中点击"拾取路径"，在视图中选择螺旋线，路径变形绑定应用完成（图7-53）。

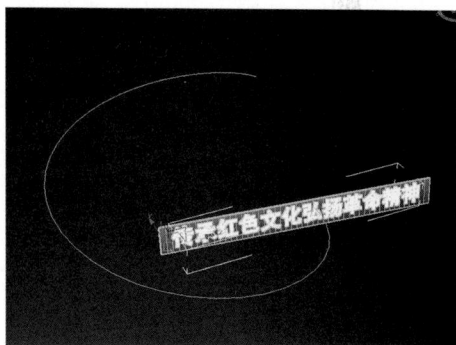

图 7-53 应用路径变形绑定

⑧ 选择切角长方体或者文字模型，调整"路径变形绑定（WSM）"修改器参数，在"参数"卷展栏将"旋转"设置为"-90"，"扭曲"设置为"960"，"路径变形轴"设置为"X"轴，

并勾选"翻转"（图 7-54），查看画面效果（图 7-55）。

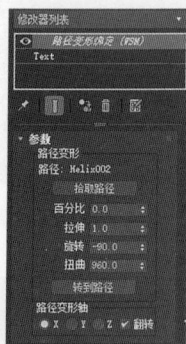

图 7-54　设置"路径变形绑定"参数

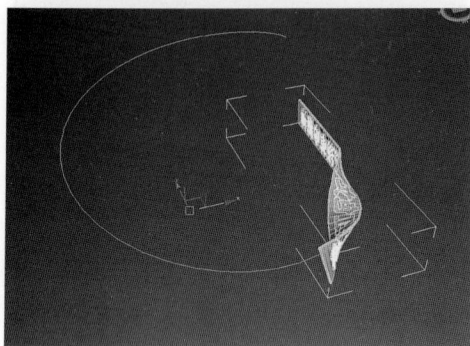

图 7-55　画面效果

⑨ 打开"自动关键点"按钮，时间滑块拖曳到第 0 帧，将"百分比"设置为"–30"，查看画面效果（图 7-56）。时间滑块拖曳到第 100 帧，将"百分比"设置为"140"，查看画面效果（图 7-57）。

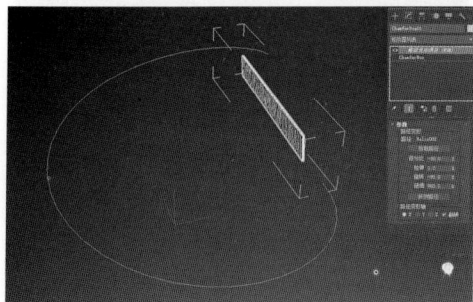

图 7-56　第 0 帧的动画效果

⑩ 选择合适的视角，点击快捷键 Ctrl+C 快速创建摄影机，使切角长方体和文字从右下角进入画面，从左上角飞出画面（图 7-58）。

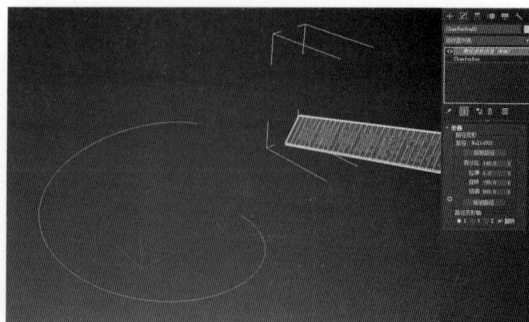

图 7-57　第 100 帧的动画效果

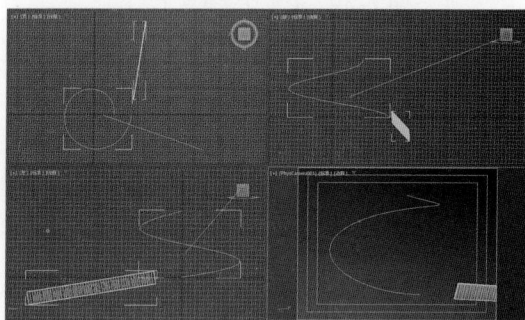

图 7-58　快速创建摄影机

⑪ 单击 ▶（播放）按钮播放动画效果（图 7-59）。

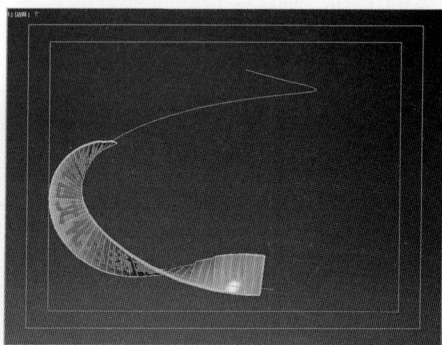

图 7-59　播放最终动画

7.3.3　柔体修改器

柔体修改器通过对象顶点之间的虚拟弹力线模拟柔体效果，实现模型的变形（图 7-60）。

柔体修改器可以用于多边形、面片、FFD（自由变形）空间扭曲以及可变形对象，也可与"重力""风""马达""推力"和"粒子爆炸"等空间扭曲同时使用。另外，柔体修改器还可以应用导向器模拟碰撞效果。对于角色动画而言，应用"蒙皮"效果的模型可以使用柔体修改器产生逼真的变形效果（图7-61）。

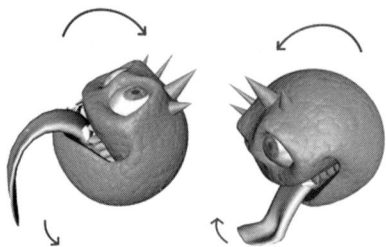

图7-60 应用柔体修改器的舌头动态

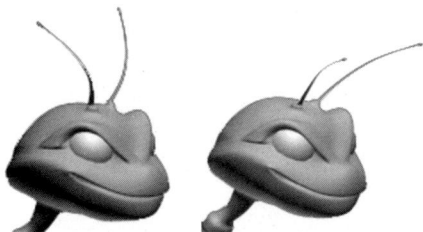

图7-61 应用柔体修改器的触须动态

（1）"参数"卷展栏

"参数"卷展栏如图7-62所示。

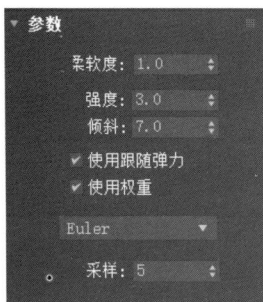

图7-62 "参数"卷展栏

柔软度：设置柔体效果和弯曲量。范围为0～1000，默认值为1。提高值会增加拉伸效果，降低值会减小拉伸。

强度：设置对象的弹力强度。范围为0～100，默认值为3，100则代表刚体。

倾斜：设置对象停止移动的时间。范围为0～100。默认值为7，较低值会增加对象停止移动的时间。

使用跟随弹力：勾选此选项会启用跟随弹力。不勾选时，不使用跟随弹力。默认设置为启用。

使用权重：启用时，"柔体"为对象顶点分配不同的权重，相应地应用不同的变形量。默认设置为启用。禁用时，柔体效果将平均地应用于对象，当对象受力和导向器的影响时，需禁用"使用权重"。

［解算器类型］：从下拉列表中为模拟选择一个解算器。3个选项分别是"Euler""中点""Runge-Kutta4"，默认设置为"Euler"。

采样：每帧中按相等时间间隔运行"柔软度"模拟的次数。采样越多，模拟越精确和稳定。默认设置为5。

（2）"简单软体"卷展栏

设置整个对象的弹力线，其卷展栏如图7-63所示。

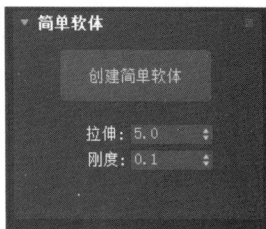

图7-63 "简单软体"卷展栏

创建简单软体：按照"拉伸"和"刚度"快速实现软体设置。

拉伸：确定对象的拉伸长度。

刚度：确定对象的刚度。

（3）"权重和绘制"卷展栏

设置柔体强度，权重值越高，柔体效果越弱，其卷展栏如图7-64所示。

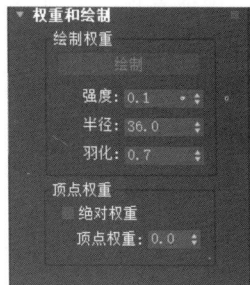

图7-64 "权重和绘制"卷展栏

"绘制权重"组

绘制：设置权重值。在任意子对象层级单击"绘制"，在对象顶点上拖动光标，即用当前

"强度"和"羽化"设置顶点权重。

强度：设置更改权重值的量。值越高，更改权重的速度越快。范围为 –1～1。当强度为 0 时，绘制不会更改权重值。

半径：设置笔刷大小。

羽化：设置笔刷中心到其边缘的强度衰减。默认值为 0.7，范围为 0.001～1。

"顶点权重"组

用于手动设置权重值。

绝对权重：启用该设置，可为选定顶点指定绝对权重。禁用该设置，可根据"顶点权重"设置添加或移除权重。

顶点权重：为选定顶点指定权重。该选项的使用取决于是否为勾选"绝对权重"选项。

（4）"力和导向器"卷展栏

"力和导向器"卷展栏如图 7-65 所示。

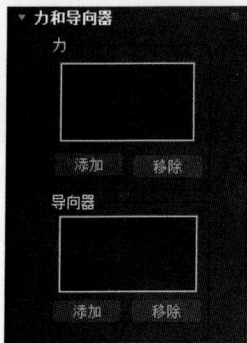

图 7-65　"力和导向器"卷展栏

"力"组

将"力"空间扭曲添加到柔体修改器。支持的空间扭曲包括置换、阻力、重力、马达、粒子爆炸、推力、漩涡、风等。

[空间扭曲列表]：显示应用于柔体修改器的粒子空间扭曲。

添加：单击此按钮，在视口中选择空间扭曲添加到"柔体"。

移除：在列表中选择一个空间扭曲，单击移除可从"柔体"中移除该效果。

"导向器"组

通过导向器模拟柔体对象的碰撞效果。支持的导向器包括泛方向导向板、泛方向导向球、通用泛方向导向器、通用导向器、导向球、导向板。

[导向器列表]：显示应用于柔体修改器的导向器。

添加：单击此控件，在视口中选择导向器将其添加到"柔体"。

移除：在列表中选择一个导向器，单击移除可从"柔体"中移除该效果。

（5）"高级参数"卷展栏

"高级参数"卷展栏如图 7-66 所示。

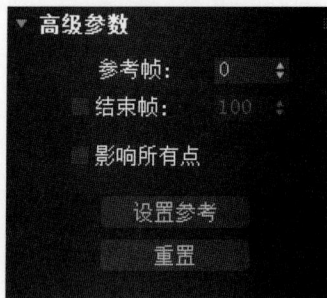

图 7-66　"高级参数"卷展栏

参考帧：设置"柔体"开始模拟的第一帧。

结束帧：启用时，设置"柔体"生效的最后一帧。在此帧后，对象恢复为初始形状。

影响所有点：强制"柔体"忽略堆栈中的所有子对象选择，并对整个对象应用柔体。

设置参考：更新视口效果。

重置：顶点权重重置为默认值。

（6）"高级弹力线"卷展栏

"高级弹力线"卷展栏如图 7-67 所示。柔体使用两种弹力线：一是边弹力线，仅沿现有边创建弹力线；二是图形弹力线，位于对象中任意两个不连接边的顶点之间。

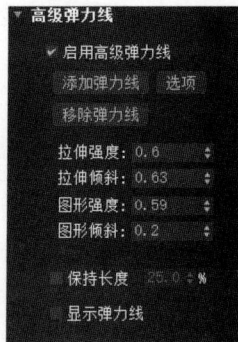

图 7-67　"高级弹力线"卷展栏

启用高级弹力线：通过设置参数控制弹力线。

添加弹力线：为对象添加弹力线。

选项：打开添加弹力线的选项对话框。

移除弹力线：删除已选中两顶点的弹力线。

拉伸强度：确定边弹力线的强度。强度越高，边弹力线之间可以变化的距离越小。

拉伸倾斜：确定边弹力线的倾斜。强度越高，边弹力线之间的角度变化越小。

图形强度：确定图形弹力线的强度。强度越高，图形弹力线之间可以变化的距离越小。

图形倾斜：确定图形弹力线的倾斜。强度越高，图形弹力线之间的角度变化越小。

保持长度：保持边弹力线长度在指定百分比。

显示弹力线：将边弹力线显示为蓝色线，将图形弹力线显示为红色线。弹力线仅在"柔体"子对象模式处于活动状态时可见。

7.3.4 变形器修改器

变形器修改器可以对多边形、网格、面片或 NURBS 模型实现变形，还可以应用于样条线和 FFD 自由变形器，并支持材质变形等。需要注意的是，将变形器应用于模型对象时，基础对象和目标对象的顶点数必须相同。

变形器修改器常用于设置三维角色的面部表情动画和口型变化动画（图 7-68）。变形器修改器提供 100 个通道，通过混合这些通道百分比来调整模型的形态。下面介绍变形器修改器参数卷展栏。

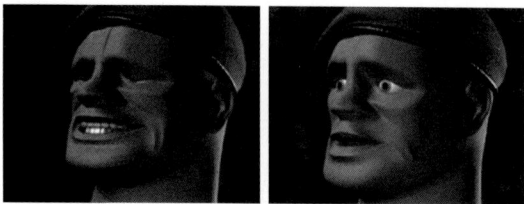

图 7-68 变形器制作的面部表情

（1）"通道颜色图例"卷展栏

指定变形目标前命名通道并设置参数，其卷展栏如图 7-69 所示。

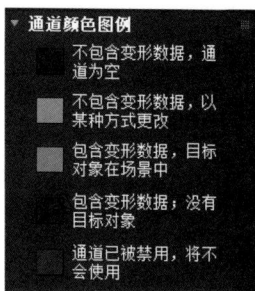

图 7-69 "通道颜色图例"卷展栏

■（灰色）：通道为空且尚未编辑。

■（橙色）：通道已在某些方面更改，但不包含变形数据。

■（绿色）：通道处于活动状态。通道包含变形数据，且目标对象存在于场景中。

■（蓝色）：通道包含变形数据，但尚未从场景中删除目标。

■（深灰色）：通道已被禁用。

（2）"全局参数"卷展栏

"全局参数"卷展栏如图 7-70 所示。

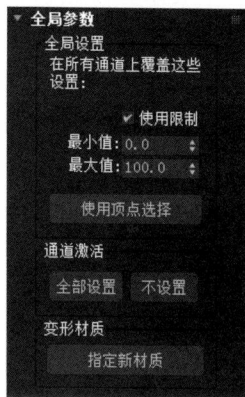

图 7-70 "全局参数"卷展栏

"全局设置"组

使用限制：为所有通道使用最小和最大限制。

最小值：设置最小限值。

最大值：设置最大限值。

使用顶点选择：使用该按钮，可以限制修改器选定顶点的变形。

"通道激活"组

全部设置：单击可激活所有通道。

不设置：单击可取消激活所有通道。

"变形材质"组

指定新材质：单击可将变形器材质指定给基础对象。

（3）"通道列表"卷展栏

"通道列表"卷展栏如图 7-71 所示。

图 7-71 "通道列表"卷展栏

[标记下拉列表]：在列表中显示保存的标记。

保存标记：在文本框中输入名称，然后单击"保存标记"以存储通道选择。

删除标记：删除列表中保存的标记名。

[通道列表]：共有 100 个变形通道。为通道指定变形目标后，该目标的名称显示在通道列表中。每个通道都有一个百分比值和一个微调器。

列出范围：显示通道列表中的可见通道范围。

加载多个目标：将多个变形目标加载到空通道。

重新加载所有变形目标：重新加载所有变形目标。

活动通道值清零：如果已启用"自动关键点"，单击时可为所有通道创建值为 0 的关键帧。

自动重新加载目标：启用此命令允许修改器自动更新动画目标。

（4）"通道参数"卷展栏

"通道参数"卷展栏如图 7-72 所示。

[通道编号]：单击通道名旁边的编号会显示菜单，用于通道分组、查找通道等。

[通道名称]：显示当前目标的名称。

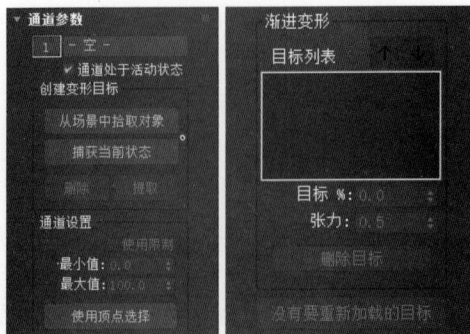

图 7-72 "通道参数"卷展栏

通道处于活动状态：使用此控件可禁用特定通道。

"创建变形目标"组

从场景中拾取对象：拾取对象会将模型添加到"渐进变形"列表。

捕获当前状态：单击该按钮可创建使用当前通道值的目标。

删除：删除当前通道的指定目标。

提取：选择通道并单击此选项，可使用变形数据创建对象。

"通道设置"组

使用限制：启用按钮在当前通道上启用限制。

最小值：设置最低限值。

最大值：设置最高限值。

使用顶点选择：仅变形当前通道上的选定顶点。

"渐进变形"组

[目标列表]：列出与当前通道关联的所有中间变形目标。

[上移 / 下移]：在列表中向上 / 下移动选定的变形目标。

目标 %：指定中间变形目标在整个变形中所占的百分比。

张力：指定中间变形目标之间的顶点变换的整体线性。

删除目标：从目标列表删除变形目标。

没有要重新加载的目标：将数据从当前目标重新加载到通道中。

（5）"高级参数"卷展栏

"高级参数"卷展栏如图 7-73 所示。

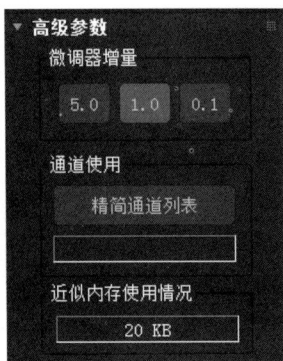

图 7-73 "高级参数"卷展栏

微调器增量：指定微调器增量的大小。5.0 为大增量，0.1 为小增量，默认值为 1.0。

精简通道列表：删除通道之间的所有空通道来精简通道列表。

近似内存使用情况：显示当前的近似内存使用情况。

7.3.5 案例：角色说话动画的制作

案例学习目标：掌握变形器的操作方式和参数设置。

视频教程

案例知识要点：通过为角色模型添加变形器并设置参数，结合自动关键帧工具制作角色模型的说话动画效果。

效果所在位置：本书配套文件包>第 7 章>案例：角色说话动画的制作。

① 打开角色说话动画初始文件，查看场景效果（图 7-74）。

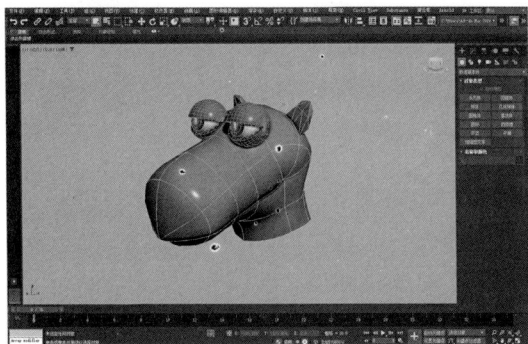

图 7-74 打开初始文件

② 在视图中点击右键，在弹出的"二维菜单"中选择"全部取消隐藏"，视图中显示隐藏

的模型。隐藏的五个模型是头部主体的模型，是复制"静态"模型并分别调整顶点位置形成的模型效果（图 7-75）。

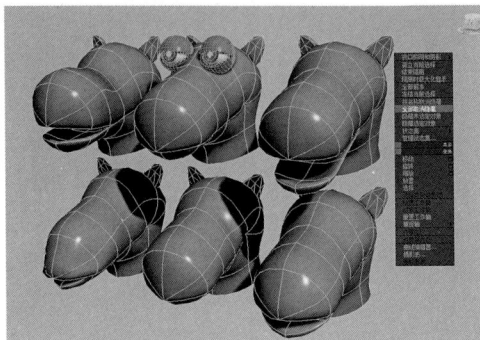

图 7-75 显示隐藏文件

③ 在视图中选择"静态"模型，进入修改面板，在"修改器列表"中选择"变形器"。将光标移动"通道列表"卷展栏的 **－空－** 并点击右键，弹出"从场景中拾取"对话框（图 7-76）。单击该对话框并在视图中选择"咯"模型，通道中即显示"咯"模型（图 7-77）。

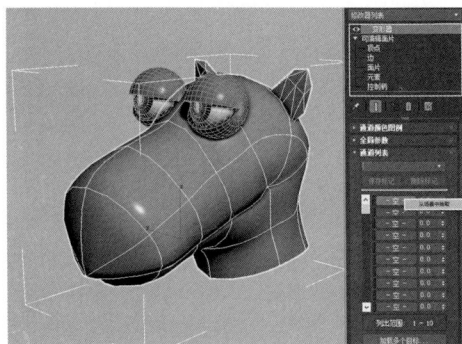

图 7-76 添加"变形器"修改器

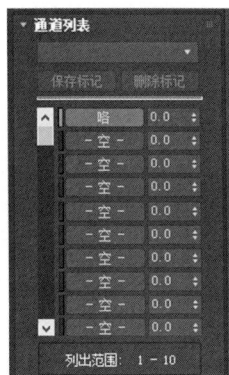

图 7-77 添加"咯"模型

④ 同理，采用同样的方法，将其他四个模型添加到通道中（图7-78）。

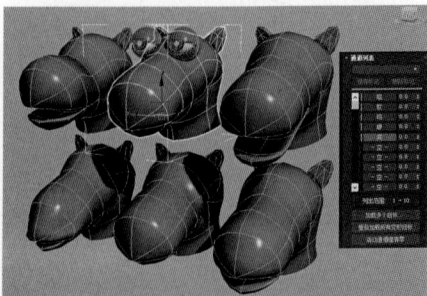

图7-78　添加其他模型

⑤ 选择"咯""哎""呜""咿""笑"模型并点击右键，在弹出的"四维菜单"中选择"隐藏选定对象"，视图中仅保留完整的角色静态模型。调整通道列表中模型通道的百分比数值，查看模型动画效果（图7-79）。

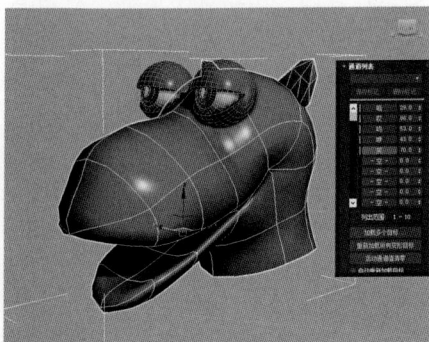

图7-79　查看模型动画效果（1）

⑥ 为了便捷地调整动画效果，单击 ✚ （创建）> ▲ （辅助对象）> "操纵器"> "Slider"，在"参数"卷展栏的"标签"输入文字"咯"，随后在视图的左上角单击鼠标左键创建一个Slider（滑块）（图7-80）。

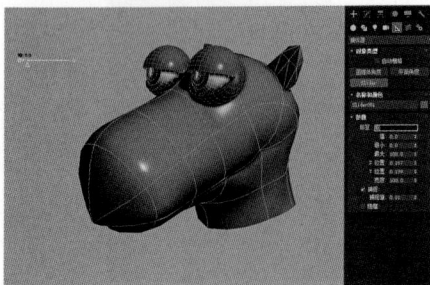

图7-80　创建 Slider

⑦ 同理，采用同样的方法在视图中创建四个 Slider，并分别命名为"哎""呜""咿""笑"（图7-81）。

图7-81　创建四个 Slider

⑧ 将光标移动视图中点击右键，在弹出的"二维菜单"中选择"连接参数"，在弹出的对话框中选择"对象（Slider）"> "value"（图7-82）。随后鼠标会弹出牵引线，单击头部静态模型，会弹出"连接"对话框，选择"修改对象"> "变形器"> "[1]咯（可用目标）"（图7-83）。此时会弹出"参数关联"对话框，在连接方式中选择 ⟷ （双向连接）并点击"连接"按钮，Slider即与变形器的1号通道关联（图7-84）。在主工具栏中选择 ✛ （选择并操纵），在视图中拖动 Slider 的小三角形滑块，可以看见模型产生变形动画（图7-85）。

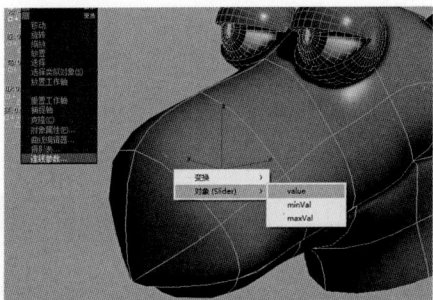

图7-82　选择"连接参数"

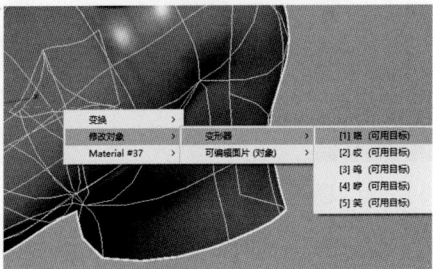

图7-83　选择"[1]咯（可用目标）"

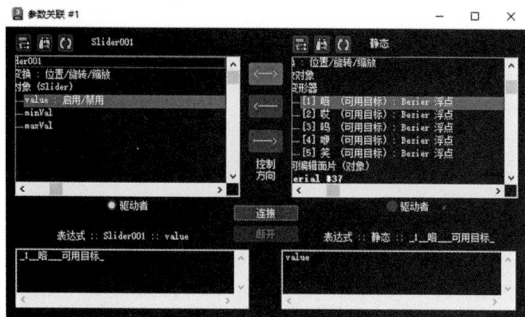

图 7-84　选择 ⟷（双向连接）

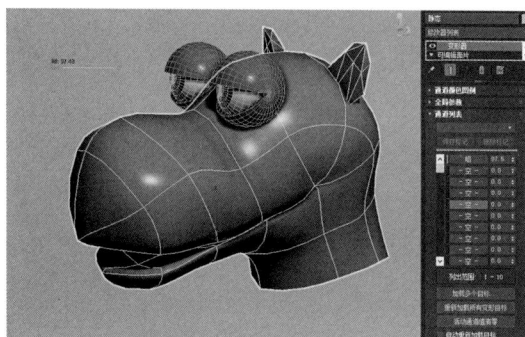

图 7-85　拖动滑块

⑨ 使用同样的方法将其他的 Slider 关联到模型变形器的通道中，并拖动滑块查看动画效果（图 7-86）。

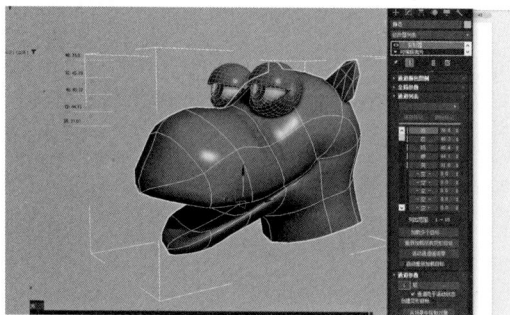

图 7-86　查看模型动画效果（2）

⑩ 点击视图左下角的 ⌇⌇（迷你曲线编辑器），点击"世界"＞"声音"＞"节拍器（非活动）"，在弹出的"声音选项"对话框中点击"选择声音"（图 7-87）。在弹出的对话框中选择"你好啊 .wav"文件，并点击"确定"。在曲线编辑器中出现音频轨迹，点击 ▶（播放）即播放声音（图 7-88）。

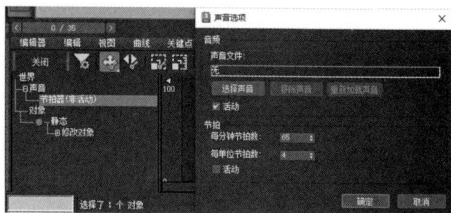

图 7-87　点击"选择声音"

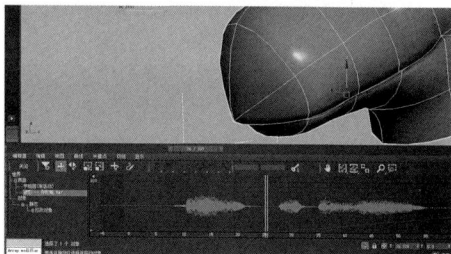

图 7-88　播放声音

⑪ 根据声音设置口型动画。开启"自动关键点"，将时间滑块拖到第 11 帧，调整 Slider 参数，口型微微张开，作为第一个关键帧（图 7-89）。时间滑块拖到第 15 个关键帧，此时音频曲线处于波峰，调整 Slider 参数使口型张大，作为第二个关键帧（图 7-90）。将时间滑块拖到第 22 帧，音频曲线处于静音，调整 Slider 参数使口型闭合，作为第三个关键帧（图 7-91）。

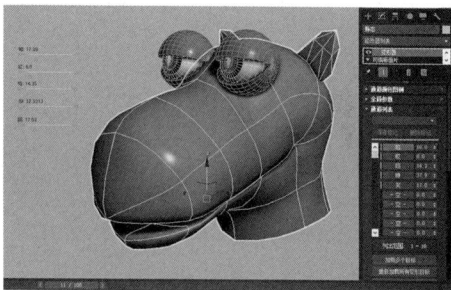

图 7-89　第一个关键帧

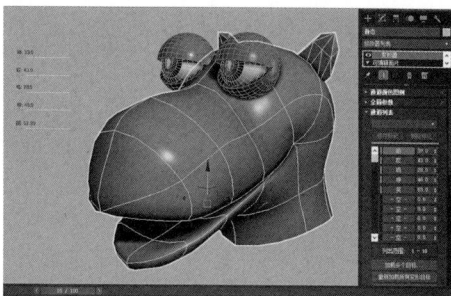

图 7-90　第二个关键帧

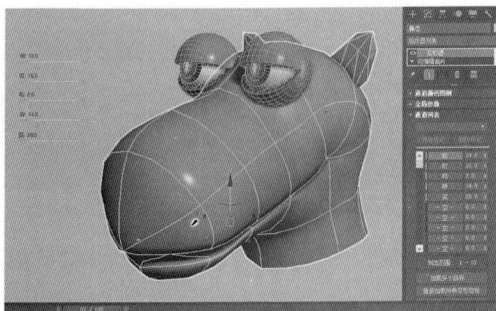

图 7-91　第三个关键帧

⑫ 同理，将时间滑块拖到第 28 帧，点击 （设置关键点），在当前生成第四个关键帧。将时间滑块拖到第 32 帧，此时是"你"字发音，调整 Slider 参数使口型形成闭口音，作为第五个关键帧（图 7-92）。将时间滑块拖到第 37 帧，此时是"好"字发音，调整 Slider 参数使口型张开，作为第六个关键帧（图 7-93）。将时间滑块拖到第 45 帧，此时是"啊"字发音，调整 Slider 参数使口型张大，作为第七个关键帧（图 7-94）。将时间滑块拖到第 56 帧，调整 Slider 参数使口型闭合，作为第八个关键帧（图 7-95）。在声音与口型动画匹配时，需要仔细观察调整。

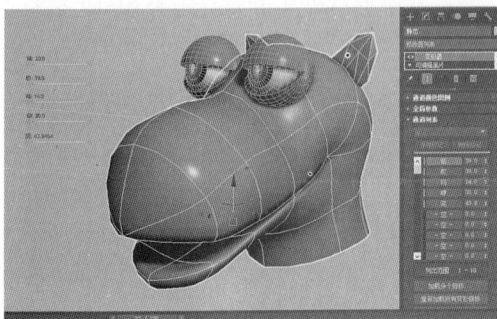

图 7-92　第五个关键帧

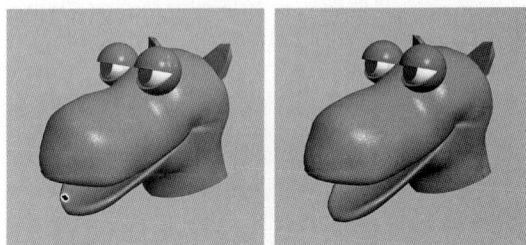

图 7-93　第六个关键帧

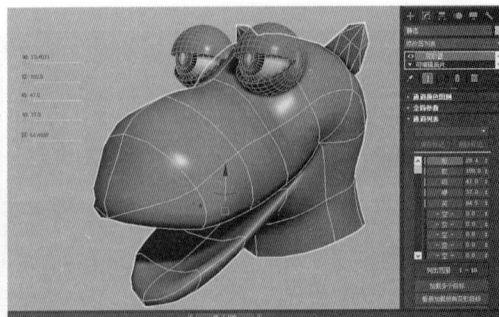

图 7-94　第七个关键帧

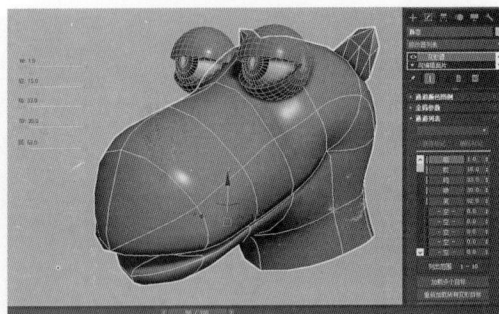

图 7-95　第八个关键帧

⑬ 调整细节，渲染最终动画效果（图 7-96）。

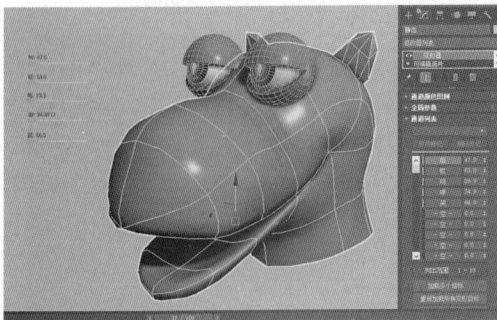

（a）第 16 帧　　　　（b）第 48 帧

图 7-96　最终动画效果

7.4　课堂实训：书册翻页动画的制作

课堂实训目标：学习 FFD 绑定动画的设置。

课堂实训要点：掌握 FFD 绑定动画的添加方式和调节方式，通过不同 FFD 控制点的位置变化和自动关键帧的设置，来实现书册翻页的动画效果。

效果所在位置：本书配套文件

视频教程

包>第 7 章>课堂实训：书册翻页动画的制作。

① 打开书册翻页动画初始文件，效果如图 7-97 所示。

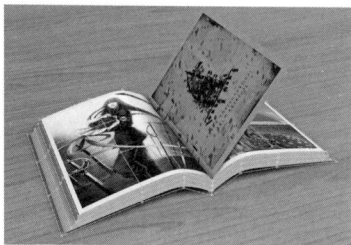

图 7-97　打开初始文件

② 选择"书页"模型，在"修改器列表"添加"FFD 4×4×4"修改器，进入"控制点"层级，在视图中调整模型，如图 7-98 所示。

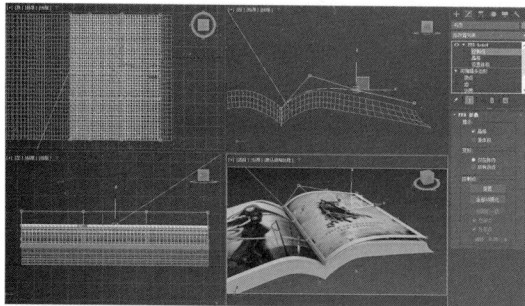

图 7-98　添加"FFD 4×4×4"修改器

③ 将时间滑块拖到第 0 帧，开启"自动关键点"，并点击 ➕（设置关键点），作为第一个关键帧；将时间滑块拖到第 60 帧，在视图中调整"控制点"的位置，生成第二个关键帧（图 7-99）；将时间滑块拖到第 120 帧的位置，再次调节 FFD 顶点的位置，生成第三个关键帧（图 7-100）。在调节过程中反复拖动时间滑块来观看动画效果，调节出自然的动画效果。

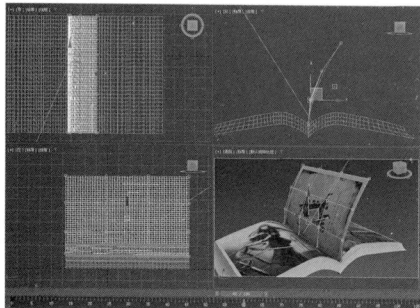

图 7-99　生成第二个关键帧

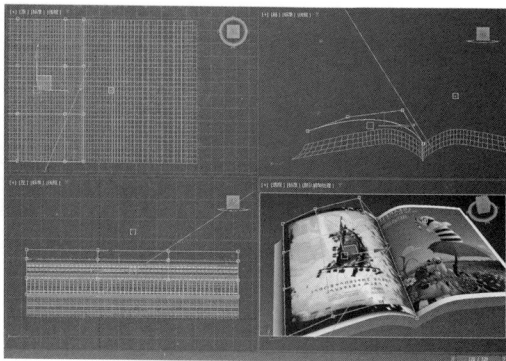

图 7-100　生成第三个关键帧

④ 将时间滑块拖到第 30 帧，调整"控制点"的位置作为过渡帧，生成第四个关键帧（图 7-101）；将时间滑块拖到第 90 帧，再次调整"控制点"的位置作为过渡帧，生成第五个关键帧（图 7-102）。

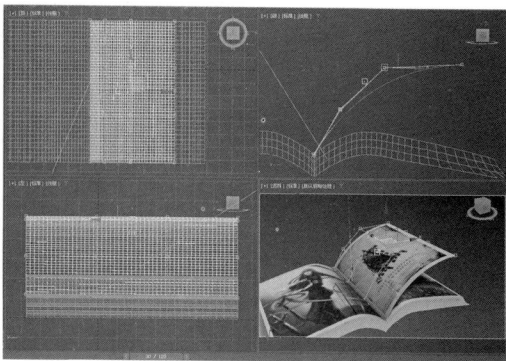

图 7-101　生成第四个关键帧

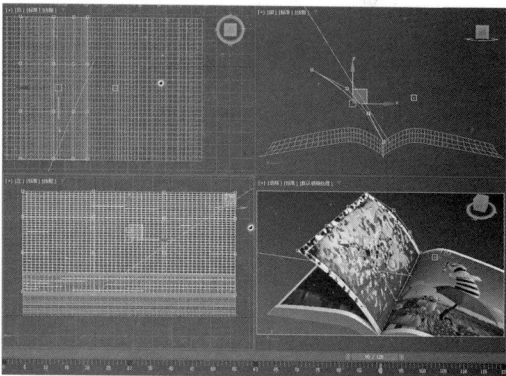

图 7-102　生成第五个关键帧

⑤ 点击鼠标右键，在弹出的"二维菜单"中选择"全部取消隐藏"，点击快捷键 C 进入摄影机视图，点击快捷键 Shift+Q 渲染动画（图 7-103）。

 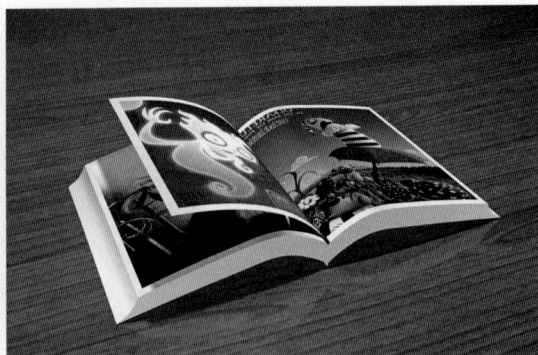

（a）第 47 帧 （b）第 101 帧

图 7-103 最终动画效果

课后拓展 打开本书配套文件包＞第 7 章＞课后拓展：蝴蝶飞舞初始效果文件，综合运用本章所学路径约束、注视约束等知识点，进行蝴蝶飞舞动画的设计与制作，实现如图 7-104 所示的效果。操作步骤及最终效果文件见文件包。

（a） （b） （c）

图 7-104 蝴蝶飞舞动画最终效果

第8章

高级动画制作

- **本章内容** 讲解3ds Max软件的层次链接、骨骼、蒙皮等工具，以及Character Studio组件的Biped、Physique等工具的使用方法和完整流程。角色动画是动画控制中最具有挑战性的学习内容，需要使用的工具及参数烦琐，学习者在制作角色动画时需要大量的练习并积累经验。

- **学习目标** 了解层次链接工具的基础知识；熟悉IK（反向运动）系统的基础知识及IK解算器的使用；掌握骨骼系统的基本使用方法；掌握Character Studio组件的Biped、Physique等的使用方法。

8.1 层次链接工具

制作三维动画时经常会涉及父子链接关系的动画，一个对象链接另一个对象并进行控制，此时就需要用到层次链接工具。层次链接示意图如图8-1所示。3ds Max 软件使用家族树的概念来描述使用层次链接后的多个对象之间的关系。因此，需要熟悉层次、父对象、子对象等多个概念。

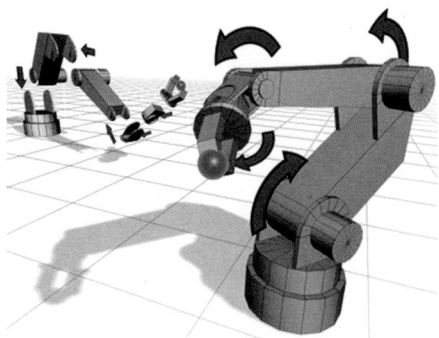

图 8-1　机器手臂的层次链接及转动关节

层次：在一个单独结构中相互链接在一起的所有父对象和子对象。

父对象：控制一个或多个子对象的对象。一个父对象通常也被另一个更高级别的父对象控

制，图 8-2 的对象 1（底座）是对象 2（支撑）的父对象。

子对象：父对象控制的对象。子对象也可以是其他子对象的父对象，图 8-2 的对象 2（支撑）和对象 3（轮轴）是对象 1 的子对象。对象 5（座椅）是对象 4（转轮）的子对象。

祖先对象：一个子对象的父对象以及该父对象的所有父对象。图 8-2 的对象 1 和 2 是对象 3 的祖先对象。

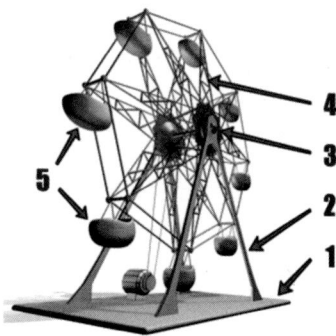

图 8-2　摩天轮的层次结构示意图

派生对象：一个父对象的子对象以及子对象的所有子对象。图 8-3 的所有对象都是对象 1 的派生对象。

根对象：层次中唯一比所有对象的层次都高

的父对象，所有其他对象都是根对象的派生对象，图 8-3 的对象 1 是根对象。

叶对象：没有子对象的对象，分支中最低层次的对象。图 8-2 的对象 5 是叶对象。

链接：父对象及其子对象之间的链接，将位置、旋转和缩放信息从父对象传递给子对象。图 8-3 中对象 3 是链接动画工具。

轴点：在对象层次结构中，每个对象都有自己的轴点。通过调整轴点的位置，可以组织和控制对象之间的关系。图 8-2 的对象 4 和对象 5 围绕对象 3 的轴点进行旋转。

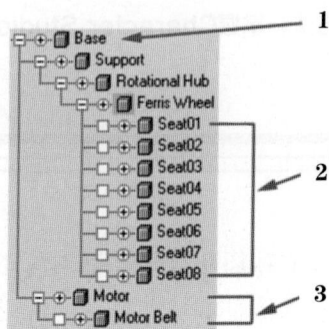

图 8-3 摩天轮的层次树显示

8.1.1 轴命令面板

3ds Max 软件的 ■（层次）＞"轴"面板用于控制层级链接，常用参数如图 8-4 所示。

（1）"调整轴"卷展栏

"调整轴"卷展栏的工具能够设置对象的轴点位置和方向，如图 8-4（a）所示。设置对象的轴点不会影响链接到该对象的任何子对象，但是"调整轴"卷展栏的工具不能设置动画。

"移动 / 旋转 / 缩放"组

仅影响轴：仅影响选定对象的轴点。

仅影响对象：仅影响选定的对象，不影响轴点。

仅影响层次：仅影响旋转和缩放工具，将旋转或缩放应用于层次。

"对齐"组

当"移动 / 旋转 / 缩放"组中激活"仅影响轴"按钮时，该组按钮功能如下。

居中到对象：将轴移至其对象中心。

对齐到对象：将轴与对象的变换轴对齐。

对齐到世界：将轴与世界坐标轴对齐。

当"移动 / 旋转 / 缩放"组中激活"仅影响对象"按钮时，该组按钮功能如下。

居中到轴：将对象的中心移至轴位置。

对齐到轴：将对象的变换轴与轴对齐。

对齐到世界：将对象的变换轴与世界坐标轴对齐。

"轴"组

重置轴：将轴点重置为创建对象时轴点的位置和方向。

（2）"调整变换"卷展栏

"调整变换"卷展栏如图 8-4（b）所示。

"移动 / 旋转 / 缩放"组

不影响子对象：将变换仅应用于选定对象及其轴，而不是其子对象。

"重置"组

变换：重置对象局部坐标轴的方向，使其与世界坐标系统对齐。

缩放：重置变换的缩放值，还原为对象创建时的比例。

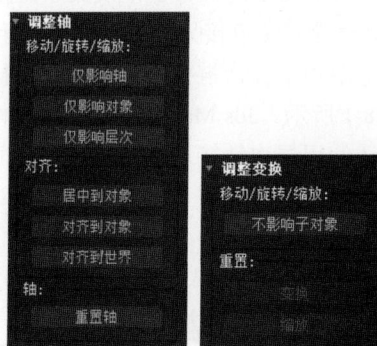

（a）   （b）

图 8-4 轴命令面板

8.1.2 链接信息命令面板

默认情况下，层级链的子对象具有运动继承特性，会继承父对象的所有变换效果。如果需要调整子对象的运动继承效果，可以在 ■（层次）＞"链接信息"中锁定对象的轴和变换方式。链接信息命令面板包含两个卷展栏（图 8-5）。

（1）"锁定"卷展栏

"锁定"卷展栏包含阻止特定轴变换的复选

框，如图 8-5（a）所示。选择"移动""旋转"或"缩放"组的任何选项可以锁定相应的轴。例如，将 X 轴和 Y 轴锁定勾选后，物体只能围绕 Z 轴旋转。

（2）"继承"卷展栏

"继承"卷展栏用于约束对象与其父对象之间的链接，包含在各个轴向上的移动、旋转和缩放，如图 8-5（b）所示。取消"移动""旋转"或"缩放"组的轴的复选框，可以取消对象在该轴向的运动继承。

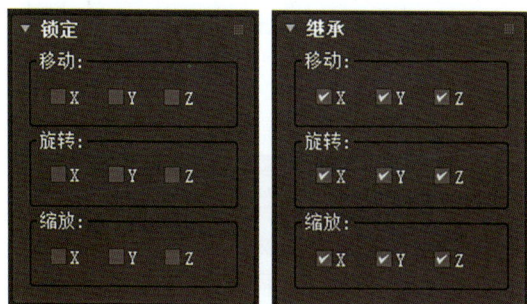

（a）　　　　　　　　（b）

图 8-5　链接信息命令面板

8.1.3　案例：机械手臂动画的制作

案例学习目标：掌握两种关键帧动画的制作方法。

案例知识要点：通过"自动关键点""设置关键点"等工具制作机械手臂动画。

视频教程

效果所在位置：本书配套文件包>第 8 章>案例：机械手臂动画的制作。

① 打开机械手臂动画初始文件，查看场景效果（图 8-6）。

图 8-6　打开初始文件

② 设置轴点。想要实现正确的动画，就要合理地设置轴点。进入前视图，选择"手 1"模型，进入 ▦（层次）>"轴"面板选择"仅影响轴"工具，在视图中将轴点移动到"轴 1"模型的中心位置（图 8-7）。同理将"手 2"模型的轴点同样移动到"轴 1"模型的中心位置（图 8-8）。

图 8-7　设置"手 1"轴点

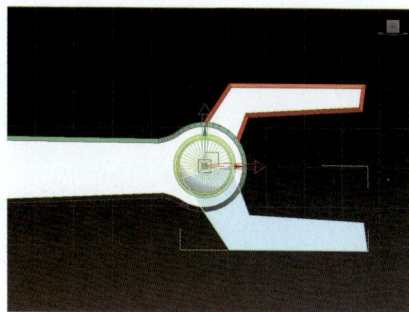

图 8-8　设置"手 2"轴点

③ 同理，选择"手臂 1"模型，将轴点移动到"轴 2"模型的中心位置（图 8-9）。选择"手臂 2"模型，将轴点移动到"轴 3"模型的中心位置（图 8-10），随后关闭"仅影响轴"工具。

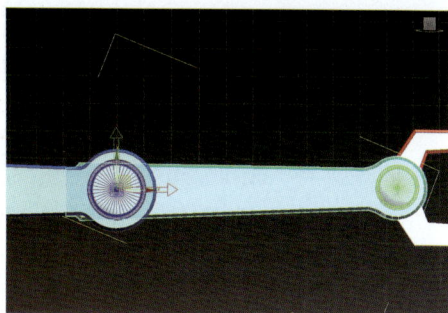

图 8-9　设置"手臂 1"轴点

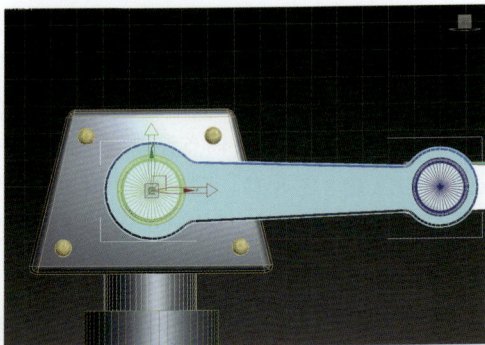

图 8-10 设置"手臂 2"轴点

④ 设置链接关系。进入透视图，在主工具栏中点击 🔗（链接工具），选择"手1"模型并按住鼠标左键，在出现牵引线时点击"轴1"模型，完成链接（图 8-11）。同理，选择"手2"模型链接到"轴1"模型（图 8-12）。

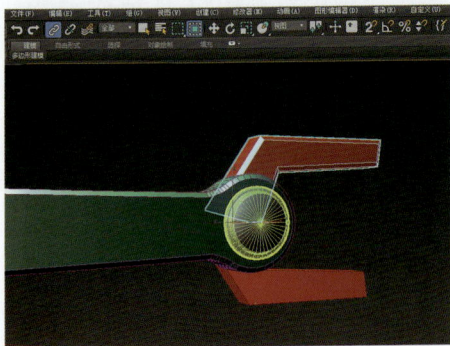

图 8-11 "手1"链接"轴1"

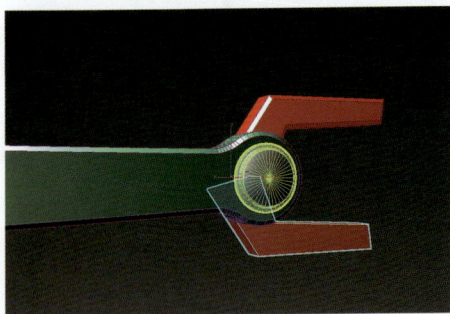

图 8-12 "手2"链接"轴1"

⑤ 同理，将"轴1"模型链接到"手臂1"模型，将"手臂1"模型链接到"轴2"模型，将"轴2"模型链接到"手臂2"模型（图 8-13），将"手臂2"模型链接到"轴3"模型，将"轴2"模型链接到"基座"模型。在主工具栏点击 📥（图解视图），查看链接关系（图 8-14）。

图 8-13 "轴2"链接"手臂2"

图 8-14 查看链接关系

⑥ 根据运动方式设置变换轴的信息。打开 ⊞（层次）>"链接信息"面板，选择"手1"，在"锁定"卷展栏中将除了"旋转"组"Z轴"外的其他选项全部勾选（图 8-15）。同理，选择"手2"，进行同样的操作。此时，"手1""手2"只能沿着"Z轴"进行旋转运动（图 8-16）。

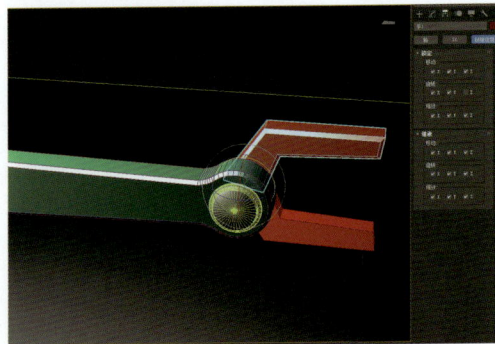

图 8-15 设置"手1"旋转轴

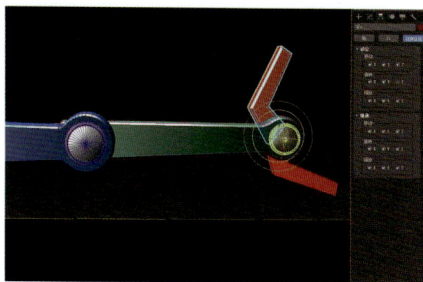

图 8-16 查看"手 1""手 2"旋转效果

⑦ 同理，选择"手臂 1""手臂 2"，在"锁定"卷展栏中将除了"旋转"组"Z 轴"外的其他选项全部勾选，进行"旋转"操作，查看动画效果（图 8-17）。选择"基座"，将除了"旋转"组"Y 轴"外的其他选项全部勾选，进行"旋转"操作，查看动画效果（图 8-18）。

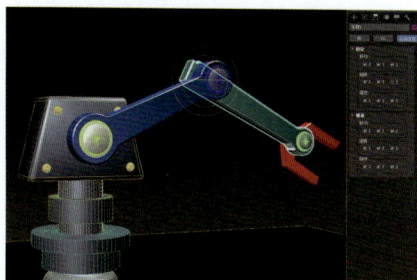

图 8-17 查看"手臂 1""手臂 2"旋转效果

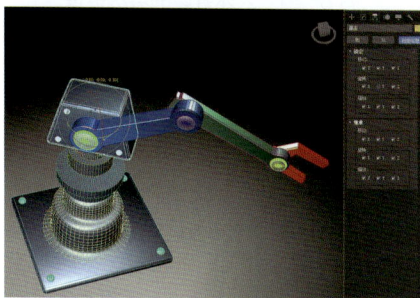

图 8-18 查看"基座"旋转效果

⑧ 将时间滑块拖曳到第 0 帧，开启"自动关键点"，单击 ➕（设置关键点），创建第一组关键帧（图 8-19）。将时间滑块拖曳到第 25 帧，通过旋转"手 1""手 2""手臂 1""手臂 2""基座"等模型，设置机械手臂的动画，生成第二组关键帧（图 8-20）。依次在第 50 帧、第 75 帧、第 100 帧生成第三、四、五组关键帧（图 8-21～图 8-23）。

图 8-19 创建第一组关键帧

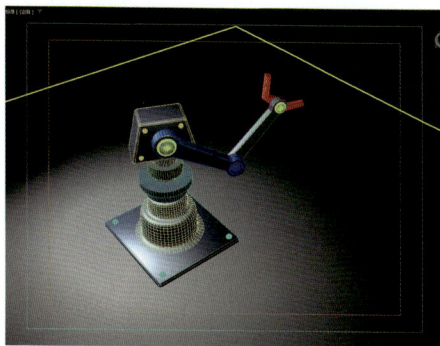

图 8-20 创建第二组关键帧

图 8-21 创建第三组关键帧

图 8-22 创建第四组关键帧

图 8-23　创建第五组关键帧

⑨ 调整细节，点击快捷键 C 进入摄影机视图，点击快捷键 Shift+Q 渲染动画（图 8-24）。

（a）第 14 帧

（b）第 81 帧

图 8-24　最终动画效果

8.2　正向（FK）/反向（IK）运动

3ds Max 软件的层级链包含两种运动状态：正向运动学（Frontal Kinematics，简称 FK）系统和反向运动学（Inverse Kinematics，简称 IK）系统。

8.2.1　FK 系统和 IK 系统

FK 系统和 IK 系统是控制角色动画的常用工具，其中 IK 系统更常用。FK 系统是层级链默认的运动控制系统，不需要额外进行设置，而 IK 系统则需要进行指定。

FK 系统按照父对象到子对象的链接顺序进行层次链接，并继承位置、旋转和缩放等变换。其中"轴点"位置代表链接对象的"关节"。在 FK 链接中，父对象移动时，它的子对象跟随移动。如果子对象单独移动，父对象将保持不动。以人体为例，当躯干（父对象）弯曲时，头部（子对象）跟随其一起运动，但是单独转动头部，则躯干保持不动，层次链接如图 8-25 所示。

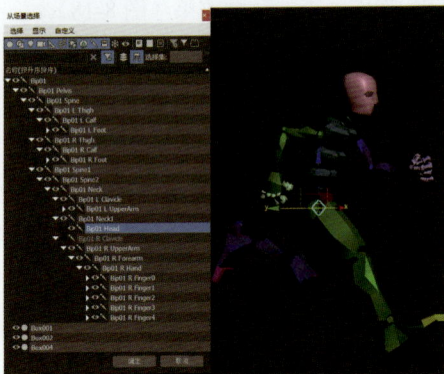

图 8-25　人体骨骼的层次链接

IK 系统相对于 FK 系统要复杂一些。IK 系统的设置取决于链接和轴点位置，并以它们为基础，使整个链接对象受特定位置和旋转的约束，父对象的位置和方向主要由子对象的位置和方向来确定。比如以人体胳膊骨骼为例，手掌的位移会带动小臂和上臂的位移，小臂的旋转也会使手掌产生位移，但是无论如何位移，因为 IK 链接的存在，它们之间不会出现反关节的现象。

3ds Max 软件的 IK 系统有多种，具体如下。

（1）交互式 IK

单击 ■（层次）>"IK">"交互式 IK"开启动画模式，在不同的关键帧处记录子对象的运动动画。通过 IK 链接约束，系统会自动计算出其他对象的动画效果。这种方法设置的关键帧较少，但动画效果不精确。

（2）应用 IK

根据动画的需要为层级链的某个或几个对象制定一个引导对象，然后将层级链的对象绑定到引导对象上，再单击 ▦（层次）> "IK" > "交互式 IK"，系统自动为动画的每一帧计算 IK 解决方案，并用 IK 链中的每个对象创建关键帧。该方法比互动式 IK 要精确些。

（3）IK 解算器

通过动画控制器设置层级链的运动方式，只需要较少的关键帧便可以达到应用 IK 方法的精确度。此方法是制作角色动画的首选。

8.2.2 IK 解算器

IK 解算器是创建反向运动学的首选，它使用 IK 控制器管理链接子对象的变换，并将 IK 解算器应用于对象的任何层次。使用时，选择层次中的对象，并选择 IK 解算器，然后单击该层次中的其他对象，作为 IK 链的末端。

（1）4 种 IK 解算器

HI 解算器（历史独立解算器）：该解算器可以在层次对象中设置多个链。对角色动画或时间较长的 IK 动画而言，HI 解算器是首选方法。例如角色的腿部可能存在一个从臀部到脚踝的链，还存在另外一个从脚跟到脚趾的链。

HD 解算器（历史相关解算器）：该解算器可以设置关节的限制和优先级，适用于包含滑动效果的动画，最好用于较短时间的动画。

IK 肢体解算器：该解算器只能操作链中的两块骨骼，是一种快速使用的分析型解算器，可用于设置角色手臂和腿部的关节部位动画。

样条线 IK 解算器：该解算器通过样条线确定一组骨骼或链接对象的关系，链接后结构可以进行复杂的变形。它提供的动画系统比其他 IK 解算器的灵活性要高。

（2）IK 解算器参数

创建好的 IK 解算器可以在 ⬤（运动）面板中设置参数，其参数卷展栏如图 8-26 所示。

① "IK 解算器" 卷展栏

启用：启用或禁用链的 IK 控件。

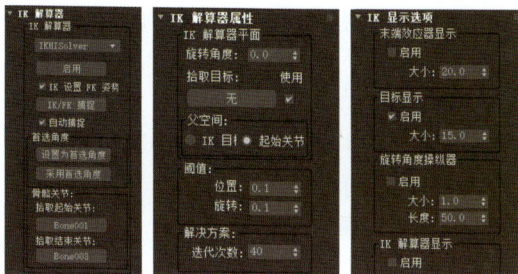

（a）　　　　　（b）　　　　　（c）

图 8-26　IK 解算器参数卷展栏

IK/FK 捕捉：在 FK 模式中执行 IK 捕捉，或在 IK 模式中执行 FK 捕捉。

自动捕捉：启用后，软件将会自动应用 "IK/FK 捕捉"。

"首选角度" 组

设置为首选角度：设置链中的每个骨骼的首选角度。

采用首选角度：复制每个骨骼的 X/Y/Z 轴首选角度，并将它们应用到旋转控制器。

"骨骼关节" 组

单击 "拾取起始关节" 和 "拾取结束关节" 下的按钮，可以在视口中拾取 IK 链的起始关节和结束关节。

② "IK 解算器属性" 卷展栏

"IK 解算器平面" 组

旋转角度：控制解算器对象的旋转方向。

拾取目标：选择一个对象用于设置旋转动画。

"父空间" 组

确定旋转角度的相对空间。

"阈值" 组

位置：设置目标移动到末端轴点的最远距离。

旋转：设置目标旋转偏离末端轴点的最大角度。

"解决方案" 组

迭代次数：设置目标和末端轴点位置之间的匹配次数。

③ "IK 显示选项" 卷展栏

"末端效应器显示" 组

控制 IK 链中的末端轴点的外观。

大小：设置视口中的末端轴点 Gizmo 的大小。

"目标显示"组

控制 IK 链中目标的外观。勾选"启用"选项将显示 IK 目标。

"旋转角度操控器"组

控制 IK 链中的旋转角度操控器的显示。

"IK 解算器显示"组

控制 IK 解算器外观、起始关节和末端关节之间的显示线。

8.3 骨骼系统

骨骼系统是由骨骼对象形成的具有关节效果的层次链接，用于设置具有链接要求的复杂模型对象的动画。制作具有蒙皮效果的角色模型动画时，骨骼系统尤其有用（图 8-27）。

图 8-27 骨骼系统

骨骼系统具备多个用于表现骨骼形状的参数，便于观察骨骼变化。每条骨骼的根部都有一个轴点，骨骼只能围绕该轴点旋转，由于实际起作用的是骨骼轴点而不是骨骼几何体形状，因此可将骨骼轴点视为关节（图 8-28）。

图 8-28 骨骼示意图

创建骨骼时，点击 ![创建图标]（创建）＞![系统图标]（系统）＞"标准"＞"骨骼"，在视口中点击鼠标左键创建骨骼的起点，移动鼠标再次点击鼠标左键，创建骨骼的结束点，此时完成一根完整骨骼的创建。如果继续点击鼠标，则完成第二根骨骼的创建，以此方法可以创建几根具有链接关系的骨骼。骨骼创建完成后点击右键，会生产一小节骨骼末端，代表骨骼链创建的完成。

8.3.1 骨骼系统参数

（1）"IK 链指定"卷展栏

在创建面板点击骨骼时，会出现"IK 链指定"卷展栏，如图 8-29（a）所示。

IK 解算器：如果启用"指定给子对象"，则要指定 IK 解算器的类型，如图 8-29（b）所示。

（a）　　　　　　　　（b）

图 8-29 "IK 链指定"卷展栏

指定给子对象：如果启用，将 IK 解算器列表选择的解算器指定给创建的骨骼。如果禁用，则为骨骼指定"PRS 变换"控制器。

指定给根：如果启用，则为所有骨骼指定 IK 解算器。

（2）"骨骼参数"卷展栏

"骨骼参数"卷展栏如图 8-30 所示。

"骨骼对象"组

宽度：设置创建骨骼的宽度。

高度：设置创建骨骼的高度。

锥化：设置骨骼形状的锥化。

"骨骼鳍"组

侧鳍：骨骼侧面添加鳍。

大小：设置鳍的大小。

始端锥化：控制鳍的始

图 8-30 "骨骼参数"卷展栏

端锥化

末端锥化：控制鳍的末端锥化。

前鳍：创建骨骼的前端添加鳍。

后鳍：创建骨骼的后端添加鳍。

生成贴图坐标：在骨骼上创建贴图坐标。骨骼是可渲染的，可以应用材质并设置贴图坐标。

8.3.2 案例：骨骼链伸缩效果的制作

案例学习目标：使用骨骼工具和约束工具完成骨骼链的制作。

案例知识要点：通过创建骨骼链接，并使用位置约束、注视约束设置骨骼链接关系，形成一条可以伸缩的骨骼链。

视频教程

效果所在位置：本书配套文件包＞第 8 章＞案例：骨骼链伸缩效果的制作。

① 进入前视图，开启主工具栏的 ![3] （3D 捕捉开关），单击 ![+]（创建）＞ ![齿轮]（系统）＞ "标准" ＞ "骨骼"，在视口中单击鼠标左键，创建第一根骨骼的起始点，移动鼠标到合适位置，再次单击鼠标左键，第一根骨骼制作完成（图 8-31）。

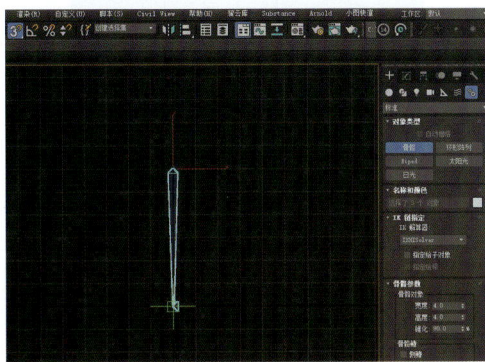

图 8-31　创建第一根骨骼

② 在不点击右键的情况下，移动鼠标到合适的位置，再次点击左键，创建完成第二根骨骼（图 8-32）。点击鼠标右键结束骨骼创建，此时会自动生成一个骨骼末端，由此便形成了一个骨骼链（图 8-33）。

③ 点击 ![+]（创建）＞ ![三角]（辅助对象）＞ "标准" ＞ "虚拟对象"，在第一根骨骼和第二根骨骼的连接处创建第一个虚拟对象（图 8-34）。

在第二根骨骼和骨骼末端的连接处创建第二个虚拟对象，效果如图 8-35 所示。

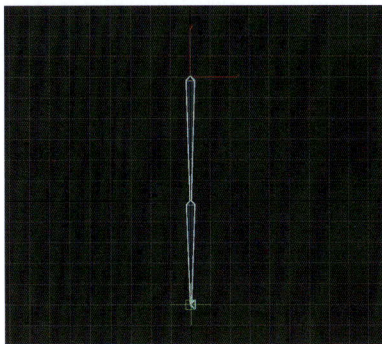

图 8-32　创建第二根骨骼

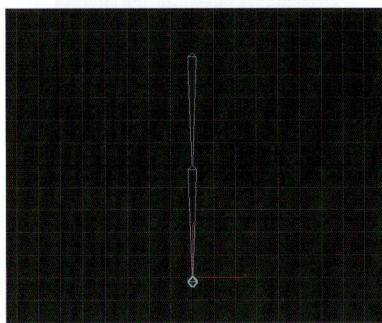

图 8-33　生成骨骼末端

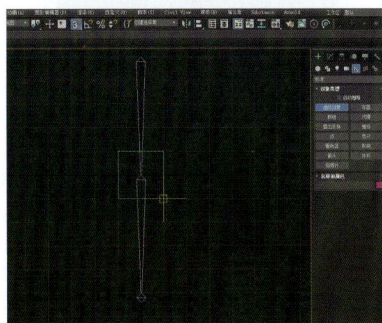

图 8-34　创建第一个虚拟对象

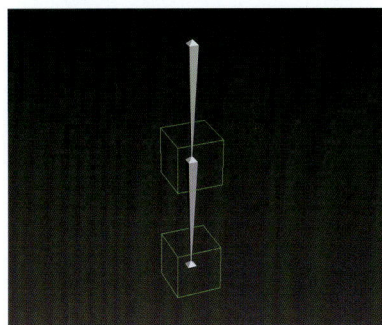

图 8-35　创建第二个虚拟对象

④ 选择第二根骨骼，点击"动画"菜单＞"约束"＞"位置约束"，在牵引线出现时点击第一个虚拟对象，完成位置约束（图 8-36）。同理，选择骨骼末端，通过位置约束工具连接到第二个虚拟对象。可以移动虚拟对象，检查位置约束效果（图 8-37）。

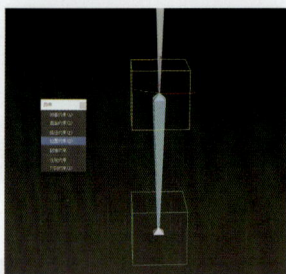

图 8-36　设置"位置约束"

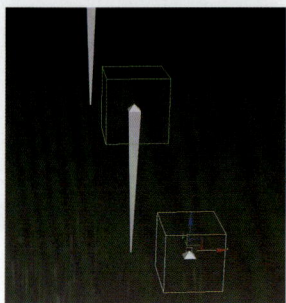

图 8-37　检查位置约束效果

⑤ 选择第一根骨骼，点击"动画"菜单＞"约束"＞"注视约束"，在牵引线出现时点击第一个虚拟对象，完成注视约束（图 8-38）。进入 （运动）＞"参数"面板，在"注视约束"卷展栏中，将"源／上方向节点对齐"组的"源轴"设置为"Y"，"对齐到上方向节点轴"设置为"X"（图 8-39）。同理，选择第二根骨骼，进行"注视约束"到第二个虚拟对象并设置同样的参数。

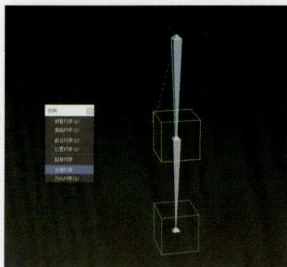

图 8-38　设置"注视约束"

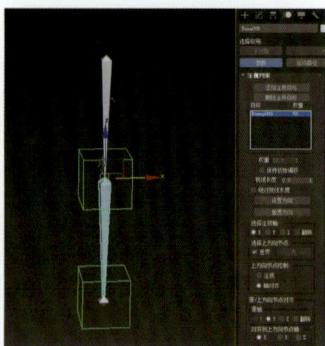

图 8-39　设置"注视约束"参数

⑥ 拖动虚拟对象，即可实现骨骼的伸缩效果（图 8-40）。

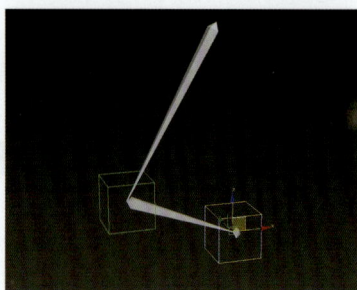

（a）

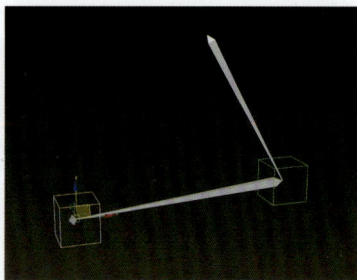

（b）

图 8-40　最终动画效果

8.4　蒙皮修改器

3ds Max 软件的蒙皮修改器可以将多边形、网格、面片或 NURBS 等对象绑定到骨骼对象（图 8-41）。制作动画角色时，首先要使用建模工具制作角色模型，使用骨骼系统创建角色的骨骼链接，再添加蒙皮修改器绑定角色模型与骨骼系统，最后就可以通过骨骼动画带动模型的运动，形成角色动画。

图 8-41 蒙皮的多边形模型

8.4.1 蒙皮修改器参数

蒙皮修改器参数主要有参数、镜像参数、显示、高级参数、Gizmos 等卷展栏。

（1）"参数"卷展栏

"参数"卷展栏如图 8-42 所示。

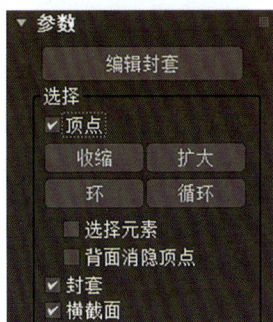

图 8-42 "参数"卷展栏

编辑封套：单击该按钮，将启用此子对象层级以及封套和顶点权重。

顶点：启用该选项以选择顶点。

收缩：减去已选的顶点中边缘的顶点。

扩大：添加已选的顶点中相邻的顶点。

环：加选已选顶点平行边的所有顶点。

循环：加选已选顶点垂直边的所有顶点。

选择元素：启用后，选择一个顶点，就会选择该元素的所有顶点。

背面消隐顶点：启用后不能选择背离当前视图的顶点。

封套：启用后可以选择封套。

横截面：启用后可以选择横截面。

"封套属性"组（图 8-43）

半径：调整封套横截面大小。

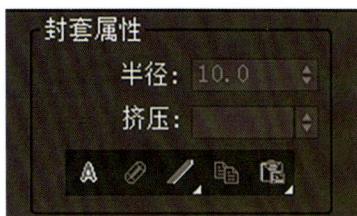

图 8-43 封套属性

挤压：调整骨骼的挤压效果。

![A] （绝对顶点）：具有 100% 权重的骨骼顶点。

![封套可见性] （封套可见性）：确定未选定封套的可见性。

![衰减弹出] （衰减弹出）：为封套选择衰减曲线。

![复制] （复制）：复制当前选定的封套效果。

![粘贴] （粘贴）：将复制的封套粘贴到骨骼。

"权重属性"组（图 8-44）

图 8-44 权重属性

权重解算器：设置"体素"或"热量贴图"选项将顶点调整到附近骨骼。点击右侧的选项弹出"权重解算器"对话框。

绝对效果：输入选定骨骼顶点的绝对权重。

刚性：设置选定顶点仅受一个最具影响力的骨骼影响。

刚性控制柄：设置选定顶点的控制柄仅受一个骨骼影响。

规格化：强制每个选定顶点的权重为 1.0。

![排除选定顶点] （排除选定顶点）：将选定的顶点添加到当前骨骼的排除列表中，此列表中的顶点不受此骨骼影响。

（包含选定顶点）：从骨骼的排除列表获取选定顶点，该骨骼将影响这些顶点。

（选定排除顶点）：选择当前骨骼排除所有的顶点。

（烘焙选定顶点）：单击以烘焙当前的顶点权重。

（权重工具）：对话框提供用于选定顶点的指定权重和混合权重的相关工具。

权重表：显示列表，用于查看和更改骨架中所有骨骼的权重。

绘制权重：单击并拖动光标绘制骨骼顶点的权重。

（2）"镜像参数"卷展栏

"镜像参数"卷展栏界面如图 8-45 所示。

图 8-45 "镜像参数"卷展栏

镜像模式：启用后，顶点和封套将从模型的一个侧面镜像到另一个侧面。启用时，镜像平面左侧的顶点变为蓝色，右侧的顶点变为绿色，既不在左侧也不在右侧的顶点变为红色，可以提高"镜像阈值"扩展左/右侧的范围。

（镜像粘贴）：将选定顶点和封套粘贴到物体的另一侧。

（将绿色粘贴到蓝色骨骼）：将指定封套从右侧粘贴到左侧。

（将蓝色粘贴到绿色骨骼）：将指定封套从左侧粘贴到右侧。

（将绿色粘贴到蓝色顶点）：将指定顶点从右侧粘贴到左侧。

（将蓝色粘贴到绿色顶点）：将指定顶点从左侧粘贴到右侧。

镜像平面：确定对象左侧和右侧的平面。

镜像偏移：沿镜像平面轴移动镜像平面。

镜像阈值：启用镜像模式时，如果顶点不是蓝色或绿色，可以提高值扩大选区。

显示投影：设置为"默认显示"时，选择镜像平面一侧的顶点会自动投影到相对面。

手动更新：手动更新显示内容。

（3）"显示"卷展栏

"显示"卷展栏界面如图 8-46 所示。

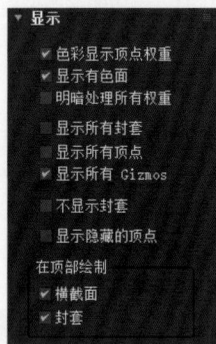

图 8-46 "显示"卷展栏

色彩显示顶点权重：根据权重显示视口中的顶点颜色。

显示有色面：根据权重显示视口的面颜色。

明暗处理所有权重：为封套中的每个骨骼指定一个颜色。

显示所有封套：同时显示所有封套。

显示所有顶点：为每个顶点绘制小十字叉。

显示所有 Gizmos：显示除当前选定 Gizmos 以外的所有 Gizmos。

不显示封套：即使已选择封套也不会显示。

显示隐藏的顶点：启用后将显示隐藏的顶点。

横截面：强制在顶部绘制横截面。

封套：强制在顶部绘制封套。

（4）"高级参数"卷展栏

"高级参数"卷展栏界面如图 8-47 所示。

始终变形：启用此选项

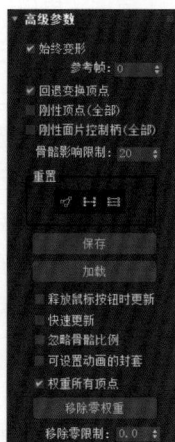

图 8-47 "高级参数"卷展栏

时，移动骨骼也会移动蒙皮模型的顶点。禁用此选项时，调整骨骼不会影响蒙皮模型。

参考帧：骨骼和蒙皮对象位于参考位置的帧。

回退变换顶点：将模型链接到骨骼结构。

刚性顶点（全部）：启用此选项，将每个顶点指定给封套影响最大的骨骼。

刚性面片控制柄（全部）：强制面片控制柄权重等于结权重。

骨骼影响限制：设置影响顶点的最大骨骼数。

（重置选定的顶点）：将选定顶点的权重重置为封套默认值。

（重置选定的骨骼）：将选定骨骼的权重重置为封套的原始权重。

（重置所有骨骼）：将所有骨骼顶点权重重置为封套的原始权重。

保存 / 加载：用于保存和加载封套位置、形状以及顶点权重。

释放鼠标按钮时更新：启用后，按下鼠标按钮不进行更新，释放鼠标时将进行更新。

快速更新：在不渲染时，快速更新权重变形和 Gizmos 视口显示。

忽略骨骼比例：启用此选项可以使蒙皮模型不受缩放骨骼的影响。

可设置动画的封套：切换可设置动画的封套创建关键点。

权重所有顶点：将强制不受封套控制的顶点加权到与其最近的骨骼。

移除零权重："权重"值小于"移除零限制"值的顶点不受骨骼影响。

移除零限制：设置权重阈值，确定是否从权重中去除顶点。

（5）"Gizmos" 卷展栏

"Gizmos" 卷展栏界面如图 8-48 所示。

关节角度变形器共有 3 个变形器可用。其

图 8-48 "Gizmos" 卷展栏

中，"关节角度"可以旋转父骨骼对象和子骨骼对象的顶点；"凸出角度"仅影响父骨骼对象的顶点；"变形角度"可以变形父骨骼对象和子骨骼对象的顶点。

（添加 Gizmos）：将当前 Gizmos 添加到选定顶点。

（移除 Gizmos）：从列表中移除选定的 Gizmos。

（复制 Gizmos）：复制选定 Gizmos。

（粘贴 Gizmos）：将复制 Gizmos 粘贴到 Gizmos。

8.4.2 案例：大腿动画的制作

案例学习目标：使用蒙皮修改器和 HI 解算器来完成大腿动画的制作。

案例知识要点：通过漫反射颜色、发光贴图等贴图通道的配合使用来完成效果的制作。

视频教程

效果所在位置：本书配套文件包＞第 8 章＞案例：大腿动画的制作。

① 打开大腿动画的制作初始效果文件（图 8-49）。

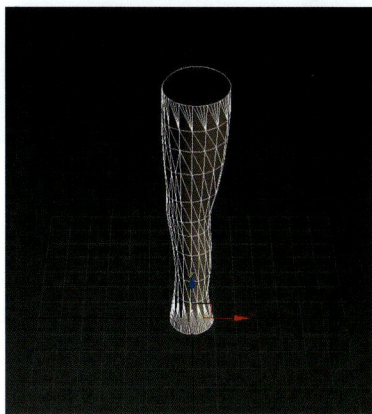

图 8-49 打开模型

② 进入前视图，单击 ＋（创建）＞ （系统）＞"标准"＞"骨骼"，在视图中自上而下创建一个骨骼链。在创建骨骼的时候，第一根骨骼与第二根骨骼的连接处要跟大腿模型的膝关节相匹配，可以使骨骼的连接处稍微弯曲，与大腿模型的膝关节朝向一致（图 8-50）。

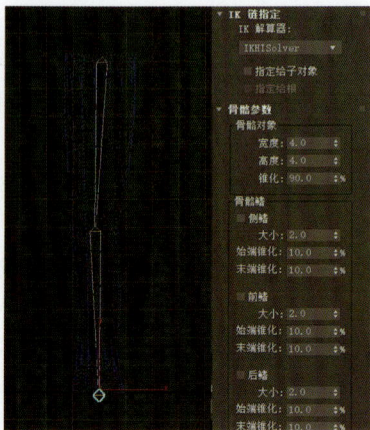

图 8-50　创建骨骼

图 8-52　调整上部封套　图 8-53　调整下部封套

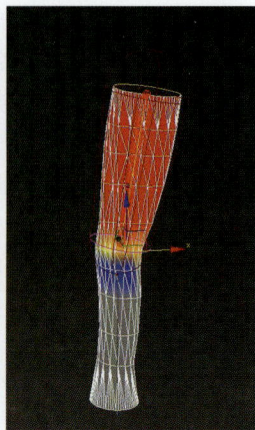

③ 选中大腿模型，在"修改器列表"中选择"蒙皮"修改器，在"参数"面板中，点击"骨骼"组的"添加"，在弹出的"选择骨骼"对话框中选择"Bone001""Bone002"添加到骨骼组中（图 8-51）。

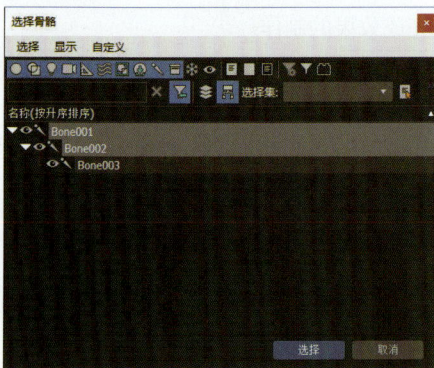

⑤ 同理，选择"Bone002"，调整骨骼的封套及控制点，使其控制整个小腿模型（图 8-54）。进行骨骼蒙皮时，需要适当合理地设置模型关节结构的顶点，可以通过设置骨骼动画检查关节附近的顶点是否合理，并通过 🔧（权重工具）单独调整顶点的权重（图 8-55）。

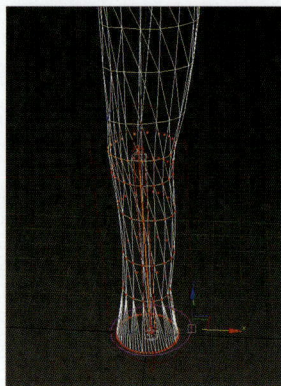

图 8-51　添加 Bone001、Bone002

④ 选中骨骼组中的"Bone001"，在修改面板中点击"参数"卷展栏的编辑封套，并勾选"选择"组的"顶点"，可以看见骨骼周围出现红色的封套及控制点，选择所有控制点沿着 X 轴往右侧拖动，使骨骼的控制范围扩大，覆盖到整个大腿上部模型（图 8-52）。同时，调整骨骼下部的控制点，效果如图 8-53 所示。

图 8-54　小腿骨骼封套

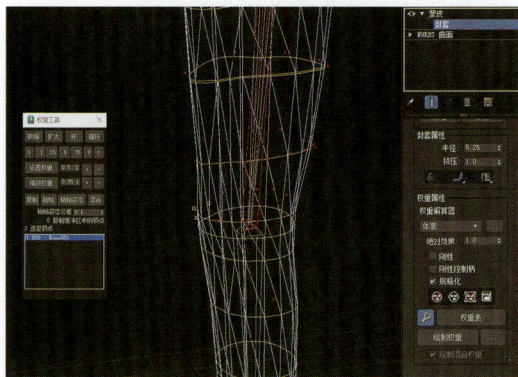

图 8-55　权重工具

> **提示：**封套及控制点的红色区域代表骨骼封套的完全控制区域，黄色区域代表骨骼封套的控制衰减区域，蓝色区域代表非骨骼封套的控制区域。

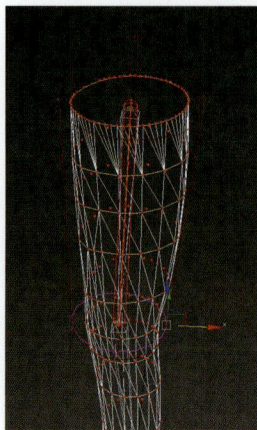

⑥ 调整完成后，取消"编辑封套"按钮。在视图中点击"Bone001"，选择"动画"菜单＞"IK 解算器"＞"HI 解算器"，可见牵引线从 Bone001 骨骼延伸并随着光标移动（图 8-56），将光标移动到"Bone003"点击鼠标左键，完成 HI 解算器创建（图 8-57）。

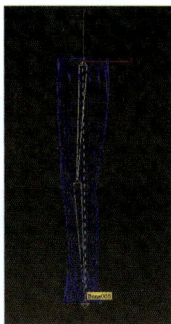

图 8-56　创建 HI 解算器

图 8-57　完成 HI 解算器创建

⑦ 拖动 IK 操控器查看骨骼的蒙皮控制范围有无错误，可以回到"编辑封套"中适当调整顶点（图 8-58）。

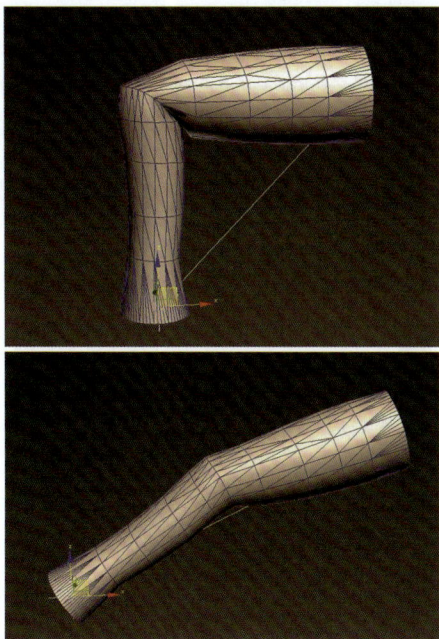

图 8-58　拖动 IK 操控器

⑧ 点击"自动关键点"，在第 0 帧、第 35 帧、第 65 帧、第 85 帧、第 100 帧拖动 IK 操控器设置大腿模型的动作，点击▶（播放）按钮查看大腿动画（图 8-59）。

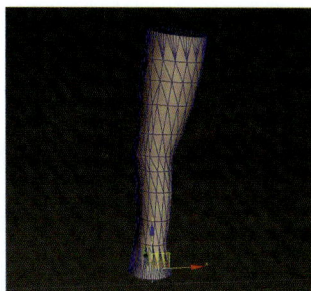

（a）第 0 帧、第 100 帧

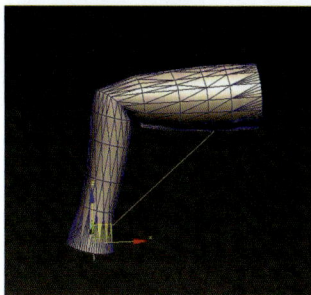

（b）第 35 帧

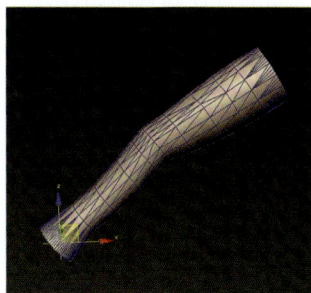

（c）第 65 帧

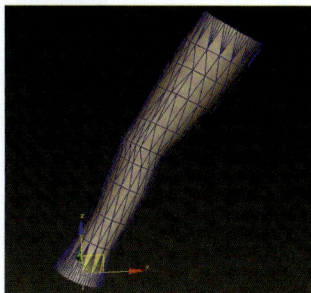

（d）第 85 帧

图 8-59　创建关键帧

8.5 Character Studio（角色系统）组件

Character Studio 组件提供一套设置三维角色动画的专业工具，能够快速创建骨骼，并通过设置关键帧制作动画（图 8-60）。还可以设置群组角色，使用代理系统和程序设置群组动画。

图 8-60　Character Studio 制作的人体模型

Character Studio 组件包含三个部分，分别是 Biped（两足角色）、Physique（形体）、组群。其中，Biped 可用于创建角色骨骼系统并设置相关的骨骼动画；Physique 可将骨骼与角色模型快速关联，从而通过控制骨骼制作模型动画；组群提供创建动画组群及制作动画的工具，主要是两足角色。下面重点介绍 Biped 和 Physique 组件。

8.5.1　Biped 骨骼系统

Biped 骨骼系统提供了一套骨骼系统用于制作角色动画，可以直接创建一组有关节链接的人体骨骼对象，用于制作两足角色的动画（图 8-61）。同时，该骨骼对象可以制作足迹动画或其他动画效果。此外，Biped 骨骼系统可以使用运动捕捉文件，将不同的动作文件或动作脚本赋予到骨骼系统中使用。

默认创建的 Biped 骨

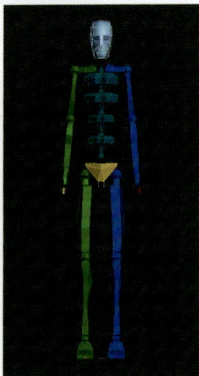

图 8-61　Biped 骨骼系统

骼系统以重心（也称质心）对象作为父对象或根对象。该重心对象位于骨骼系统的骨盆中心，显示为一个蓝色的八面体（图 8-62），可以通过移动质心定位整个骨骼系统。

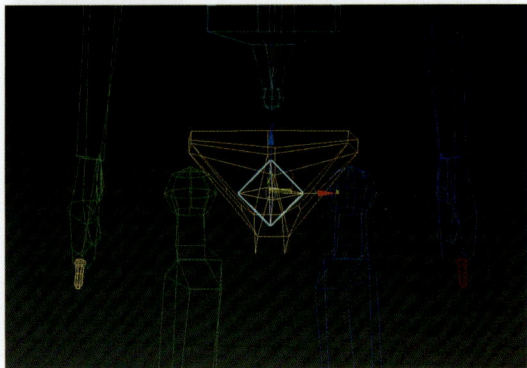

图 8-62　重心对象

（1）"Biped" 卷展栏

"Biped" 卷展栏如图 8-63（a）所示。

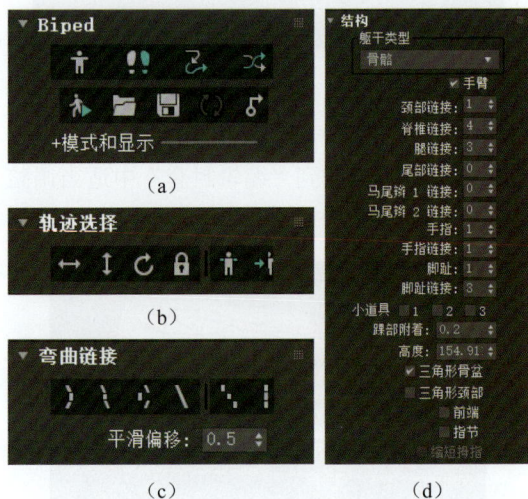

图 8-63　Biped 骨骼参数面板

（体形模式）：启用体形模式调整骨骼参数。

（足迹模式）：用于创建和编辑足迹，生成走动、跑动或跳跃足迹模式。

（运动流模式）：运动流模式下可以创建脚本导入骨骼动作文件，用于制作角色动画。

（混合器模式）：激活混合器动画模式，并显示混合器卷展栏。

（Biped 播放）：此播放模式下，可以实现角色动画实时播放。

(加载文件) / (保存文件)：在该对话框中，可以加载 / 保存 BIP（两足角色）文件、FIG（体形）文件和 STP（步长）文件。

(转化)：将足迹动画转换成自由形式的动画，这种转换是双向的。根据相关的方向，显示"转化为自由形式"对话框或"转化为足迹"对话框。

(移动所有模式)：可以同时移动或旋转 Biped 及其相关动画。

（2）"轨迹选择"卷展栏

"轨迹选择"卷展栏如图 8-63（b）所示。

(形体水平) / (形体垂直) / (形体旋转)：设置骨骼系统的水平 / 垂直 / 旋转运动。

(锁定设置 COM 关键点)：启用时，可同时锁定多个 COM（重心）轨迹进行存储和记录。

(对称轨迹)：选择骨骼系统的另一侧匹配轨迹。

(相反轨迹)：选择骨骼系统另一侧的匹配对象，并取消选择当前对象。

（3）"弯曲链接"卷展栏

"弯曲链接"卷展栏如图 8-63（c）所示。

(弯曲链接模式)：该模式用于旋转骨骼系统的多个链接，无须选择所有链接。

(扭曲链接模式)：该模式在选定的链接中应用 X 轴方向的旋转，其余链接均匀地递增旋转。

(扭曲个别模式)：该模式允许选定的链接沿 X 轴旋转，而不影响其父链接或子链接。

(平滑扭曲模式)：该模式调整第一个和最后一个链接的 X 轴方向的旋转，使每个链接都能平滑旋转。

(零扭曲)：根据父链接的当前方向，沿 X 轴将每个链接的旋转重置为"0"。

(所有归零)：根据父链接的当前方向，沿所有轴将每个链接的旋转重置为"0"。

平滑偏移：在 0 和 1 之间设置旋转分布。"0"偏向链的第一个链接，而"1"偏向链的最后一个链接。通过数值的调整可设置链的平滑度。

（4）"结构"卷展栏

"结构"卷展栏如图 8-63（d）所示。

"躯干类型"组（图 8-64）

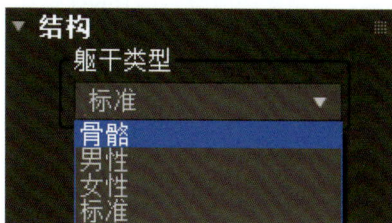

图 8-64 "躯干类型"组

骨骼：该类型提供默认的骨骼造型。

男性：该类型提供男性轮廓的骨骼造型。

女性：该类型提供女性轮廓的骨骼造型。

标准：经典形体类型。

手臂：设置角色的手臂。

颈部链接：设置角色颈部的链接数。默认值为 1，范围为 1～25。

脊椎连接：设置角色脊椎上的链接数。默认设置为 4，范围为 1～10。

腿链接：设置角色腿部的链接数。默认值为 3，范围为 3～4。

尾部链接：设置角色尾部的链接数。值为 0 时表示没有尾部，范围为 0～25。

马尾辫 1 链接 / 马尾辫 2 链接：设置马尾辫链接的数目。默认设置为 0，范围为 0～25。

手指：设置角色的手指数目。默认设置为 1，范围为 0～5。

手指链接：设置每个手指链接的数目。默认值为 1，范围为 1～3。

脚趾：设置角色脚趾的数目。默认值为 1，范围为 1～5。

脚趾链接：设置每个脚趾链接的数目。默认值为 3，范围为 1～3。

小道具：最多打开 3 个道具，类似角色的工具或者武器。

踝部附着：沿着足部骨骼指定踝部附着点。值为 0 时表示将脚踝放置在脚后跟。值为 1 时表示将脚踝放置在脚跟上。范围为 0～1。

高度：设置角色的高度。

三角形骨盆：附加模型后，打开该选项创建

从大腿到最下面一个脊骨的链接。

三角形颈部：启用此选项后，将锁骨链接到脊椎顶部，而不链接到颈部。

前端：启用此选项后，将 Biped 转换成四足角色，手和手指作为脚和脚趾。

指节：启用该选项，创建手部结构，每个手指均有指骨。默认设置为禁用（图 8-65）。

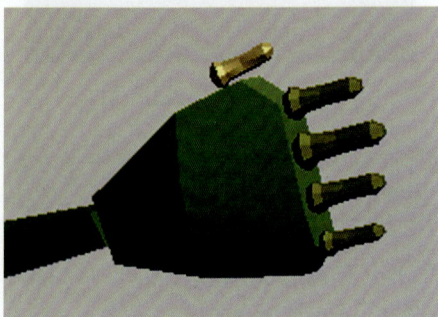

（a）标准的手部骨骼

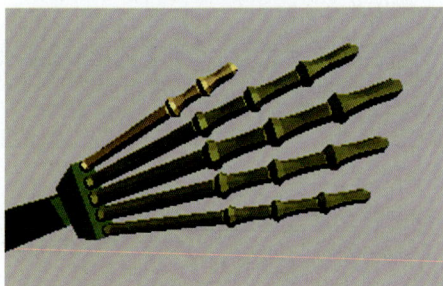

（b）启用"指节"的手部骨骼

图 8-65　Biped 骨骼的指节

"扭曲链接"组（图 8-66）

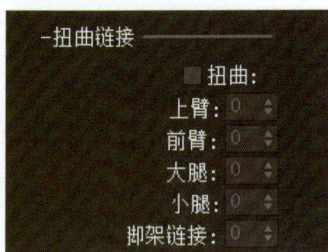

图 8-66　"扭曲链接"组

扭曲：对角色肢体启用扭曲链接。启用之后，扭曲链接可见，但是仍然被冻结。可以使用冻结面板上的"按名称解冻"解除冻结。

上臂：设置上臂扭曲链接的数量。默认设置为 0，范围为 0～10。

前臂：设置前臂扭曲链接的数量。默认设置为 0，范围为 0～10。

大腿：设置大腿扭曲链接的数量。默认设置为 0，范围为 0～10。

小腿：设置小腿扭曲链接的数量。默认设置为 0，范围为 0～10。

脚架链接：设置脚架链接扭曲链接的数量。默认设置为 0，范围为 0～10。

8.5.2　Physique 修改器

Physique 修改器可用于多边形、网格、面片、NURBS 等对象，并可以附加到 Biped、骨骼链、样条线等。应用 Physique 修改器后，可以进入"封套"子对象层级，通过调整封套的大小和位置，扩大或缩小骨骼对模型的影响范围（图 8-67）。

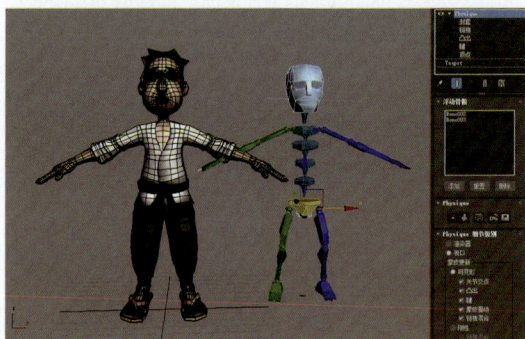

图 8-67　Physique 修改器

Biped 骨骼系统与 Physique 修改器搭配使用可以制作出逼真的角色动画。在设置动画时，可以先为 Biped 骨骼系统设置动画，然后将动画输出保存为 BIP 格式的文件，再将文件应用到设置 Physique 修改器的角色模型。

8.5.3　案例：角色Physique修改器的运用

案例学习目标：使用 Physique 修改器制作人体模型的蒙皮。

案例知识要点：通过 Physique 修改器及其调整参数的配合使用完成蒙皮效果的制作。

效果所在位置：本书配套文件包＞第 8 章＞案例：角色 Physique

视频教程

修改器的运用。

① 打开角色 Physique 修改器初始文件，场景包括一个"人体"模型、一个 Biped 骨骼，在前期已经调整 Biped 骨骼，使其与"人体"模型匹配（图 8-68）。

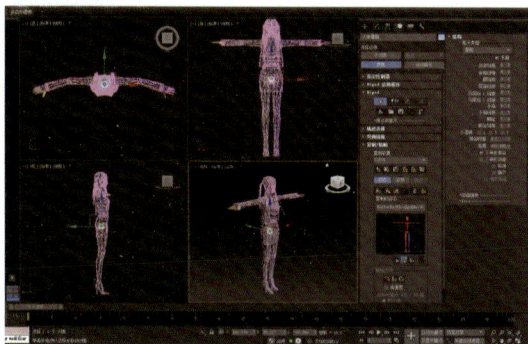

图 8-68　打开初始文件

② 选择"人体"模型，在"修改器列表"中选择"Physique"修改器，单击"Physique"卷展栏的 ■（附加到节点），在视图中点击骨骼的"质心"对象，在弹出的"Physique 初始化"对话框中单击"初始化"按钮，完成蒙皮指定（图 8-69）。

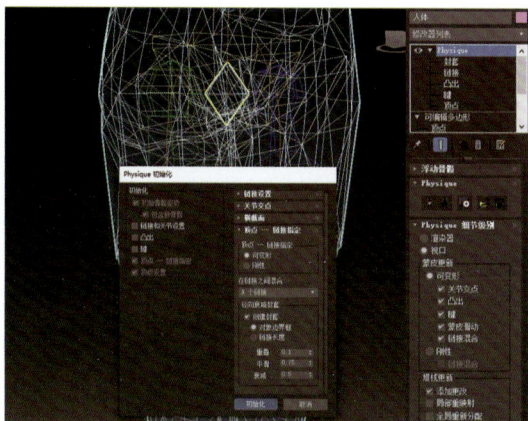

图 8-69　"Physique 初始化"对话框

③ 检查蒙皮效果。旋转手臂骨骼，可以发现手臂、手掌的节点封套基本正确（图 8-70）。但是在移动脚部骨骼时，发现人体模型出现了拉伸，还有一些顶点未受到骨骼的影响，这是因为现在还没有对蒙皮封套进行调整，有些地方的蒙皮可能会产生错误（图 8-71）。

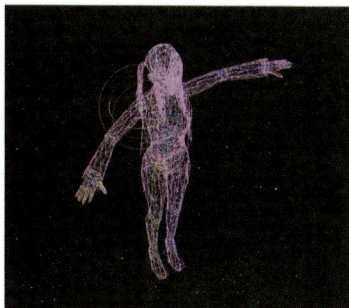

图 8-70　旋转手臂骨骼

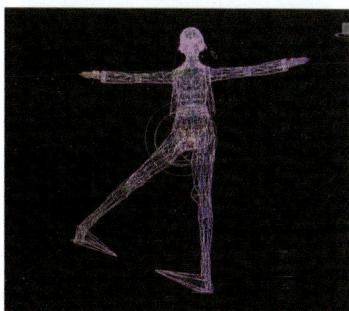

图 8-71　旋转脚部骨骼

④ 进入修改器的"封套"层级，在"选择级别"组中选择 ■（控制点），在视图中选择左脚骨骼，框选出现拉伸的紫色封套控制点，使用"缩放"工具调整控制范围，使紫色封套离开右脚骨骼（图 8-72）。

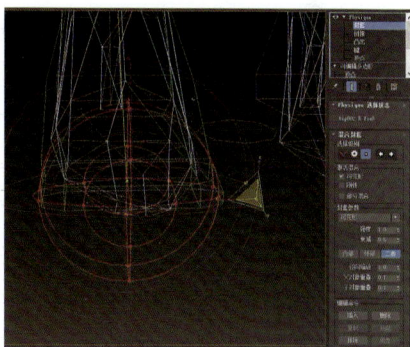

图 8-72　选择脚部的骨骼

提示：在手臂连接附近出现两个封套，封套内的顶点受骨骼影响。红色的内部封套表明完全受骨骼影响的区域。红色封套外的顶点所受影响逐渐减弱，紫色封套外部的顶点完全不受骨骼影响。

⑤ 以相同的方式检查所有骨骼封套的设置及影响范围，对有拉伸的位置进行调整，效果如图8-73所示。

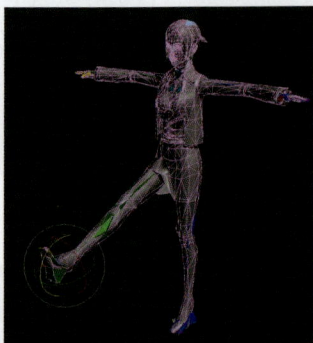

（a）

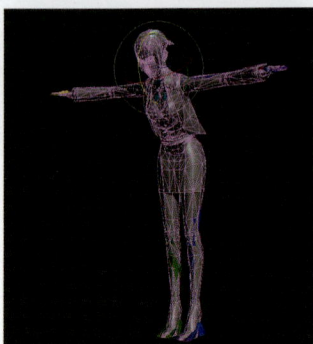

（b）

图8-73　检查骨骼封套效果

⑥ 在所有的调整结束之后，通过关键帧方式设置角色模型动画（图8-74）。

图8-74　设置角色模型动画

8.6　课堂实训：角色足迹动画的制作

课堂实训目标：使用蒙皮、足迹工具和关键帧制作角色行走动画。

课堂实训要点：通过关键帧设置及运动参数面板的配合使用完成足迹动画的制作。

效果所在位置：本书配套文件包＞第8章＞课堂实训：角色足迹动画的制作。

① 打开角色足迹动画的初始文件，查看场景效果（图8-75）。

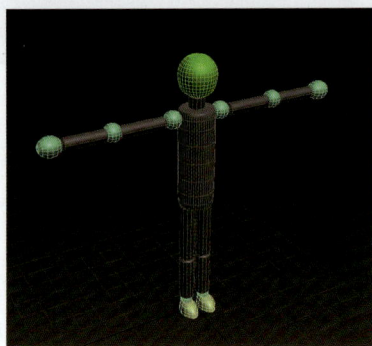

图8-75　打开初始文件

② 首先，选择角色模型并冻结。进入前视图，单击 ✛（创建）＞ ⚙（系统）＞"标准"＞"Biped"，在角色模型中创建Biped。打开 ◯（运动）＞"参数"面板，在"Biped"卷展栏点击 🧍（体形模式），在"结构"卷展栏中调整各骨骼的参数，因为角色手部是球体，因此"手指"设置为"0"，手掌控制手部即可（图8-76）。

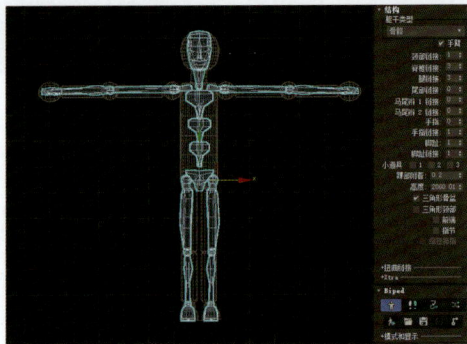

图8-76　创建Biped并调整骨骼

③ 在匹配角色模型时，实行从质心对象到四肢的方法。先将质心移动到角色腹部，使用变换工具调整脊椎和骨盆，最后再调整头部和四肢。将头部骨骼使用变换工具匹配角色模型；对于四肢骨骼，先调整一侧的骨骼，并点击 ![icon]（复制姿态）（图8-77），随后点击 ![icon]（向对面粘贴姿态）使骨骼粘贴到另一侧，此时角色模型左右保持一致（图8-78）。

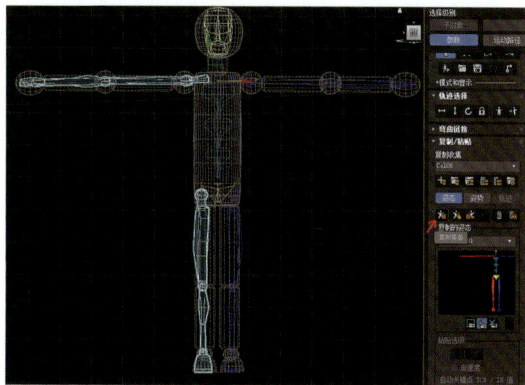

图8-79　添加"蒙皮"修改器

⑤ 选择各部分的骨骼进行移动、旋转等操作，检查蒙皮效果是否合理。例如脚部蒙皮出现错误，进入修改面板，在"参数"卷展栏开启"编辑封套"，勾选"选择"组的"顶点"。点击 ![icon]（权重工具）打开对话框，选择模型脚部的顶点，再点击脚部骨骼（图8-80），在"权重工具"对话框中点击"1"，即顶点100%受到脚部骨骼的控制，此时脚部的模型即正确显示（图8-81）。同理，采用"权重工具"选择其他错误顶点进行调整，保证正确的蒙皮效果（可以设置骨骼动作的关键帧，查看模型的哪些点产生错误，再进行权重设置修改错误）。

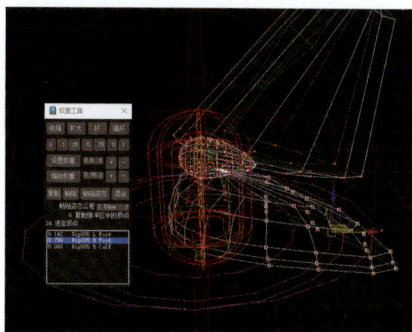

图8-77　设置骨骼并"复制姿态"

图8-80　选择错误顶点，再点击脚部骨骼

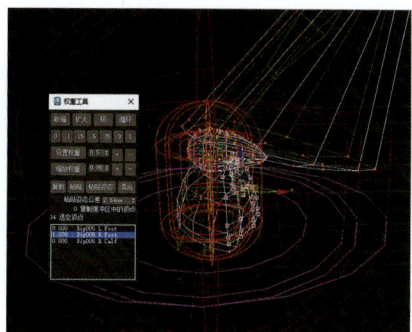

图8-78　向对面粘贴姿态

④ 将角色模型解冻，选择模型在"修改器列表"中添加"蒙皮"修改器，在"骨骼"栏点击添加，添加所有的骨骼（需要将所有的骨骼选中），点击"选择"应用修改器（图8-79）。

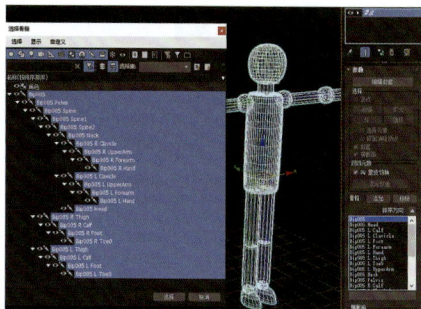

图8-81　设置权重

⑥ 选择骨骼，打开 （运动）>"参数"面板，在"Biped"卷展栏中，点击 （足迹模式），在"足迹创建"卷展栏，点击 （创建多个足迹），在弹出的对话框中将"常规"组的"足迹数"设置为"15"（图8-82）。随后点击"确定"即产生足迹（图8-83）。

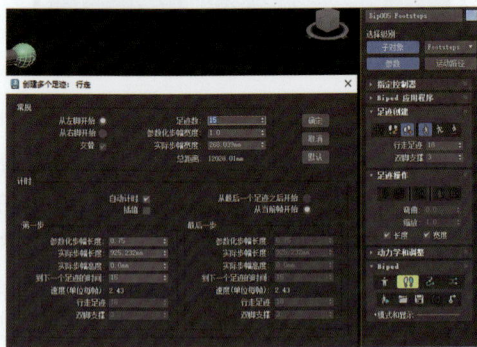

图 8-82 "足迹数"设置

图 8-83 产生足迹

⑦ 在"足迹操作"卷展栏中，点击 （为非活动足迹创建关键帧）即激活角色动态，单击"播放"按钮角色开始走路（图8-84）。

图 8-84 激活角色动态

⑧ 点击快捷键 Ctrl+C 快速创建摄影机，选择 Biped 骨骼并隐藏，查看角色的足迹走路动画（图8-85）。

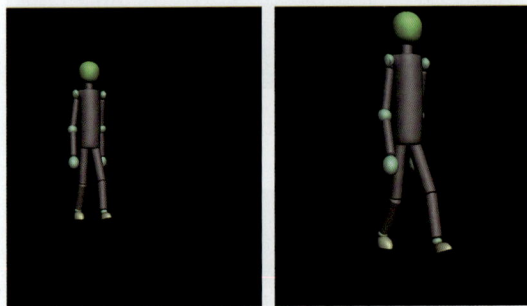

（a）第 59 帧 　　　（b）第 119 帧

图 8-85 最终动画效果

课后拓展 打开本书配套文件包>第 8 章>课后拓展：角色走路动画制作中的初始效果文件，综合运用本章所学知识点，进行角色走路动画案例的设计与制作，实现如图8-86 所示的效果。操作步骤及最终效果文件见文件包。

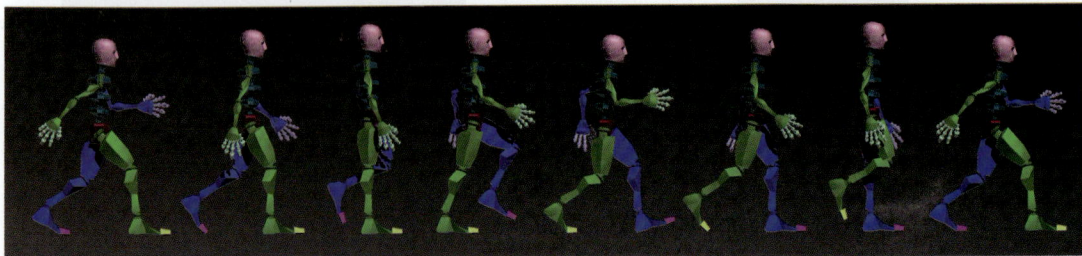

图 8-86 角色走路动画最终效果图

第9章
MassFX物理模拟引擎

● **本章内容** 3ds Max软件的MassFX物理模拟引擎提供了模拟真实物理效果的工具集，为模拟场景动画提供了便利。本章主要介绍MassFX基础知识和使用方法，并通过实例重点介绍刚体对象和布料对象的使用方法等。

● **学习目标** 了解动力学的基础知识；了解常用动力学集合的使用方法和参数设置；掌握刚体对象的使用方法；掌握布料对象的使用方法。

9.1　MassFX 基础知识

MassFX 物理模拟引擎包括刚体、模拟布料、约束辅助对象、碎布玩偶以及相关工具集等。在 3ds Max 软件中创建的对象都可以通过MassFX 指定物理属性，如质量、摩擦力和弹力等，模拟生成现实世界的物理效果。这些模型对象可以是固定的、自由的，或者是连在弹簧上的，或者是使用多种约束连在一起的。

MassFX 物理模拟引擎使用实时模拟窗口进行快速预览、交互测试和播放场景等，大幅缩减动画制作时间，同时具有烘焙动画功能，可以将模拟动画烘焙成关键帧。如图9-1所示是模拟建筑物的碰撞动画。

图 9-1　建筑物碰撞动画

图 9-2　工具栏

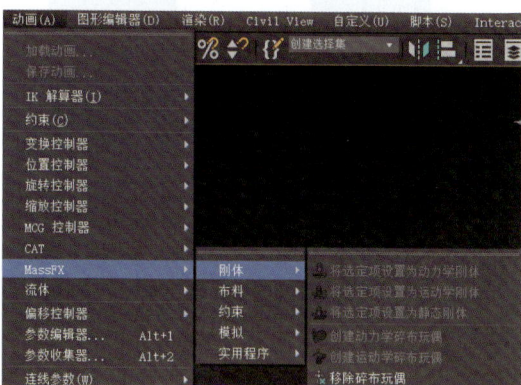

图 9-3　选择"MassFX"

MassFX 物理模拟引擎工具栏（图 9-2）默认是隐藏的，可以在"动画"菜单＞"MassFX"下拉列表中选择 MassFX 选项，即可进入 MassFX 面板（图 9-3）。也可以在主工具栏空白区域单击鼠标右键打开自定义菜单，从菜单中选择"MassFX工具栏"，该工具栏以浮动状态显示（图 9-4）。

图 9-4　选择
"MassFX 工具栏"

9.1.1　MassFX工具栏

MassFX工具栏包含4个面板（图9-5），具体应用如下所示。

（a）"世界参数"面板　　（b）"模拟工具"面板

（c）"多对象编辑器"面板　（d）"显示选项"面板

图9-5　MassFX工具栏

（世界参数）：提供用于创建物理效果的全局设置和工具。

（模拟工具）：提供用于控制模拟的"播放""重置"和"烘焙"等工具。

（多对象编辑器）：同时设置多个选定对象的属性。

（显示选项）：用于切换物理网格的视口显示工具以及调试模拟的可视化工具。

9.1.2　MassFX对象类型

（刚体集合）：刚体是物理模拟的主要对象，其形状和大小不会更改。例如，如果场景中的茶壶设置为刚体，它可能会反弹、滚动和滑动，但无论施加多大的力，它都不会折断或

压扁（图9-6）。此外，可以使用约束工具连接场景中的多个刚体。

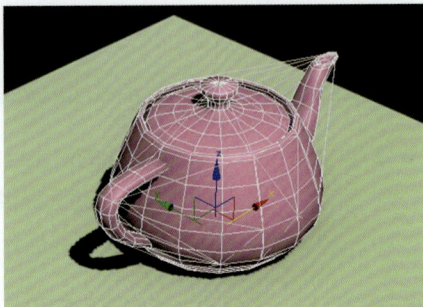

图9-6　茶壶刚体

（布料对象）：mCloth（布料对象）可以模拟布料在场景中与其他对象的碰撞效果，从而影响场景中对象的运动，同时也会受其他对象运动的影响（图9-7）。此外，布料对象会受力空间扭曲（如"风"）的影响，也可能会在力的作用下撕裂。

图9-7　布料

（约束辅助对象）：约束辅助对象限制刚体在模拟中的移动，用于模拟现实世界的一些约束工具，包括转枢、钉子、索道和轴等（图9-8）。

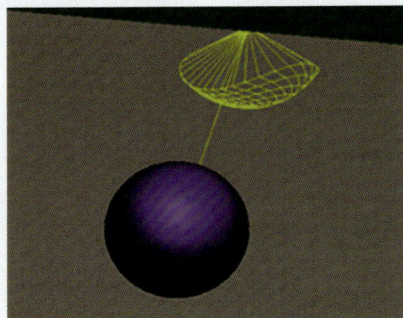

图9-8　摆动的小球

（碎布玩偶）：碎布玩偶可以将动画角色设置为刚体对象，并参与模拟物理动画效果。它便于创建和管理刚体，生成的动画效果真实生动（图9-9）。

图9-9　碎布玩偶

9.1.3　MassFX模拟控件

此控件用于控制模拟和弹出等。

（重置模拟）：将时间滑块复位到第一个动画帧并将动力学刚体移回其初始变换。

（开始模拟）：在窗口中生成模拟动画，并推进时间滑块播放动画。

（开始没有动画的模拟）：仅运行模拟动画，不推进时间滑块。

（逐帧模拟）：用于与标准动画一起运行单个帧的模拟。

9.2　刚体对象

MassFX模拟的刚体对象包括动力学刚体、运动学刚体、静态刚体三种类型，可在工具栏的刚体弹出按钮中选择（图9-10）。

图9-10　刚体面板

（动力学刚体）：动力学刚体类似现实世界的对象，受重力和其他力的作用，可以撞击其他对象，同时也受其他对象影响。工具栏可以设置模拟模型对象的物理网格效果，其中凹面网格不能用于动力学刚体。

（运动学刚体）：运动学刚体不会受重力的影响，可以影响场景中的任意动力学对象，但不能被其他对象影响。

（静态刚体）：静态刚体与运动学刚体类似，但是不能设置动画。静态刚体有助于优化性能，也可使用凹面网格。

应用刚体对象时，先选择对象，然后在MassFX工具栏选择适当的刚体类型即可。后期制作动画时，刚体的类型仍可以修改。

9.2.1　刚体对象参数

（1）"刚体属性"卷展栏

"刚体属性"卷展栏如图9-11所示。

刚体类型：选定刚体的模拟类型，包括"动力学""运动学""静态"。

直到帧：如果启用此选项，MassFX在指定的"直到帧"处将选定的运动学刚体转换为动力学刚体，执行新的动画效果。仅用于将"刚体类型"设置为"运动学"时。

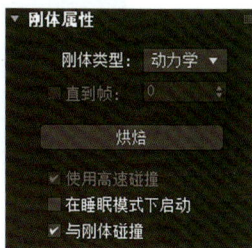

图9-11
"刚体属性"卷展栏

烘焙/撤消烘焙：将刚体对象的模拟动画转换为标准动画关键帧，以便进行渲染，仅用于动力学刚体。如果刚体对象已经烘焙，则按钮的标签为"撤消烘焙"，单击该按钮可以移除关键帧并使刚体恢复为初始状态。

使用高速碰撞：用于启用连续的碰撞检测。如果启用此选项或"世界">"使用高速碰撞"，碰撞检测将应用于选定刚体。

提示："直到帧"工具使用方法灵活，刚体无须设置动画即可使用该功能。例如，悬挂多个静止对象，需要在不同时间下落。要执行此操作，只需将它们全部设置为"运动学"并启用"直到帧"，然后依次选择每一个实体，指定需要受重力作用的开始帧即可。

在睡眠模式下启动：启用此选项，刚体将

使用全局睡眠设置并以睡眠模式开始模拟。在受到未处于睡眠状态的刚体碰撞之前，它不会移动。

与刚体碰撞：启用此选项后，刚体将与场景的其他刚体发生碰撞。

（2）"物理材质"卷展栏

控制刚体对象在模拟场景的属性，包括质量、摩擦力、反弹力等，其卷展栏如图9-12所示。

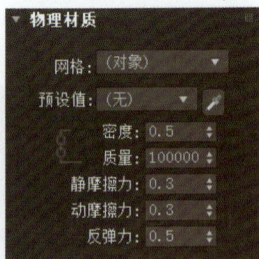

图9-12　"物理材质"卷展栏

网格：下拉列表中可以选择要更改材质参数的刚体物理网格。"覆盖物理材质"复选框处于启用状态的物理网格显示在该列表中。

预设值：从列表中选择一个预设，以指定物理材质属性（图9-13）。选中预设值时，设置是不可编辑的；当预设值设置为"无"时可以编辑值。

图9-13　预设值列表

密度：刚体的密度，度量单位为 g/cm³（克每立方厘米）。

质量：刚体的重量，度量单位为 kg（千克）。

静摩擦力：两个刚体互相滑动的难度系数。值 0.0 表示无摩擦力；值 1.0 表示完全摩擦力。如果一个刚体的静摩擦力值为 0.0，则另一个刚体的摩擦力值是多少都无关紧要。

动摩擦力：两个刚体保持互相滑动的难度系数。严格意义上应称为"动摩擦系数"。值为 0.0

表示无摩擦力；值为 1.0 表示完全摩擦力。在真实世界中，此值应小于静摩擦系数。

反弹力：对象撞击到其他刚体时反弹的程度和高度。值为 0.0 表示无反弹；值为 1.0 表示对象的反弹力度与撞击其他对象的力度一样。

（3）"物理图形"卷展栏

添加、复制和移除物理图形，以及更改图形类型和其他操作，其卷展栏如图9-14所示。

"修改图形"组

[图形列表]：显示组成刚体的所有物理图形。

添加：将新的物理图形应用到刚体。默认情况下是凸面类型。添加图形后，可以在列表中选择更改图形类型、属性等。

图9-14　"物理图形"卷展栏

重命名：更改选择的物理图形的名称。

删除：将选择的物理图形从刚体中删除。

复制图形：复制选择的物理图形到剪贴板。

粘贴图形：将复制的物理图形粘贴到当前刚体。

镜像图形：围绕指定轴翻转图形几何体。

███（镜像图形设置）：打开对话框，沿相关轴对图形进行镜像设置。

重新生成选定对象：使用此选项可使物理图形重新适应编辑后的图形网格。

图形类型：设置物理图形类型，包括"球体""长方体""胶囊""凸面""凹面""原始""自定义"。"球体""长方体""自定义"属于基本体，模拟速度比其他网格类型更快。

图形元素：将"图形"列表中选择的图形匹配"图形元素"列表中选择的元素。

转换为自定义图形：单击该按钮时，在场景中创建一个新的可编辑网格对象，物理图形类型设置为"自定义"。可以使用标准网格编辑工具调整网格，并相应地更新物理图形。

覆盖物理材质：默认情况下，刚体的物理图形由"物理材质"卷展栏设置决定。如果刚体结构复杂，需要为某些物理图形使用不同设置的情况下，启用"覆盖物理材质"。

显示明暗处理外壳：启用时，将物理图形作为明暗处理实体对象进行渲染。

（4）"物理网格参数"卷展栏

根据具体的"图形类型"设置，此卷展栏的内容会有所不同。

（5）"力"卷展栏

设置力空间扭曲应用到刚体，其界面如图9-15所示。

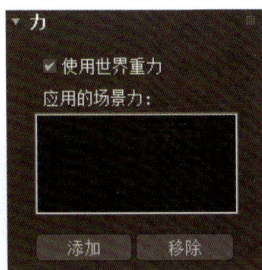

图9-15 "力"卷展栏

使用世界重力：启用此选项时，刚体将使用全局重力设置。禁用此选项时，刚体仅应用此处的力并忽略全局重力设置。

应用的场景力：列出场景中影响对象的力空间扭曲。

添加：将场景的力空间扭曲应用到对象。

移除：删除影响对象的力空间扭曲。

（6）"高级"卷展栏

"高级"卷展栏如图9-16所示。

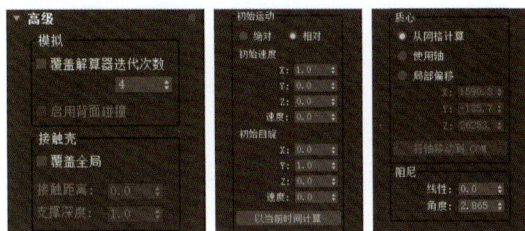

（a）　　　　　（b）　　　　　（c）

图9-16 "高级"卷展栏

"模拟"组

覆盖解算器迭代次数：如果启用此选项，MassFX将为刚体使用指定的解算器迭代次数，即为解算器强制执行碰撞和约束的次数。

启用背面碰撞：仅可用于静态刚体。如果为

凹面静态刚体指定了图形类型，启用此选项可确保动力学对象与其背面发生碰撞。

"接触壳"组

覆盖全局：启用此选项，将为选定刚体使用指定的碰撞重叠设置，而不使用全局设置。

接触距离：允许移动刚体重叠的距离。

支撑深度：允许支撑体重叠的距离。

"初始运动"组

绝对/相对：此设置只适用于开始时为运动学类型并在指定帧处切换为动力学类型的刚体。通常，这些刚体的初始速度和初始自旋的计算基于它们变为动力学之前最后一帧的动画。该选项设置为"绝对"时，将使用"初始速度"和"初始自旋"的值取代基于动画的值；该选项设置为"相对"时，指定值将根据动画计算得出的值。

初始速度：刚体在变为动态类型时的起始方向和速度（每秒单位数）。

初始自旋：刚体在变为动态类型时旋转的起始轴和速度（每秒度数）。

以当前时间计算：适用于设置动画的运动学刚体。该功能可以应用来自运动学刚体动画中某个点的初始运动值，而不是在刚体变为动态类型时所处帧的初始运动值。

"质心"组

从网格计算：自动为刚体确定适当的质心。

使用轴：使用对象的轴作为其质心。

局部偏移：用于设置对象轴与用作质心的X轴、Y轴、Z轴的距离。

将轴移动到COM：重新将对象的轴定位在局部偏移X、Y、Z值指定的质心。

"阻尼"组

阻尼可减慢刚体的速度，通常用来减少模拟中的振动。

线性：为减慢对象的移动速度施加力的大小。

角度：为减慢对象的旋转速度施加力的大小。

9.2.2　案例：投篮动画的制作

案例学习目标：使用MassFX中的刚体工具

完成投篮动画的制作。

案例知识要点：通过刚体工具、烘焙工具等的配合完成投篮动画的制作。

视频教程

效果所在位置：本书配套文件包>第9章>案例：投篮动画的制作。

① 打开投篮动画的初始文件，查看场景（图9-17）。

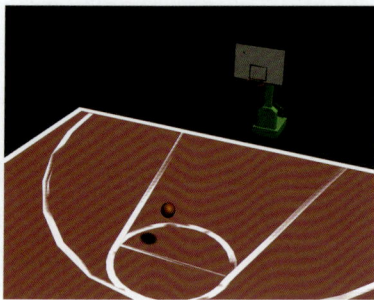

图9-17 打开初始文件

② 打开 MassFX 工具栏的 面板，在"场景设置"卷展栏中点击"全局重力"组的"重力方向"，将"轴"设置为"Z"，并将加速度设置为"-9810"（场景中单位是毫米），模拟真实的重力效果（图9-18）。将篮球的"刚体类型"设置为"动力学刚体"（图9-19），将其他对象都设置为"静态刚体"（图9-20）。

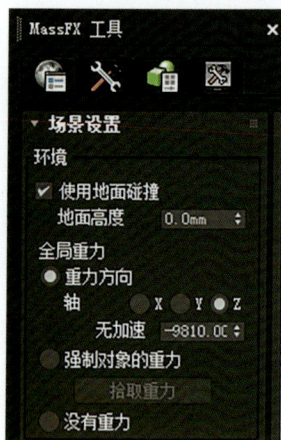

图9-18 勾选"重力方向"

图9-19 篮球设置为"动力学刚体"

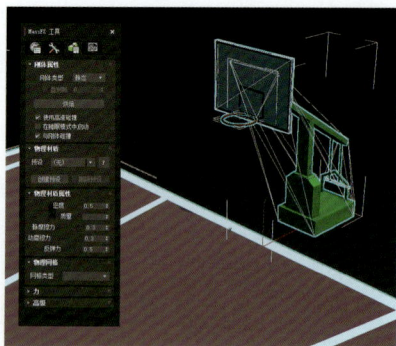

图9-20 其他对象设置为"静态刚体"

③ 点击 查看动画，发现篮球是自由落体的动画效果（图9-21）。

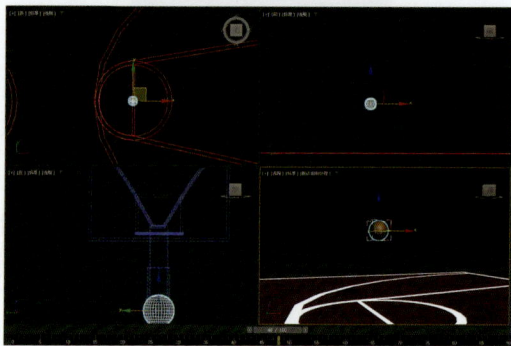

图9-21 篮球动画

> 提示：简单理解不同刚体的差异，动力学刚体如同真实世界的对象，会受到重力、风力等影响；运动学刚体则不能被力或者其他对象影响；静态刚体就是静止对象，不受任何影响。

④ 设置关键帧。将时间滑块拖到第0帧，打开"自动关键点"，选择篮球并点击 ![icon]（设置关键点），创建第一个关键帧。进入前视图，将时间滑块拖到第5帧，球往右上角移动一段距离，类似于站在罚球线投篮（图9-22）。随后，将"关键帧插值"（"设置关键点"右侧）设置为 ![icon]（线性），即对象的第0帧到第5帧的速度保持不变（图9-23），默认的插值设置是 ![icon]（缓动），会使得球体在第5帧的运动速度趋向于0。设置完成后，取消"自动关键点"。

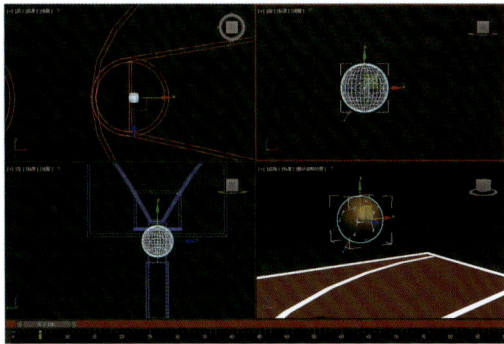

图 9-22　设置移动距离

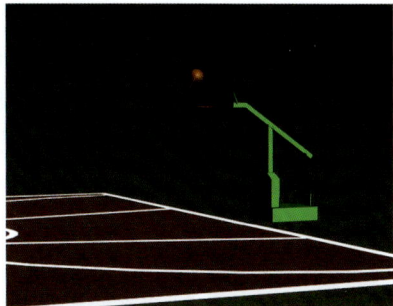

图 9-25　查看动画效果

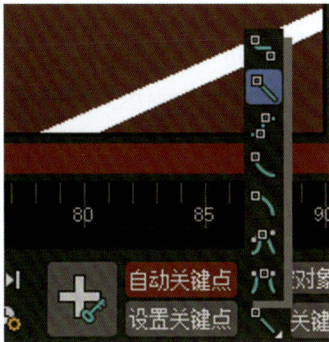

图 9-23　设置"线性"

⑤ 选择篮球，在修改面板的"刚体属性"卷展栏中，将"刚体类型"设置为"运动学"，勾选"直到帧"，参数设置为"3"，即第 3 帧时篮球变为"动力学"物体。在"物理材质"中选择预设值为"橡胶"（图 9-24）。点击 （开始模拟）查看动画效果（图 9-25）。

图 9-26　篮球不能穿过篮筐

> **提示：** 如果需要调整篮球的动画运动效果，可以使用以下方法：比如调整篮球的起始位置；改变球体运动路径的长度；延长或者缩短球体关键帧动画时间；调整"直到帧"的数值，改变初始速度从而改变动画效果。通过以上几种方法调整篮球能否投进篮筐的运动效果。

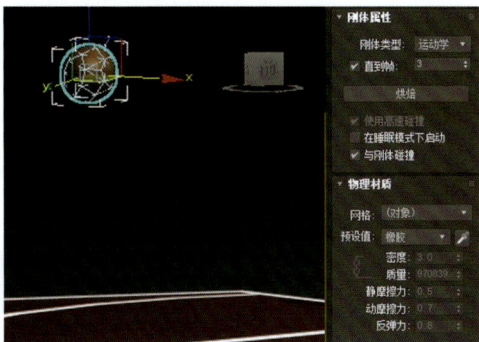

⑦ 选择篮筐，在"物理图形"卷展栏中将"图形类型"设置为"凹面"，再次点击"开始模拟"按钮，查看动画效果（图 9-27）。

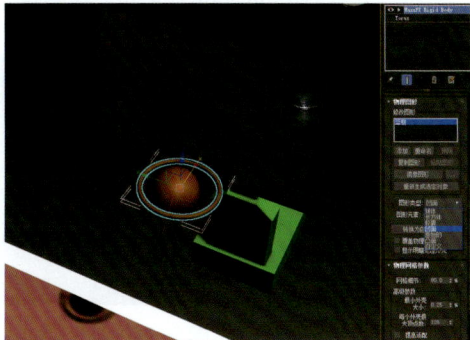

图 9-24　设置"运动学"

⑥ 调整篮球的起始位置，使篮球能够投到篮筐上。在模拟时发现，篮球可以投到篮筐上，但是却不能穿过篮筐（图 9-26）。

图 9-27　设置"凹面"

⑧ 调整细节并点击 ▶️（开始模拟）按钮查看模拟动画效果。如果动画合适，打开"时间配置"对话框，将"动画"组的"长度"设置为"400"。随后点击 🔧（模拟工具）面板中"模拟烘焙"组的"烘焙所有"，生成动画关键帧并通过渲染器进行输出设置（图9-28）。

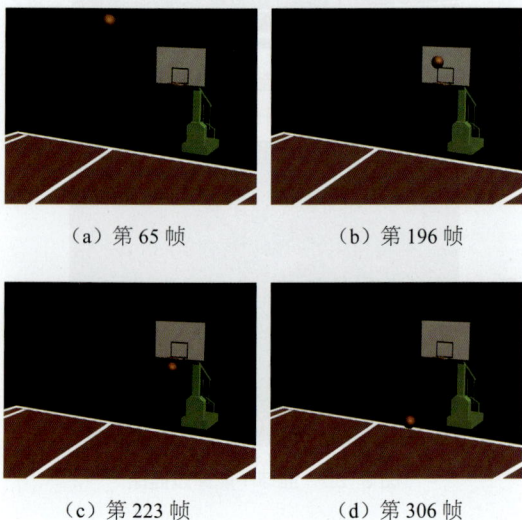

(a) 第 65 帧

(b) 第 196 帧

(c) 第 223 帧

(d) 第 306 帧

图 9-28　最终动画效果

9.3　mCloth（布料）对象

mCloth（布料）对象是 3ds Max 软件提供的布料效果模拟工具。mCloth 对象既可以影响模拟场景中的其他对象，也受到这些对象的影响。

9.3.1　布料对象参数

（1）"mCloth 模拟"卷展栏

"mCloth 模拟"卷展栏如图 9-29 所示。

布料行为：确定 mCloth 对象如何参与模拟。其中，动力学 mCloth 对象的运动影响模拟中其他对象，也受这些对象的影响；运动学 mCloth 对象的运动影响模拟中其他对象，但不受这些对象的影响。

直到帧：启用时，Mass FX 会在指定帧将

图 9-29　"mCloth 模拟"卷展栏

指定的运动学布料转换为动力学布料。

> **提示：** mCloth 对象无须设置动画即可使用"直到帧"工具。例如，空中悬挂多条手帕，需要在不同时间下落。要执行此操作，只需将它们全部设置为"运动学"并启用"直到帧"，然后依次选择每一条手帕，并指定需要受重力或其他力作用的开始帧即可。

烘焙/撤消烘焙："烘焙"可以将 mCloth 对象的模拟运动转换为动画关键帧并进行渲染，仅适用于动力学 mCloth 对象。烘焙所选 mCloth 对象后，可以使用"撤消烘焙"功能移除关键帧并将布料还原到动力学状态。

继承速度：启用时，mCloth 对象可通过堆栈开始模拟。

动态拖动：不使用动画即可模拟，且允许拖动布料以设置其姿势或测试行为。

（2）"力"卷展栏

将力空间扭曲应用于 mCloth 对象，其卷展栏如图 9-30 所示。

使用全局重力：启用时，mCloth 对象将使用 MassFX 全局重力。

应用的场景力：列出场景中影响模拟对象的力空间扭曲。

图 9-30　"力"卷展栏

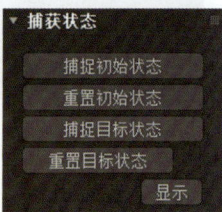

添加：将场景中的力空间扭曲应用于模拟对象。

移除：删除应用于模拟对象的力空间扭曲。

（3）"捕获状态"卷展栏

"捕获状态"卷展栏如图 9-31 所示。

捕捉初始状态：将所选 mCloth 对象缓存的第一帧更新到当前位置。

重置初始状态：将所选 mCloth 对象的状态还原为应用修改器之前的状态。

捕捉目标状态：抓取

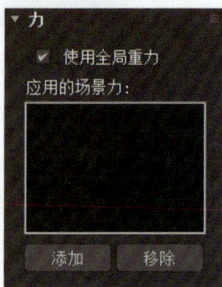

图 9-31　"捕获状态"卷展栏

mCloth 对象的当前变形，并定义三角形之间的目标弯曲角度。

重置目标状态：将默认弯曲角度重置为堆栈中 mCloth 对象之前的状态。

显示：显示布料的当前目标状态。

（4）"纺织品物理特性"卷展栏

"纺织品物理特性"卷展栏如图 9-32 所示。

加载：打开对话框，从保存文件中加载"纺织品物理特性"设置。

保存：打开对话框，将"纺织品物理特性"设置保存到预设文件。

重力比：使用全局重力处于启用状态时重力的倍增。

图 9-32 "纺织品物理特性"卷展栏

密度：布料的密度，单位是克每平方厘米。

延展性：拉伸布料的难易程度。

弯曲度：折叠布料的难易程度。

使用正交弯曲：计算弯曲角度。

阻尼：类似于布料的弹性，影响布料摆动或还原的程度。

摩擦力：布料与自身或其他对象碰撞时抵制滑动的程度。

"压缩"组

限制：布料边可以压缩或褶皱的程度。

刚度：布料边抵制压缩或褶皱的程度。

（5）"体积特性"卷展栏

设置对象的体积效果，其卷展栏如图 9-33 所示。

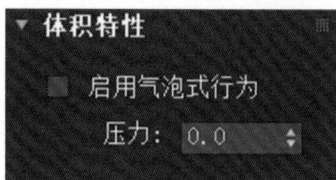

图 9-33 "体积特性"卷展栏

启用气泡式行为：模拟封闭体积，如轮胎或垫子。

压力：充气布料对象的空气体积或坚固性。

（6）"交互"卷展栏

"交互"卷展栏如图 9-34 所示。

自相碰撞：启用时，mCloth 对象将尝试阻止自相交。

自厚度：用于自碰撞的 mCloth 对象的厚度。如果布料自相交，则尝试增加该值。

刚体碰撞：启用时，mCloth 对象可以与模拟的刚体碰撞。

图 9-34 "交互"卷展栏

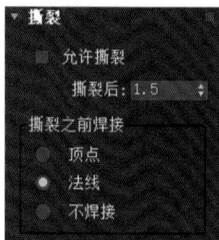

厚度：设置与刚体碰撞的 mCloth 对象的厚度。如果其他刚体与布料相交，则增加该值。

推刚体：启用时，mCloth 对象可以影响与其碰撞刚体的运动。

推力：mCloth 对象对于其碰撞刚体施加推力的强度。

附加到碰撞对象：启用时，mCloth 对象会黏附到与其碰撞的对象上。

影响：mCloth 对象对其附加对象的影响。

分离后：与碰撞对象分离前布料的拉伸量。

高速精度：启用时，mCloth 对象将使用更准确的碰撞检测方法。

（7）"撕裂"卷展栏

设置 mCloth 对象中撕裂效果，其卷展栏如图 9-35 所示。

允许撕裂：启用时，布料将在受到充足力的作用时撕裂。

图 9-35 "撕裂"卷展栏

撕裂后：布料边在撕裂前可以拉伸的量。

"撕裂之前焊接"组

选择在出现撕裂之前 MassFX 如何处理预定义撕裂。其中"顶点"表示分离前在预定义撕裂中焊接顶点；"法线"表示沿预定义撕裂对齐边上的法线，将二者混合在一起；"不焊接"表示不对撕裂边执行焊接。

（8）"可视化"卷展栏

"可视化"卷展栏如图 9-36 所示。

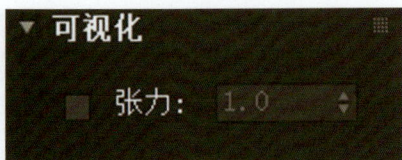

图 9-36 "可视化"卷展栏

张力：启用时，通过顶点着色的方法显示布料的压缩和张力。红色表示拉伸的布料，蓝色表示压缩的布料，绿色表示其他布料。

（9）"高级"卷展栏

"高级"卷展栏如图 9-37 所示。

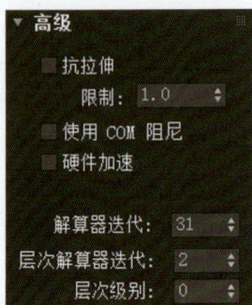

图 9-37 "高级"卷展栏

抗拉伸：启用时，防止低解算器迭代次数值的过度拉伸。

限制：允许的过度拉伸的范围。

使用 COM 阻尼：影响阻尼参数，获得更硬的布料。

硬件加速：启用时，将模拟使用 GPU（图形处理器）。

解算器迭代：每个循环周期内解算器执行的迭代次数。较高值可以提高布料的稳定性。

层次解算器迭代：层次解算器的迭代次数。

层次级别：力从一个顶点传播到相邻顶点的速度。增加该值可增加力在布料的扩散速度。

9.3.2 案例：模拟布料动画的制作

案例学习目标：使用 MassFX 的布料系统完成茶壶下落的制作。

案例知识要点：通过对 mCloth、刚体集合及参数面板的调整等完成布料动画效果的制作。

效果所在位置：本书配套文件包＞第 9 章＞案例：模拟布料动画

视频教程

的制作

（1）模拟布料下落动画的制作

① 打开布料下落动画的初始文件，查看场景效果（图 9-38）。

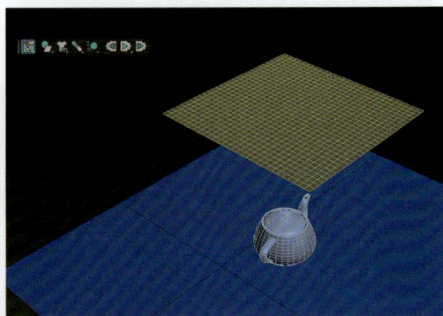

图 9-38 打开场景文件

② 选择茶壶和地面模型，在"动力学"面板设置为"静态刚体"（图 9-39），选择"平面"模型，在 mCloth 面板将其设置为"mCloth 对象"（图 9-40）。

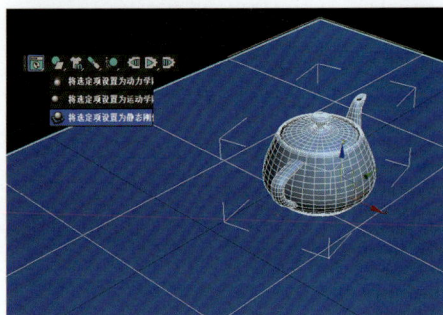

图 9-39 设置"静态刚体"

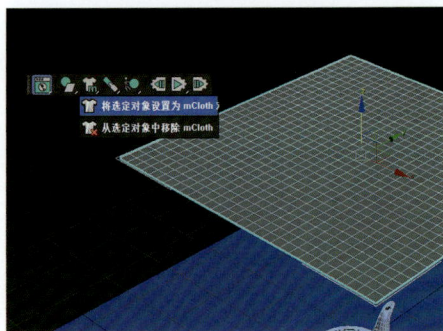

图 9-40 设置为"mCloth 对象"

③ 单击 MassFX 工具栏中的 （开始模拟）查看动画效果，发现布料质感较硬，下落速度较快（图 9-41）。这里需要制作轻柔的布料

效果，点击（重置模拟）恢复初始状态，选择平面对象，在"纺织品物理特性"卷展栏中将"重力比"设置为"0.05"，"密度"设置为"0.5"，"延展性"设置为"1.0"，"弯曲度"设置为"1.0"，再次点击"开始模拟"按钮查看动画效果（图9-42）。

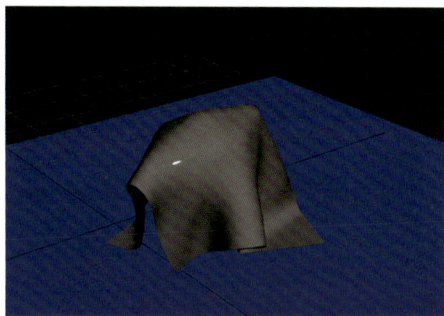

图9-41　查看动画效果（1）

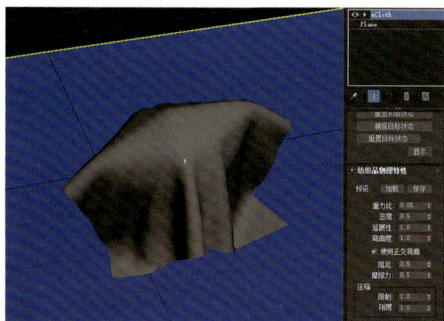

图9-42　查看动画效果（2）

④ 点击（重置模拟）恢复初始状态。选择平面对象，在"交互"卷展栏中将"自相碰撞"的"自厚度"设置为"1.5"，"刚体碰撞"的"厚度"设置为"1.5"，再次点击"开始模拟"按钮查看动画效果（图9-43）

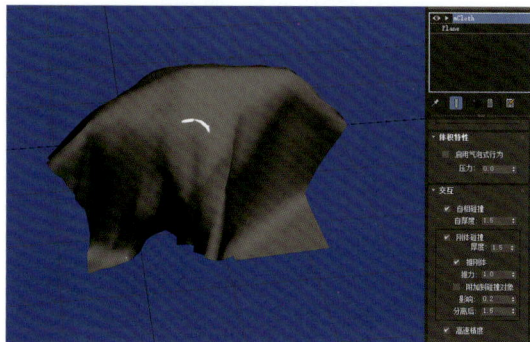

图9-43　查看动画效果（3）

⑤ 如果动画合适，点击（模拟工具）面板中"模拟烘焙"组的"烘焙所有"，生成动画关键帧并通过渲染器进行输出设置（图9-44）。

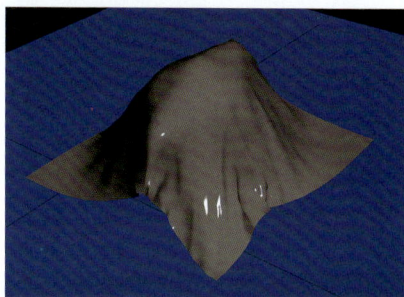

（a）第20帧

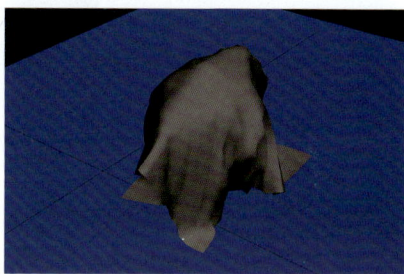

（b）第33帧

图9-44　最终动画效果

（2）模拟布料撕裂动画的制作

① 打开模拟布料撕裂动画的初始文件，查看场景效果（图9-45）。

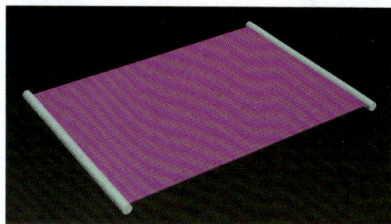

图9-45　打开场景文件

② 选择窗帘，在mCloth面板将其设置为"mCloth对象"。打开顶视图，进入mCloth的"顶点"层级，选择最左侧的一组顶点并点击"设定组"，在弹出的对话框中命名为"固定组1"并点击"确定"，创建组（图9-46）。在选框中选择创建的"固定组1"，并点击"约束"组的"节点"，在画面选择左侧栏杆，此时布料即绑定到栏杆上（图9-47）。

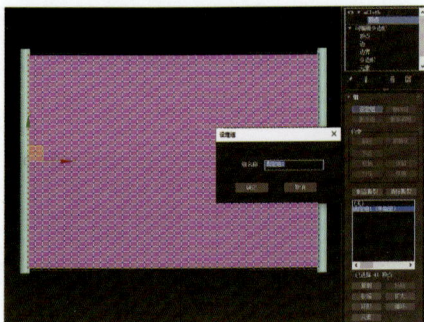

图 9-46 设置"设定组"

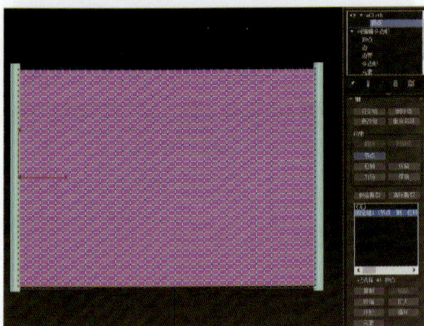

图 9-47 布料绑定到左侧栏杆

③ 同理，选择最右侧的一组顶点，点击"设定组"并点击"节点"固定到右侧栏杆（图9-48）。单击 MassFX 工具栏中的 ▶（开始模拟）查看动画效果（图 9-49）。

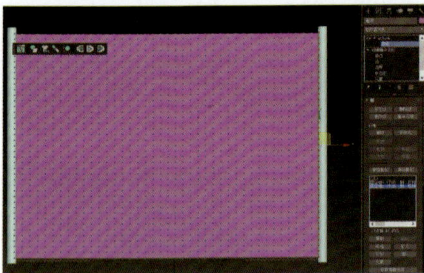

图 9-48 布料绑定到右侧栏杆

图 9-49 查看动画效果

④ 设置关键帧。点击 ◀（重置模拟）恢复初始状态，将时间滑块拖到第 0 帧，选择左侧的圆柱体，打开"自动关键点"，选择"左侧栏杆"并点击 ➕（设置关键点），创建第一个关键帧。将时间滑块拖到第 30 帧，将左侧栏杆模型移动一段距离，生成第二个关键帧（图 9-50）。设置完成后，取消"自动关键点"。

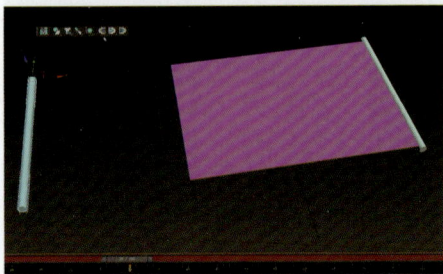

图 9-50 设置第二个关键帧

⑤ 选择窗帘，进入 mCloth 修改器的"顶点"层级，在窗口选择中间的一组点，并点击"制造撕裂"，在弹出的对话框中命名为"撕裂组"（图 9-51）。回到 mCloth 修改器，在"撕裂"卷展栏中，勾选"允许撕裂"，"撕裂后"数值设置为"1.0"。点击"开始模拟"按钮查看撕裂效果（图 9-52）。

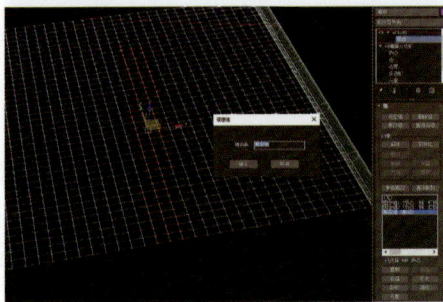

图 9-51 设置"撕裂组"

图 9-52 查看撕裂效果（1）

⑥ 选择布料，在"纺织品物理特性"卷展栏中将"重力比"设置为"0.1"，"密度"设置为"10"，再次点击"开始模拟"按钮查看动画效果（图9-53）。

图9-53　查看撕裂效果（2）

⑦ 如果动画合适，点击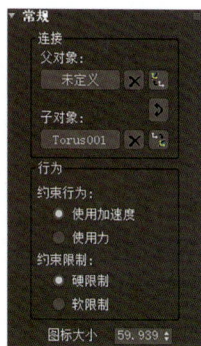（模拟工具）面板中"模拟烘焙"组的"烘焙所有"，生成动画关键帧并通过渲染器进行输出设置（图9-54）。

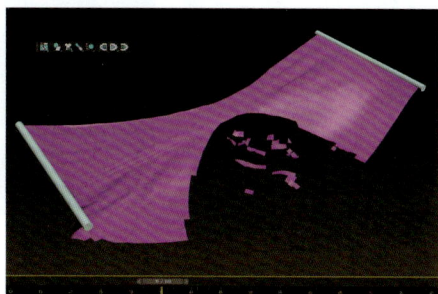

（a）第35帧

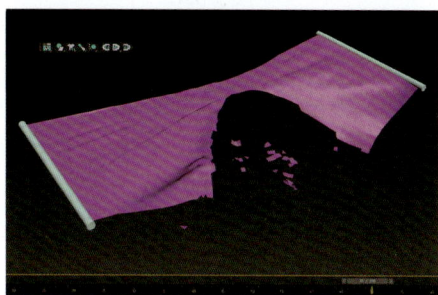

（b）第70帧

图9-54　最终动画效果

9.4　约束辅助对象

MassFX 约束辅助对象类似于现实世界的约束工具，包括转枢、钉子、索道和轴等，它们可以限制刚体在模拟场景中的运动，其约束类型如图9-55所示。

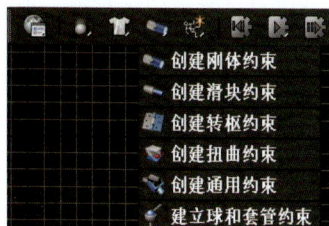

图9-55　约束辅助对象

9.4.1　约束辅助对象简介

约束辅助对象可以将两个或多个刚体链接在一起，也可以将刚体固定到场景。大多数约束辅助对象用于链接两个刚体，将子对象刚体链接到父对象刚体，并沿着父对象运动。例如，转枢约束链接汽车车身和车门，车身作为父对象，车门为子对象，车门旋转时打开或关闭车门，且其方向与汽车车身的方向相关。

9.4.2　约束辅助对象界面

（1）"常规"卷展栏

"常规"卷展栏如图9-56所示。

图9-56　"常规"卷展栏

"连接"组

将约束指定给刚体时，可以指定给父对象和子对象，也可仅指定给子对象。对于约束组的层次关系，子对象必须是动力学刚体，父对象可以是动力学刚体、运动学刚体或为空（固定到场景）。如果同时指定父对象和子对象，则父对象的运动将受约束影响，子对象的运动将受父对象运动和约束的影响。如果仅指定子对象，则子对象将受约束的影响。

"父对象"集设置约束的父对象刚体。父对象可以是动力学或运动学对象，不能是静态对象。

"子对象"集设置约束的子对象刚体。子对象必须是动力学刚体，不能是运动学或静态刚体。

■（删除）：单击该按钮删除父/子对象。当取消父/子对象，约束会锚定到全局空间。

■（移动到父/子对象的轴）：将约束设置在父/子对象的轴上。

■（切换父/子对象）：反转父/子关系，之前的父对象变成子对象，反之亦然。

"行为"组

约束行为：设置受约束实体是"使用加速度"或者"使用力"确定约束行为。其中，"使用加速度"有助于提高关节总体的稳固性，但关节之间的质量平衡可能会出错；"使用力"有助于生成更精确的运动效果，但弹簧和阻尼的计算公式包含质量参数，结果可能难控制。

约束限制：约束会根据"硬限制"或"软限制"设置采取限制行动。其中，选择"硬限制"时，当子对象刚体到达运动范围的边界时，将根据确定的"反弹"值反弹回来；选择"软限制"时，当子对象刚体到达运动范围的边界时，将激活弹簧和阻尼来减慢子对象或应用力以使其返回限制范围内。

图标大小：设置约束辅助对象的图标尺寸。

（2）"平移限制"卷展栏

指定受约束子对象线性运动的允许范围，其卷展栏如图9-57所示。

X、Y、Z：为每个轴选择沿轴约束运动的方式。

锁定：防止刚体沿此局部轴移动。

受限：允许对象按"限制半径"大小沿局部轴移动。

自由：刚体沿着各自轴的运动不受限制。

限制半径：父对象

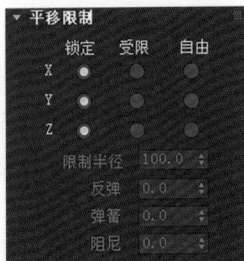

图9-57 "平移限制"卷展栏

和子对象可以从其"初始偏移"偏离到受限轴的距离。

反弹：碰撞时对象偏离限制而反弹的程度。值为0表示没有反弹，而值为1表示完全反弹。

弹簧：在超限情况下将对象拉回限制点的"弹簧"强度。较小的值表示低弹簧力，较大的值会随着力增加将对象拉回到限制。

阻尼：对于任何受限轴，设置平移超出限制时所受的移动阻力数量。

（3）"摆动和扭曲限制"卷展栏

指定受约束子对象的运动角度的允许范围，其卷展栏如图9-58所示。

"摆动Y"组、"摆动Z"组

"摆动Y"和"摆动Z"分别表示围绕约束的局部Y轴和Z轴旋转。包括"锁定""受限""自由"三个选项。其中，"锁定"可以防止父对象和子对象围绕约束的各自轴旋转；"受限"允许父对象和子对象围绕轴的中心旋转固定数量的度数；"自由"允许父对象和子对象围绕约束的局部轴无限制旋转。

图9-58 "摆动和扭曲限制"卷展栏

角度限制：当摆动设置为"受限"时，允许离开中心旋转的度数。

反弹：当摆动设置为"受限"时，碰撞时对象偏离限制而反弹的数量。值为0表示没有反弹，而值为1表示完全反弹。

弹簧：在超限情况下将对象拉回限制点的"弹簧"强度。较小的值表示低弹簧力，较大的值将对象拉回到限制。

阻尼：当摆动设置为"受限"且超出限制时，对象在限制以外所受的旋转阻力数量。

"扭曲"组

扭曲是指围绕约束的局部X轴旋转。

锁定：防止父对象和子对象围绕约束的局部X轴旋转。

受限：允许父对象和子对象围绕局部X轴

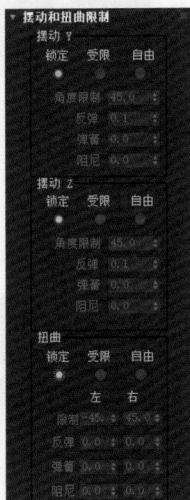

在固定角度范围内旋转。

自由：允许父对象和子对象围绕约束的局部X轴无限制旋转。

限制：当"扭曲"设置为"受限"时，"左"和"右"值是两侧限制的绝对度数。

（4）"弹力"卷展栏

控制约束的弹力效果，其卷展栏如图9-59所示。

"弹到基准位置"组

弹性：将父对象和子对象拉回到其初始偏移位置的力量。较小的值代表弹簧力弱，而较大的值代表弹簧力强。值为0表示没有弹簧力。

阻尼：弹性不为0时用于限制弹性的阻力，这会减弱弹簧的效果。

"弹到基准摆动"组

类似于"弹到基准位置"，但将对象拉回到其围绕局部Y轴和Z轴的初始旋转偏移。

"弹到基准扭曲"组

类似于"弹到基准摆动"，但将对象拉回到其围绕局部X轴的初始旋转偏移。

（5）"高级"卷展栏

"高级"卷展栏如图9-60所示。

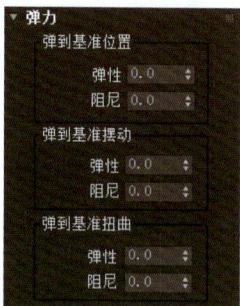

图9-59 "弹力"卷展栏　　图9-60 "高级"卷展栏

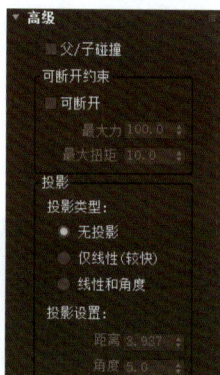

父/子碰撞：禁用时，由约束链接的父刚体和子刚体将无法相互碰撞。启用时，可以使两个刚体发生碰撞，并对其他刚体作出反应。

"可断开约束"组

可断开：启用时，如果在父对象和子对象之间应用超出"最大力"的线性力或超出"最大扭矩"的扭曲力，则"破坏"约束。

最大力："可断开"处于启用状态时，如果线性力的大小超过该值，将断开约束。

最大扭矩："可断开"处于启用状态时，如果扭曲力的数量超过该值，将断开约束。

"投影"组

投影类型：父对象和子对象违反约束的限制时，需要选择投影方法并设置相应的值。其中，"无投影"表示不执行投影；"仅线性（较快）"表示执行投影线性距离，需要设置"距离"值；"线性和角度"将执行线性投影和角度投影，需要设置"距离"和"角度"值。

距离：必须超过约束冲突的最小距离，投影才能生效，低于此距离将不会使用投影。

角度：必须超过约束冲突的最小角度，投影才能生效。低于该角度将不会使用投影。

9.5 课堂实训：保龄球动画的制作

课堂实训目标：使用MassFX的刚体完成保龄球动画的制作。

课堂实训要点：通过MassFX中动力学刚体和静态刚体，以及物理材质、图形类型和接触壳等完成保龄球动画的制作。

视频教程

效果所在位置：本书配套文件包>第9章>课堂实训：保龄球动画的制作。

① 打开初始模型，查看模型效果（图9-61）。

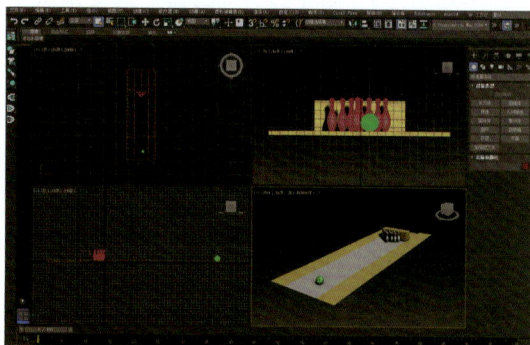

图9-61 打开场景文件

② 在顶视图创建曲线，曲线的起点是球瓶，

终点是保龄球，并朝向右侧弯曲，高度与球瓶中心的高度相近，作为保龄球的轨迹（图9-62）。

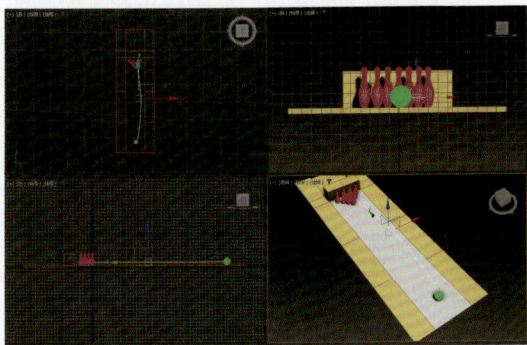

图 9-62　创建曲线

③ 选择"球瓶"，进入 （运动）>"运动路径"面板，打开"转换工具"卷展栏，将"结束时间"设置为"50"，并点击"转换自"按钮，随后在视图中拾取"曲线"，生成运动轨迹（图9-63）。

图 9-63　生成运动轨迹

④ 打开 MassFX 工具栏，将"地面"设置为"静态刚体"，选择所有的"保龄球"设置为"动力学刚体"（图9-64），"球瓶"设置为"运动学刚体"（图9-65）。

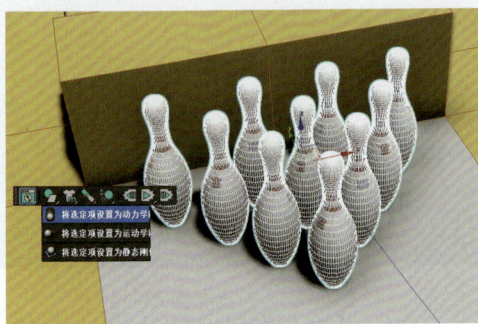

图 9-64　"保龄球"设置为"动力学刚体"

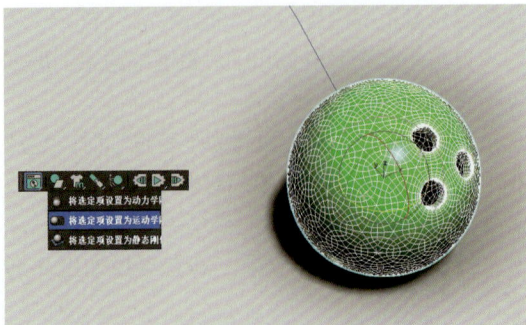

图 9-65　"球瓶"设置为"运动学刚体"

⑤ 选择所有"保龄球"，打开"多对象编辑器"面板的"物理材质属性"卷展栏，同时调整所有"保龄球"的属性（必须是相同属性的刚体才可以），将"反弹力"设置为"0.7"（图9-66）。点击 （开始模拟）按钮查看动画效果（图9-67）。

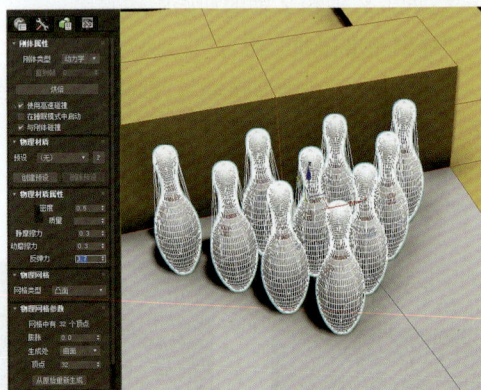

图 9-66　设置"反弹力"

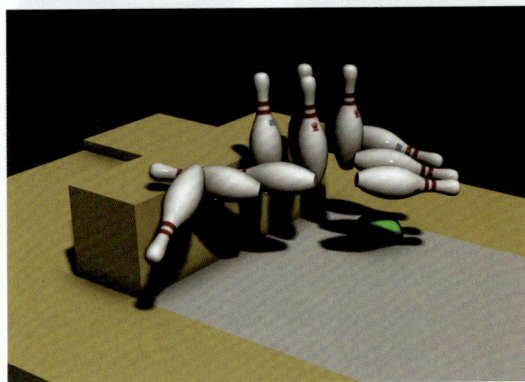

图 9-67　查看动画效果

⑥ 保龄球的腾空是由于地面的物体网格。点击 （重置模拟）恢复初始状态。选择"地

面"，在修改面板中将"物理图形"设置为"长方体"。打开"物理网格参数"卷展栏，将"高度"设置为"5.5"，使其与地面重合（图9-68）。点击"修改图形"下的"添加"按钮，为"地面"添加一个物体网格，在"物理网格参数"卷展栏，将"长度""宽度""高度"分别设置为"112""35""42"（图9-69）。随后进入"刚体"修改器的"网格变换"层级，通过"移动"工具使物理网格与地面凸出的长方体重合。

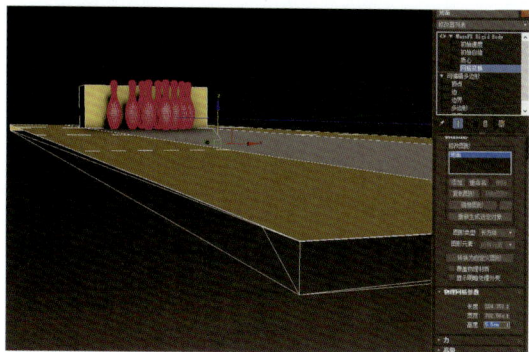

图9-68 设置"物理网格参数"的"高度"

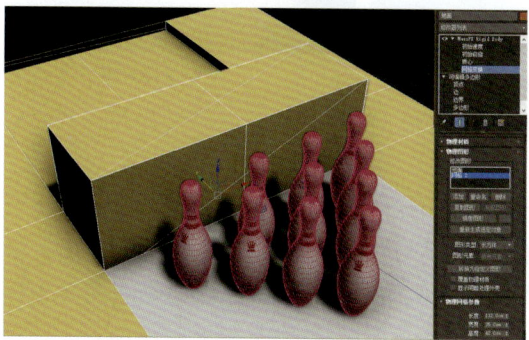

图9-69 创建"物理网格"

提示：如精确调整保龄球的物理网格及其他属性，可以创建多个物理图形组成复杂的造型。选择保龄球，在"物理图形"卷展栏将"图形类型"设置为"胶囊"，再点击"物理图形"的"添加"，再次创建一个"胶囊"图形并调整参数，随后可以进入"网格变换"层级，移动物理网格与保龄球的造型重合。

⑦ 再次模拟动画，发现保龄球摇晃歪倒，球瓶的速度很慢（图9-70）。

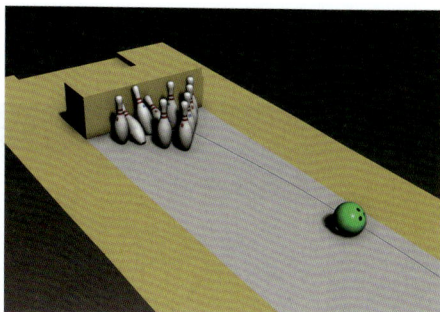

图9-70 保龄球摇晃歪倒

⑧ 增强碰撞力度。首先，提高球瓶的密度，即增大质量。选择球瓶，在"物理材质"卷展栏中将"质量"设置为"20"，将"动摩擦力"修改为"0.3"（图9-71）；其次，缩短球瓶的运动时间，进而提高速度。选择球瓶，在窗口下方的轨迹视图中选择所有关键帧，将光标放在第50帧关键帧上出现 ◀▶（右侧箭头）时，按住鼠标往左拖曳，将50帧关键帧动画等比例压缩到30帧，在"刚体属性"卷展栏中勾选"直到帧"，参数设置为"27"（设置为27帧的原因是球瓶与保龄球接触的时间帧，该值需要根据动画效果灵活设置）（图9-72）。

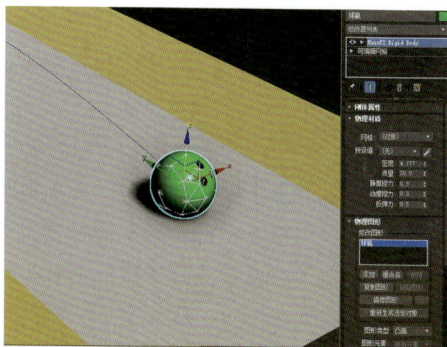

图9-71 提高球瓶的质量

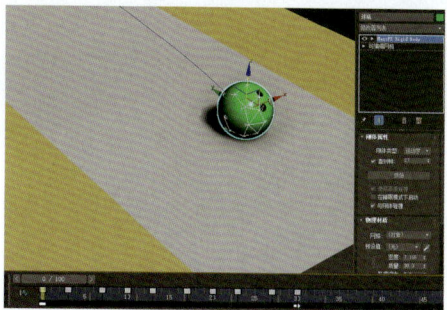

图9-72 缩短动画时长，并启用"直到帧"

⑨ 防止保龄球摇晃，选择保龄球设置为"运动学"刚体，勾选"直到帧"，参数设置为"27"（图9-73）。再次点击"开始模拟"按钮查看动画效果（图9-74）。

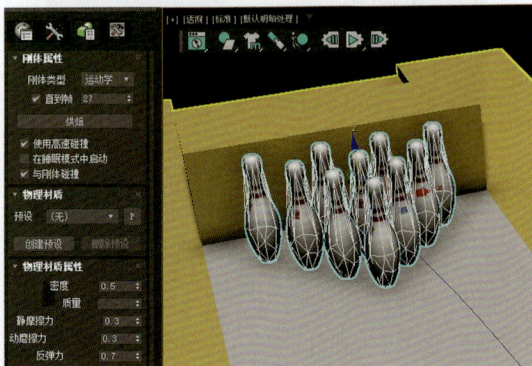 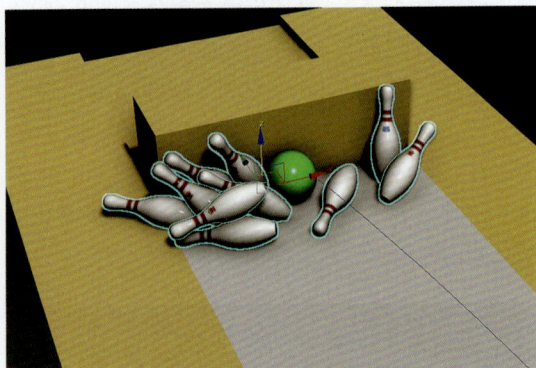

图9-73 设置"运动学"刚体　　　　　　　图9-74 查看动画效果

⑩ 如果需要继续加大撞击力度，可以加大球瓶的质量，降低保龄球的质量，或者压缩撞击时间进而提高球瓶的运动速度等，最终效果如图9-75所示。

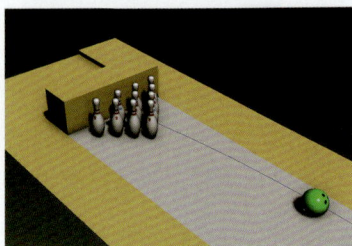 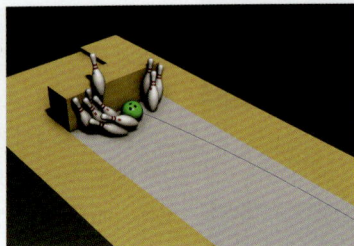 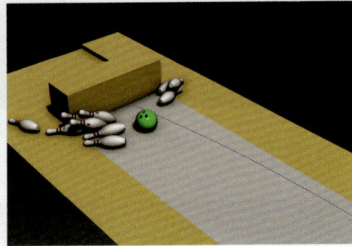

（a）第17帧　　　　　　　（b）第36帧　　　　　　　（c）第62帧

图9-75 最终动画效果

课后拓展

打开本书配套文件包＞第9章＞布料与刚体动画制作中的初始效果文件（图9-76），综合运用本章所学知识点，进行布料与刚体相结合的动画案例设计制作，实现如图9-77所示的效果。具体操作步骤及最终效果文件见文件包。

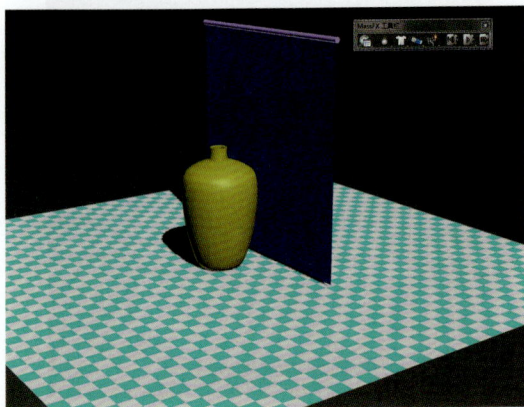

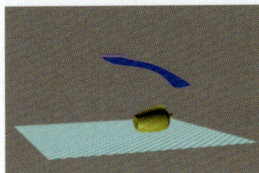 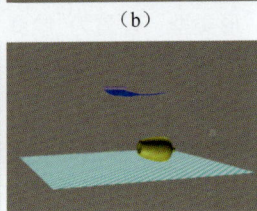
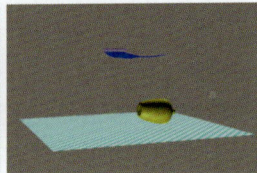

（a）　　　　　　　　　（b）

（c）　　　　　　　　　（d）

图9-76 打开场景文件　　　　　　　　图9-77 最终效果

第10章
粒子系统及空间扭曲

● **本章内容** 介绍3ds Max软件的粒子流源、粒子阵列等粒子系统的发射方式和使用方法，以及如何使用空间扭曲制作动画效果等。同时，软件提供了包含粒子流源、喷射、雪等多种粒子系统，功能强大且操作简单。空间扭曲可以为场景对象提供各种"力"效果，如波浪、涟漪或者爆炸效果等，模拟出各种自然效果。

● **学习目标** 掌握粒子系统的发射方式和使用方法；了解常用空间扭曲对象；掌握常用空间扭曲的使用方法。

10.1 粒子系统

3ds Max 软件的粒子系统主要用于制作动画特效，例如下雪、流水或爆炸等（图10-1）。其中，3ds Max 软件主要包含两种不同类型的粒子系统：事件驱动型和非事件驱动型。事件驱动粒子系统又称为粒子流源，它可以设置事件的粒子属性，赋予每个事件粒子不同的属性和行为，并根据测试结果发送给不同的事件，进而生成复杂的动画。非事件驱动粒子系统的粒子通常在动画中显示一致的属性和行为，包括暴风雪、超级喷射、粒子阵列等多种预设粒子系统。

图10-1 粒子系统创建的喷泉

使用粒子系统前，应根据需要的动画效果选择合适的粒子系统。通常情况下，简单动画如下雪或喷泉，使用非事件驱动粒子系统制作相对便捷。对于较复杂的动画，例如破碎、火焰和烟雾，使用粒子流源可以获得更加生动的动画效果。

10.1.1 事件驱动粒子

事件驱动粒子又称为粒子流源，主要通过"粒子视图"对话框设置事件驱动粒子进行动画。"粒子视图"中，可将粒子属性（如形状、速度、方向和旋转等）的"操作符"添加到事件组中，每个"操作符"提供一系列参数，控制事件期间的粒子行为，形成具体的粒子动态效果。

默认情况下，粒子流源的图标作为粒子的发射器使用，显示为带有徽标的矩形（图10-2）。在视图中选择源图标时，修改面板出现粒子流源发射器卷展栏，具体参数如下。

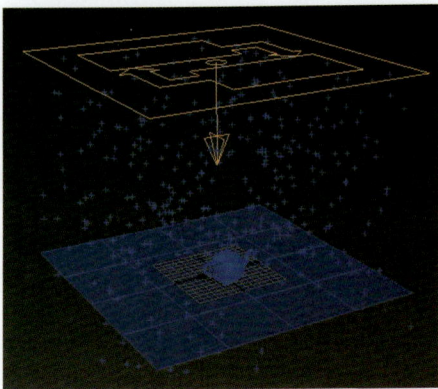

图 10-2 粒子流源图标

（1）"设置"卷展栏

用于打开或关闭粒子系统，以及打开"粒子视图"对话框（图 10-3），"设置"卷展栏如图 10-4 所示。

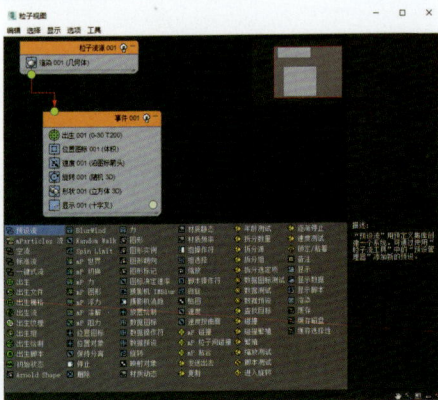

图 10-3 "粒子视图"对话框

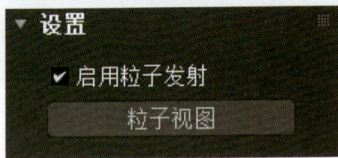

图 10-4 "设置"卷展栏

启用粒子发射：打开和关闭粒子系统。默认设置为启用。

粒子视图：单击可打开"粒子视图"对话框。

（2）"发射"卷展栏

设置发射器图标的物理特性，以及渲染时视口中生成的粒子百分比，"发射"卷展栏如图 10-5 所示。

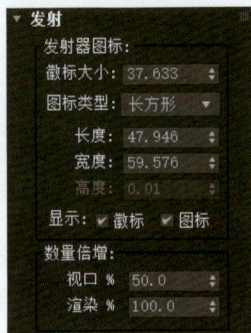

图 10-5 "发射"卷展栏

"发射器图标"组

徽标大小：设置显示粒子流徽标的大小，以及指示粒子运动方向的箭头。该设置仅影响徽标的视口显示效果，不会影响粒子系统。

图标类型：选择源图标的几何体，如矩形、长方形、圆形或球体。仅当源图标作为粒子发射器时，此选择才起作用。

长度：设置"矩形""长方形"图标类型的长度，以及"圆形""球体"图标类型的直径。

宽度：设置"矩形""长方体"图标类型的宽度，不适用于"圆形""球体"图标类型。

高度：设置"长方体"图标类型的高度，仅适用于"长方体"图标类型。

显示：打开或关闭徽标和图标的显示，此设置仅影响视口显示，不会影响粒子系统。

"数量倍增"组

设置渲染时视口中实际生成的粒子总数的百分比，但不影响可见粒子的百分比。

视口 %：设置视口内生成粒子总数的百分比。默认值为 50，范围为 0～10000。

渲染 %：设置渲染时生成粒子总数的百分比。默认值为 100，范围为 0～10000。

（3）"选择"卷展栏

"选择"卷展栏如图 10-6 所示。

（粒子）：通过单击粒子或拖动一个区域来选择粒子。

（事件）：按事件选择粒子。通过高亮显示"按事件选择"列表中的事件或在视口中选择一个或多个事件中的粒子。

每个粒子都有唯一的 ID 号，使用这些控件可按粒子 ID 号选择和取消选择粒子。

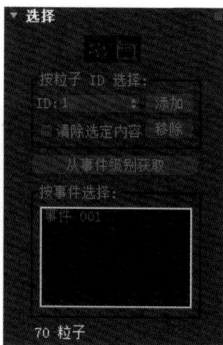

图10-6 "选择"卷展栏

ID：此控件可设置要选择的粒子 ID 号。每次只能设置 1 个数字。

添加：输入要选择的粒子的 ID 号后，单击可将其添加到选项。

移除：输入要选择的粒子的 ID 号后，单击可将其从选择中移除。

清除选定内容：启用后，单击"添加"按钮会取消选择所有的粒子。

从事件级别获取：单击可将"事件"级别选择转化为"粒子"级别。

[按事件选择列表]：显示粒子流的所有事件。

（ ）粒子：显示选定粒子的数目。

（4）"系统管理"卷展栏

可限制系统中的粒子数，并指定更新系统的频率（图10-7）。

图10-7 "系统管理"卷展栏

"粒子数量"组

上限：系统可包含粒子的最大数。默认设置为 100000，范围为 1～10000000。

"积分步长"组

较小的积分步长可以提高精度，但需要较多的计算时间。在渲染时，要根据粒子动画应用不同的积分步长。大多数情况下，使用默认

的"积分步长"设置即可。

视口：设置在视口中播放动画的积分步长。默认设置为"帧"（每个 1 次）。范围为"八分之一帧"至"帧"。

渲染：设置渲染时的积分步长。默认设置为"半帧"（每帧 2 次）。范围为"1 Tick"（0.05 秒）至"帧"。

（5）"脚本"卷展栏

可设置脚本应用于每个积分步长并查看每帧的最后一个积分步长，其卷展栏如图 10-8 所示。

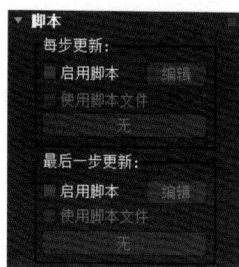

图10-8 "脚本"卷展栏

"每步更新"组

启用脚本：启用后按每积分步长执行内存中的脚本。

编辑：单击此按钮可打开脚本的文本编辑器窗口。如果未加载脚本，单击"编辑"将显示"打开"对话框，用以加载脚本。

使用脚本文件：当此项处于启用状态时，可以通过单击下面按钮加载脚本文件。

无：单击此按钮可显示"打开"对话框，可通过此对话框加载脚本文件。

"最后一步更新"组

启用脚本：在最后的积分步长后执行内存中的脚本。

编辑：单击此按钮可打开当前脚本的文本编辑器窗口。

使用脚本文件：启用时，可以通过单击下面按钮加载脚本文件。

无：单击此按钮可打开对话框，从磁盘加载脚本文件。

（6）"粒子视图"对话框

"粒子视图"对话框用于创建和修改粒子系

统（图 10-9），包含菜单栏、粒子图表、仓库、参数面板等。

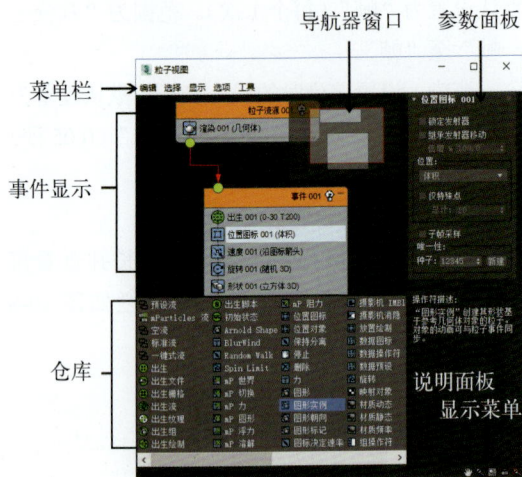

图 10-9 "粒子视图"对话框

① 菜单栏：提供了用于编辑、选择、调整视图以及分析粒子系统的功能。

② 事件显示：包含粒子图表，并提供修改粒子系统的功能。

其中，"事件 001"是系统自动创建事件，也称为"全局事件"，它包含的操作符能影响整个粒子系统。在该事件中，"出生 001"操作符用于生成粒子。默认情况下，"出生"操作符后可以添加任意数量的后续命令，"出生"操作符和后续命令统称为"局部事件"。通常，"局部事件"只影响处于当前事件中的粒子。事件与事件的联系需要通过"测试"连接。"测试"用来确定粒子何时可满足条件离开当前事件并进入其他事件中。通过这一系列的关联形成了粒子系统的结构或流。

a. 常规事件编辑。如果需要粒子实现某个动作，可以将动作（操作符、测试和流）从"仓库"拖入"事件"中。将动作拖入事件时，如果该动作显示红线，则新动作将替换原动作。如果该动作显示蓝线，则该动作将插入列表中。此外，如果将动作放置到显示面板的空白区域，则会创建一个新事件。

若要将"测试"与事件关联，选择"测试"输出的绿色圆圈（向测试的左侧伸出）拖至事件输入（从顶部伸出），如图 10-10 所示。单击

动作的名称时，动作参数将显示在"粒子视图"的右侧，用于设置和修改参数。

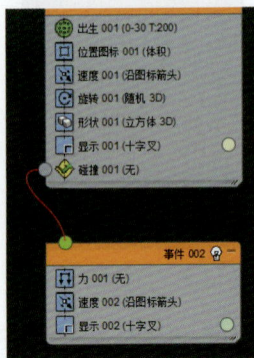

图 10-10 关联测试与事件

b. 导航器窗口，用于显示所有事件（图 10-11）。红色矩形代表当前"事件显示"的边界。当"粒子流"系统包含大量事件时，导航器便于操作显示范围。

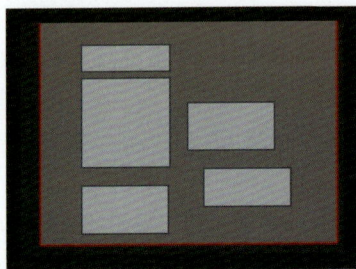

图 10-11 导航器窗口

③ 参数面板：用于查看和编辑选定动作的参数。

④ 仓库：包含默认的粒子系统和所有的"粒子流"动作。单击仓库中的动作，对话框右侧会出现说明文字。仓库的内容可划分为三个类别：操作符、测试和流。

a. 操作符。"操作符"是粒子系统的基本元素，用于描述粒子速度、方向、形状、外观以及其他。将操作符应用到事件中指定粒子的特性（图 10-12）。操作符在"粒子视图"仓库中按字母顺序显示。"操作符"的图标都有蓝色背景，但"出生"操作符例外，它是绿色背景。

b. 测试。"测试"在"粒子视图"仓库中按照字母顺序列出。测试的图标均为黄色菱形，表示为电气开关的简图（图 10-13）。测试的功

图 10-12　操作符

能是确定粒子是否满足一个或多个条件，如果满足，粒子通过测试时，称为"测试为真值"，粒子就会被发送到另一个事件；未通过测试的粒子被称为"测试为假值"，粒子则保留在该事件中。可以在一个事件中使用多个测试；第一个测试检查事件中的所有粒子，第一个测试之后的每个测试只检查保留在该事件中的粒子。

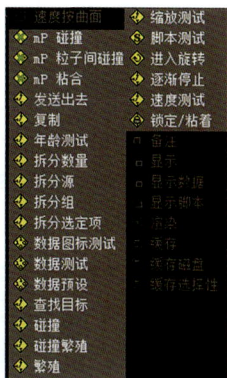

图 10-13　测试

c．流。"流"用于创建不同种类的初始粒子系统。要使用"流"，只需将其从仓库拖动到"粒子视图"主窗口中。图 10-14 中列出了可用的"流"。

图 10-14　粒子流

⑤"说明"面板：高亮显示的仓库项目的简短说明。

⑥ 显示菜单：使用对话框右下角中的显示工具，可以平移和缩放、隐藏事件显示窗口。

> **提示：** 一定要将"测试"放在事件结尾，除非由于特定原因需要将其放在其他位置。

10.1.2　案例：烟火粒子特效的制作

案例学习目标：学习粒子流源粒子系统的操作方式和参数调节。

案例知识要点：掌握粒子流源粒子系统的创建方式和粒子事件的设置方式，通过不同粒子事件的组合完成粒子特效的制作。

视频教程

效果所在位置：本书配套文件包＞第 10章＞案例：烟火粒子特效的制作。

① 打开初始模型，查看模型效果（图10-15）。

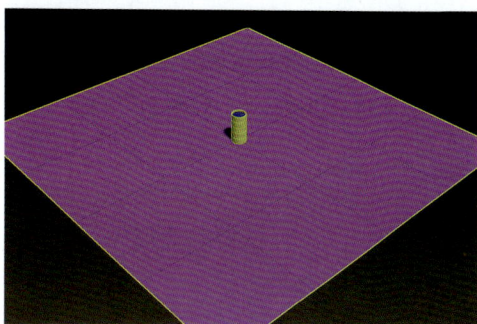

图 10-15　打开场景文件

② 单击 ✛（创建）＞ ⬤（几何体）＞"粒子系统"＞"粒子流源"，在场景中创建一个粒子系统。在修改面板中打开"发射"卷展栏，将"数量倍增"组的"视口 %"设置为"100"（图 10-16）。

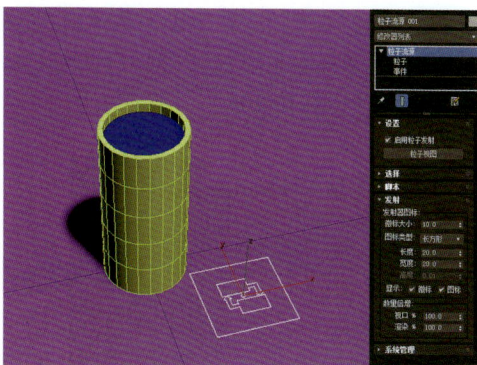

图 10-16　创建粒子流源

③ 在修改面板中打开"粒子视图"对话框，将"仓库"中的"位置对象"拖曳到"位置图标"上并将其替换（图 10-17）。选择"位置对

象 001"，点击"发射器对象"下的"添加"按钮，在窗口中拾取"发射筒"，粒子的发射即从"发射筒"开始（图 10-18）。

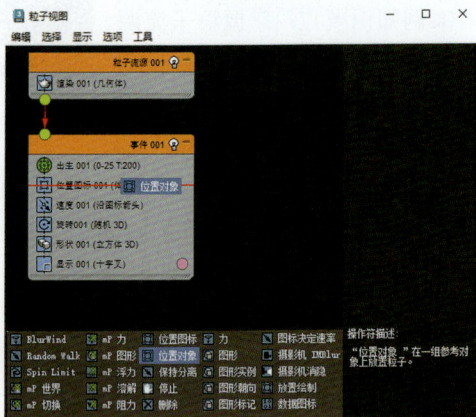

图 10-17 "位置对象"替换"位置图标"

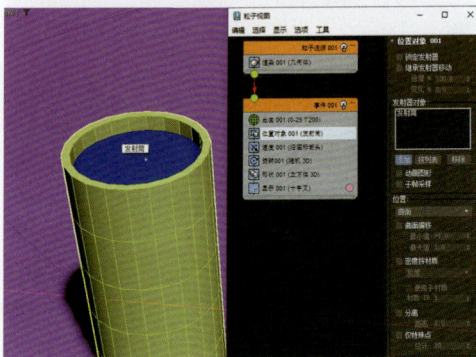

图 10-18 拾取"发射筒"

④ 将"形状 001"的"大小"设置为"1"；将"显示 001"中"类型"设置为"几何体"（图 10-19）。拖动时间滑块查看粒子动画，发现粒子朝下发射（图 10-20）。

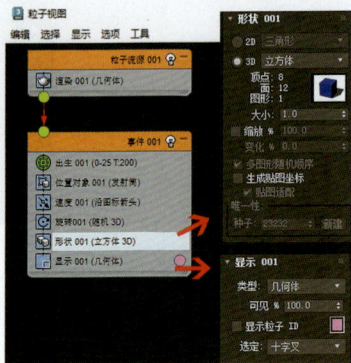

图 10-19 设置"形状 001""显示 001"

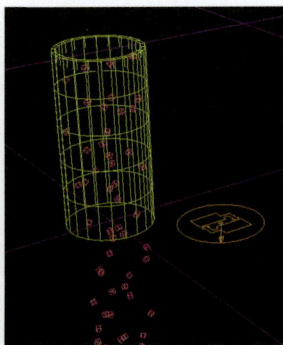

图 10-20 查看粒子动画（1）

⑤ 将"出生 001"的"发射开始"设置为"0"，"发射结束"设置为"200"，"数量"设置为"600"；在"速度 001"中，勾选"反转"，"散度"设置为"30"（图 10-21）；将"旋转001"设置为"随机 3D"。拖动时间滑块查看粒子动画，此时粒子朝上发射（图 10-22）。

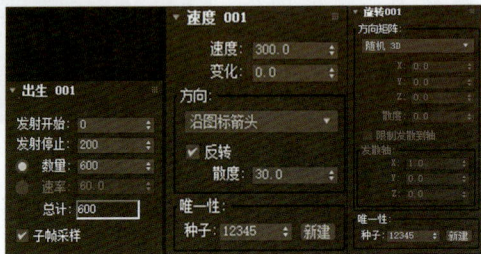

图 10-21 设置"出生 001""速度 001""旋转 001"

图 10-22 查看粒子动画（2）

⑥ 将"仓库"的"年龄测试"拖曳到"事件 001"中。选择"年龄测试 001"，将"测试值"设置为"0"，将"变化"设置为"50"（图10-23）。将"仓库"中的"繁殖"拖曳到窗口中，形成"事件 002"。选择"繁殖 001"，在"繁殖速率和数量"组中选择"按移动距离"，

将"步长大小"设置为"50","子孙数"设置为"2",将"速度"组的"继承%"设置为"85","散度"设置为"0"（图10-24）。生成粒子视图如图10-25所示。

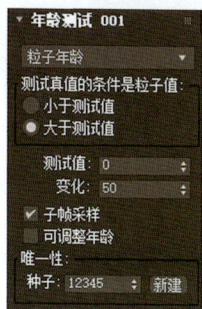

图10-23　设置"年龄测试001"

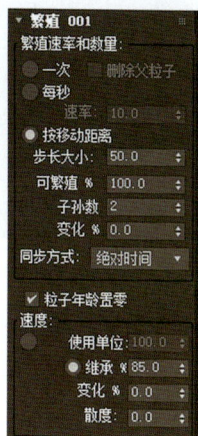

图10-24　设置"繁殖001"

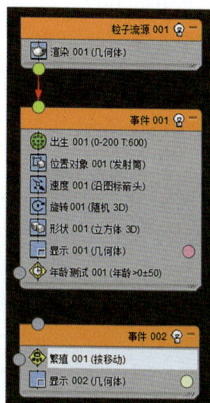

图10-25　粒子视图

⑦ 在"事件001"中复制"形状001"，并粘贴到"事件002"中，将"显示002"中"类型"设置为"几何体"，将"事件001"中"年龄测试001"开关与"事件002"关联（图10-26）。查看粒子动画效果（图10-27）。

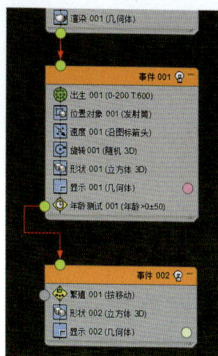

图10-26　"事件001"与"事件002"关联

图10-27　查看粒子动画（3）

⑧ 将"仓库"的"年龄测试"拖曳到"事件002"中，选择"年龄测试002"，将"测试值"设置为"15"，"变化"设置为"4"。将"仓库"的"删除"拖曳到窗口中，生成"事件003"。将"事件002"中"年龄测试002"开关与"事件003"关联（图10-28）。拖动时间滑块可以看见粒子动画会慢慢消失（图10-29）。

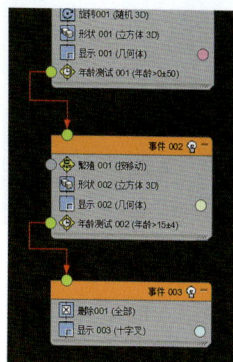

图10-28　"事件002"与"事件003"关联

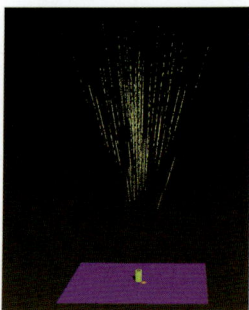

图 10-29　查看粒子动画（4）

⑨ 将"事件 002"中"年龄测试 002"复制并粘贴，生成"年龄测试 003"。将"仓库"的"繁殖"拖曳到窗口中，生成"事件 004"。打开"繁殖 002"，将"子孙数"设置为"3"，将"速度"组的"散度"设置为"10"。将"事件 002"中"年龄测试 003"开关与"事件 004"关联（图 10-30）。拖动时间滑块可以看见粒子呈现大量繁殖效果（图 10-31）。

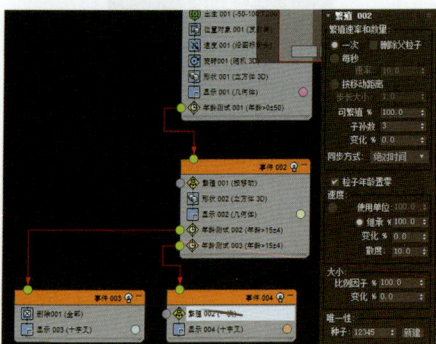

图 10-30　"事件 002"与"事件 004"关联

图 10-31　查看粒子动画（5）

⑩ 将"仓库"的"年龄测试"拖曳到"事件 004"中。打开"年龄测试 004"，将"测试值"设置为"10"。将"事件 004"中"年龄测

试 004"开关与"事件 003"关联（图 10-32）。拖动时间滑块可以看见粒子在大量繁殖后慢慢消失（图 10-33）。

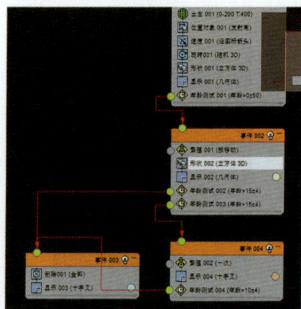

图 10-32　"事件 004"与"事件 003"关联

图 10-33　查看粒子动画（6）

⑪ 将"仓库"中的"静态材质"拖入"事件 001"中，并采用"粘贴实例"的方式粘贴到"事件 002"和"事件 004"中。点击快捷键 M 在"材质编辑器"对话框中将已制作的"发光材质"拖入"静态材质"的"指定材质"中（图 10-34）。在"事件 002"中复制"形状 002"并粘贴到"事件 004"中，将"事件 004"的"显示 004"中"类型"设置为"几何体"，形成的粒子视图如图 10-35 所示。

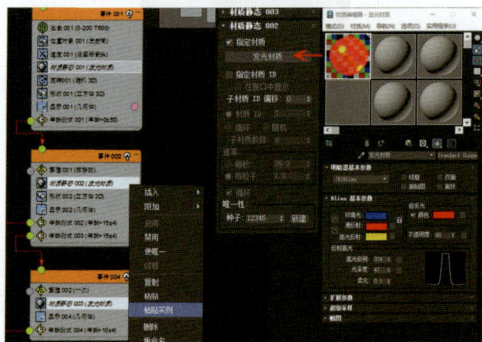

图 10-34　添加"静态材质"并赋予材质

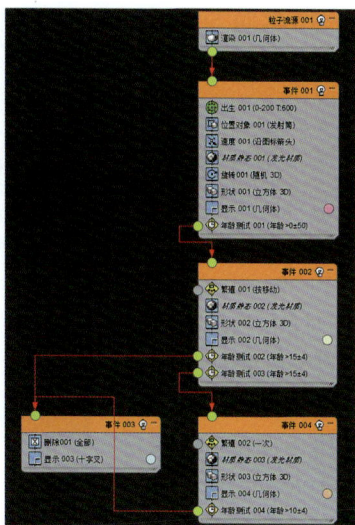

图 10-35 形成的粒子视图

⑫ 调整细节，点击"播放"按钮查看动画效果（图 10-36）。

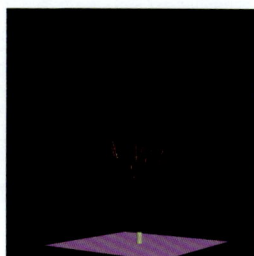

（a）第 39 帧

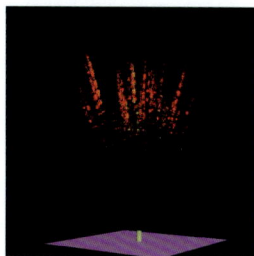

（b）第 97 帧

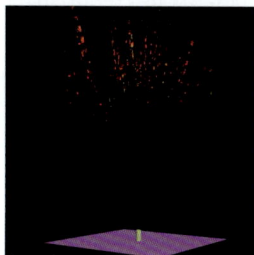

（c）第 137 帧

图 10-36 最终动画效果

10.1.3 非事件驱动粒子

3ds Max 软件的非事件驱动粒子系统提供了程序化的粒子对象生成方式，可以模拟雪、雨、烟雾等效果。非事件驱动粒子系统包括喷射、雪、超级喷射、暴风雪、粒子云和粒子阵列等。

（1）喷射

喷射粒子系统用于模拟雨、水龙头喷水等动画（图 10-37）。

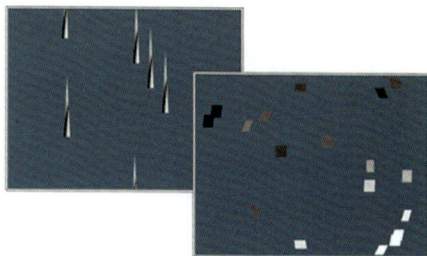

图 10-37 喷射粒子效果

（2）雪

雪粒子系统用于模拟降雪或纸屑等，其功能与喷射粒子系统类似，但是可以生成翻转的雪花，渲染选项也有所不同（图 10-38）。

图 10-38 雪粒子效果

（3）超级喷射

超级喷射粒子系统可以发射受控制的粒子，效果与简单的喷射粒子系统类似，并增加了一些新型粒子系统的功能（图 10-39）。

图 10-39 超级喷射粒子效果

（4）暴风雪

暴风雪粒子系统比雪粒子系统更强大、更高级，提供了雪粒子系统的所有功能以及一些其他的特色功能（图10-40）。

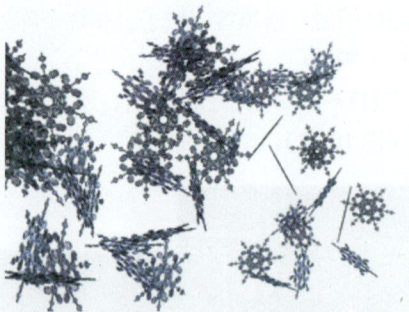
图10-40　暴风雪粒子效果

（5）粒子云

粒子云粒子系统可以生成群体粒子，如一群鸟、一队士兵等，可以使用体积工具（长方体、球体或圆柱体）限制粒子，也可以使用场景中模型作为体积工具（图10-41）。

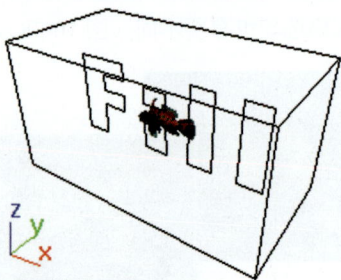
图10-41　粒子云粒子效果（基于对象的发射器）

（6）粒子阵列

粒子阵列粒子系统提供两种类型的粒子效果，发射器可将模型对象作为粒子发射，用于创建复杂的模型分布效果（图10-42）。

图10-42　粒子阵列粒子效果

10.1.4　粒子阵列参数

下面以粒子阵列为例讲解各参数卷展栏。

（1）"基本参数"卷展栏

该卷展栏创建和调整粒子系统的大小，拾取分布对象等（图10-43）。

"基于对象的发射器"组

拾取对象：单击此按钮，选择场景中的某个对象为发射器，作为形成粒子的源几何体或作为对象碎片的粒子源几何体。

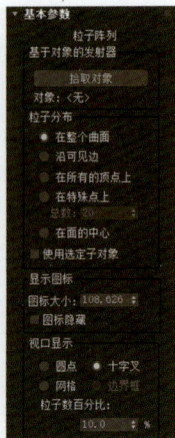
图10-43　"基本参数"卷展栏

"粒子分布"组

设置粒子的分布效果（图10-44）。

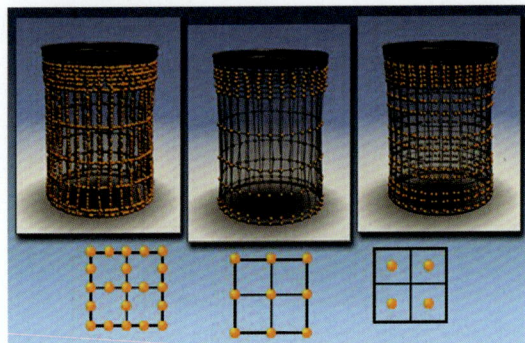
图10-44　粒子在对象上的分布方式

在整个曲面：在对象的整个曲面上随机发射粒子。

沿可见边：从对象的可见边随机发射粒子。

在所有的顶点上：从对象的顶点发射粒子。

在特殊点上：在对象曲面上随机分布指定数目的发射器点。

在面的中心：从每个三角面中心发射粒子。

"显示图标"组

图标大小：用于调整图标的大小参数。

图标隐藏：勾选之后隐藏图标。

"视口显示"组

圆点：粒子显示为圆点。

十字叉：粒子显示为十字叉。

网格：粒子显示为实体模型。

边界框：仅用于实例几何体，每个粒子显示

为边界框。

粒子数百分比：以渲染粒子数百分比的形式指定视图中显示的粒子数。默认设置为10%。

（2）"粒子生成"卷展栏

该卷展栏控制粒子产生的时间和速度、粒子的移动方式以及粒子的大小（图10-45）。

"粒子数量"组

使用速率：设置每帧产生的粒子数。

使用总数：设置使用寿命内产生的粒子总数。

图10-45 "粒子生成"卷展栏

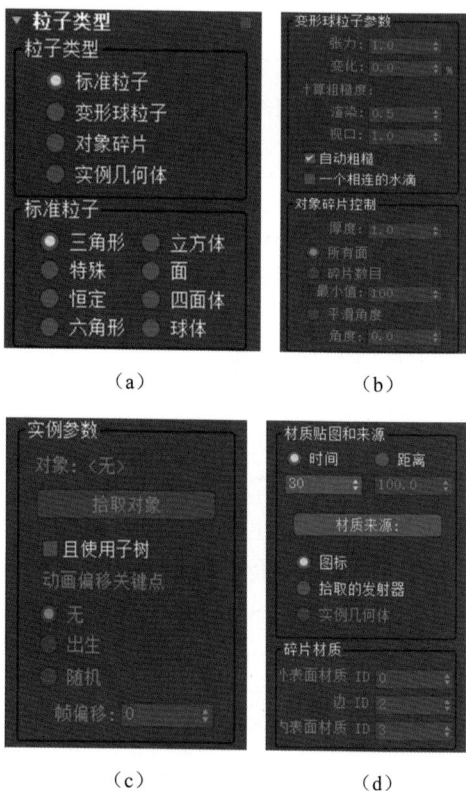

"粒子运动"组

速度：粒子出生时的速度，以每帧移动的单位计数。

变化：为粒子的发射速度赋予一定的速度变化。

散度：为粒子的发射方向赋予一定的角度变化。

"粒子计时"组

发射开始：设置粒子开始在场景中出现的帧。

发射停止：设置粒子发射的最后一帧。

显示时限：设置所有粒子消失的帧。

寿命：设置粒子的寿命。

变化：为粒子的寿命赋予一定的变化。

子帧采样：以较高的帧分辨率对粒子采样，提高渲染质量。

"粒子大小"组

大小：指定系统中所有粒子的大小。

变化：对粒子的大小赋予一定的变化。

增长耗时：粒子从产生至增长到设置的大小值所经历的帧数。

衰减耗时：粒子在消失前缩小到设置的大小值的1/10所经历的帧数。

（3）"粒子类型"卷展栏

该卷展栏控制粒子类型、贴图类型等（图10-46）。

（a）

（b）

（c）

（d）

图10-46 "粒子类型"卷展栏

"粒子类型"组

根据所选选项的不同，"粒子类型"卷展栏下部会出现不同的参数。其中，"标准粒子"有多种几何体类型，如三角形、立方体、四面体等；"变形球粒子"由单独的粒子以水滴或粒子流形式混合形成；"对象碎片"使用模型对象的碎片创建粒子，只有粒子阵列可以使用该选项，擅长制作爆炸和破碎碰撞的动画；"实例几何体"生成的粒子是模型对象或组的实例，实例几何体粒子对创建人群、生物群或对象流非常高效。

"标准粒子"组

提供了三角形、立方体、特殊、面、恒定8种几何对象作为粒子。

"变形球粒子参数"组

张力：设置相关粒子与其他粒子混合倾向的紧密度。

变化：设置张力效果的百分比。

计算粗糙度：设置计算变形球粒子的精确程度。

渲染：设置渲染场景中的变形球粒子的粗

糙度。

视口：设置视图显示的粗糙度。

自动粗糙：启用该选项，会根据粒子大小自动设置渲染粗糙度，视图粗糙度会设置为渲染粗糙度的两倍。

一个相连的水滴：如果禁用该选项，将计算所有粒子；如果启用该选项，仅计算和显示彼此相连或邻近的粒子。

"对象碎片控制"组

厚度：设置碎片的厚度。

所有面：对象的每个面均成为粒子。

碎片数目：将对象破碎成不规则的碎片。

最小值：指定将出现的碎片的最小数目。

平滑角度：对象会根据指定的面法线夹角形成碎片。

"实例参数"组

拾取对象：单击此按钮，可以拾取视图中的模型作为粒子使用。

且使用子树：启用该选项，可以将拾取对象的链接子对象包含到粒子中。

动画偏移关键点：此选项可以指定粒子的动画计时。其中，"无"表示每个粒子复制原对象的计时；"出生"表示粒子将使用相同的开始时间设置动画；"随机"通过帧偏移设置开始时间，如果帧偏移设置为"0"，此选项相当于"无"。

"材质贴图和来源"组

时间：从粒子出生开始完成粒子贴图所需的帧数。

距离：从粒子出生开始完成粒子贴图所需的距离。

材质来源：粒子使用此选项指定的材质。

图标：粒子使用系统图标指定的材质。

拾取的发射器：粒子使用分布对象的材质。

实例几何体：粒子使用实例几何体的材质。

"碎片材质"组

外表面材质 ID：为碎片的外表面指定面 ID 编号。

边 ID：为碎片的边指定子材质 ID 编号。

内表面材质 ID：为碎片的内表面指定子材质 ID 编号。

（4）"旋转和碰撞"卷展栏

该卷展栏可以设置粒子的旋转、运动模糊效果，并控制粒子间碰撞（图 10-47）。

"自旋速度控制"组

自旋时间：粒子一次旋转的帧数。如果设置为 0，则不进行旋转。

变化：自旋时间变化的百分比。

相位：设置粒子的初始旋转角度。

变化：相位变化的百分比。

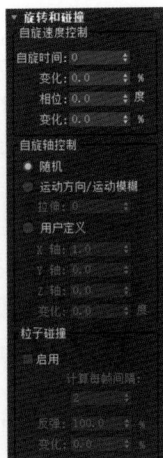

图 10-47 "旋转和碰撞"卷展栏

"自旋轴控制"组

控制对象的自选轴。其中，"随机"表示每个粒子的自旋轴是随机的；"运动方向 / 运动模糊"表示围绕由粒子移动方向形成的向量旋转粒子，如果"拉伸"大于 0，则粒子根据其速度沿运动轴拉伸；"用户定义"使用 X 轴、Y 轴和 Z 轴微调器设置的向量，"变化"表示设置 3 个轴向自旋的变化百分比值。

"粒子碰撞"组

启用：在计算粒子移动时启用粒子间碰撞。

计算每帧间隔：设置每个渲染间隔的间隔数。

反弹：在碰撞后速度恢复的程度。

变化：应用于粒子的反弹值的随机变化百分比。

（5）"对象运动继承"卷展栏

该卷展栏设置粒子移动的位置和方向等（图 10-48）。

图 10-48 "对象运动继承"卷展栏

影响：设置继承运动的粒子所占的百分比。

倍增：修改发射器运动影响粒子运动的量。

变化：提供"倍增"值变化的百分比。

（6）"粒子繁殖"卷展栏

该卷展栏设置粒子在碰撞或消亡时繁殖其他粒子（图10-49）。

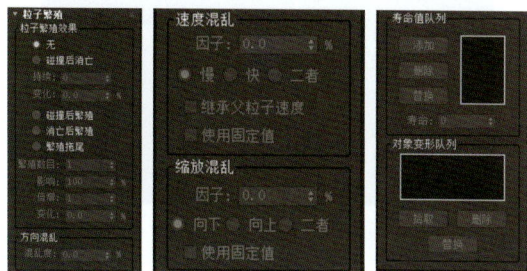

图10-49 "粒子繁殖"卷展栏

"粒子繁殖效果"组

设置粒子在碰撞或消亡时发生的效果。其中，"无"表示不产生任何繁殖效果，粒子按照初始方式运动；"碰撞后消亡"表示粒子在碰撞到导向器后消失；"持续"可以设置粒子在碰撞后持续的帧数；"变化"可以设置粒子在碰撞后发生的随机变化；"碰撞后繁殖"表示与导向器碰撞时产生繁殖效果；"消亡后繁殖"表示粒子寿命结束时产生繁殖效果；"繁殖拖尾"表示在粒子寿命的结束帧繁殖粒子。

繁殖数目：除原粒子以外的繁殖数。

影响：指定将繁殖的粒子的百分比。

倍增：倍增每个繁殖事件繁殖的粒子数。

变化：指定"倍增"值变化的百分比范围。

"方向混乱"组

混乱度：设置繁殖粒子继承父粒子运动方向变化的量。

"速度混乱"组

随机改变繁殖粒子与父粒子的相对速度。

因子：繁殖粒子的速度相对于父粒子的速度变化的百分比范围。

慢：应用速度因子减慢繁殖粒子的速度。

快：应用速度因子加快繁殖粒子的速度。

二者：根据速度因子加快一些粒子速度，减慢其他粒子速度。

继承父粒子速度：繁殖粒子继承父粒子的

速度。

使用固定值：将"因子"值作为设置值。

"缩放混乱"组

设置粒子应用随机缩放。

因子：为繁殖粒子确定相对于父粒子的随机缩放百分比范围。

向下：随机缩小繁殖的粒子，使其小于其父粒子。

向上：随机放大繁殖的粒子，使其大于其父粒子。

二者：将繁殖的粒子缩放至大于和小于其父粒子。

使用固定值：将"因子"值作为固定值。

"寿命值队列"组

设置指定繁殖粒子的备选寿命值列表。

[列表窗口]：显示寿命值的列表。

添加：将"寿命"值加入列表窗口。

删除：删除列表窗口中当前高亮显示的值。

替换：使用"寿命"微调器的值替换队列中的值。

寿命：设置一个值，并添加到列表窗口。

"对象变形队列"组

[列表窗口]：显示实例化粒子的对象的列表。

拾取：单击此选项选，择要加入列表的对象。

删除：删除列表窗口中高亮显示的对象。

替换：使用其他对象替换队列中的对象。

10.1.5 案例：喷泉动画的制作

案例学习目标：学习超级喷射粒子系统和喷射粒子系统的操作方式和参数调节。

案例知识要点：掌握超级喷射粒子系统的创建方式和粒子事件的设置方式，通过不同粒子参数的设置和力学效果的添加，来完成喷泉效果的制作。

效果所在位置：本书配套文件包＞第10章＞案例：喷泉动画的制作。

① 打开初始模型，查看模型效果（图10-50）。

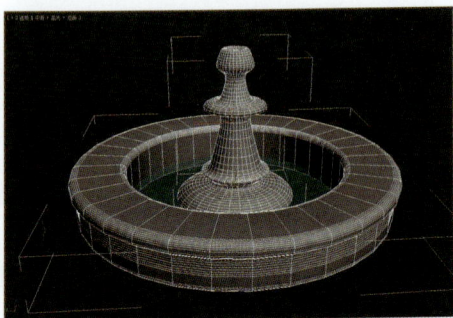

图 10-50　打开场景文件

②　单击 ➕（创建）> ⬤（几何体）> "粒子系统" > "超级喷射"，在场景中创建一个超级喷射粒子系统，进入修改面板将"粒子分布"组的"轴偏离"设置为"45"，"扩散"设置为"180"，将"平面偏离"设置为"90"，"扩散"设置为"180"，"图标大小"设置为"20"，并将粒子图标移动到喷泉的出水孔处，查看粒子动画效果（图 10-51）。

图 10-51　创建"超级喷射"并修改参数

③　点击 ➕（创建）> 〰（空间扭曲）> "力" > "重力"，在场景中创建一个重力（图 10-52）。

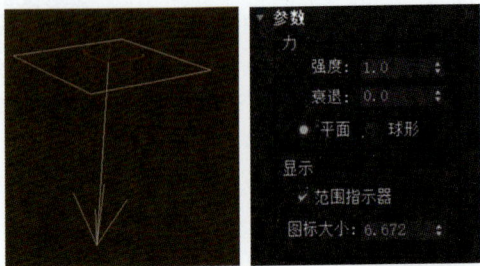

图 10-52　创建重力

④　在主工具栏面板中单击 🔗（绑定到空间扭曲），选择"重力"并单击鼠标左键不放，将

光标移动到"超级喷射粒子"上并松开鼠标，拖动时间滑块发现粒子会受到重力的影响而下落（图 10-53）。

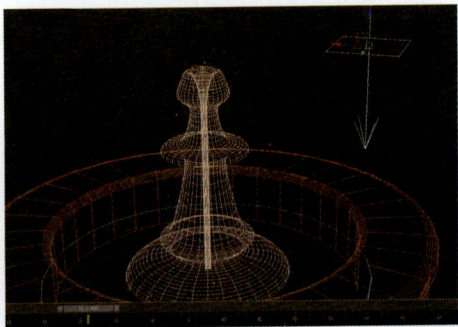

图 10-53　绑定"重力"

⑤　单击 ➕（创建）> ⬤（几何体）> "粒子系统" > "喷射"，在顶视图创建一个喷射粒子系统，粒子喷射方向朝上，打开"参数"卷展栏，将"粒子"组的"视口计数"和"渲染计数"设置为"1500"，"水滴大小"设置为"7.5"，"速度"设置为"3"，"变化"设置为"0.8"，将"计时"组的"开始"设置为"–40"，"寿命"设置为"60"，"发射器"组的"宽度""长度"设置为"15"，随后使用旋转工具，沿着喷泉的中心旋转复制 5 个（图 10-54）。

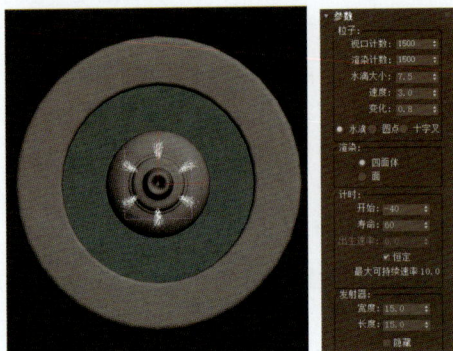

图 10-54　创建"喷射"并修改参数

⑥　选择 6 个喷射粒子，使用 🔗（绑定到空间扭曲）工具将喷射粒子绑定到重力，拖动时间滑块发现粒子效果如图 10-55 所示。

⑦　选择超级喷射粒子，进入修改面板，打开"基本参数"卷展栏，将"视口显示"组选择为"网格"，"粒子数百分比"设置为"100"。打开"粒子生成"卷展栏，将"使用速率"下

图 10-55　绑定重力的喷射粒子

的参数设置为"1000"，"粒子运动"组的"速度"设置为"15"，"粒子计时"组的"发射开始"设置为"-30"，"发射停止"设置为"100"，"粒子大小"组的"大小"设置为"1.5"，"变化"设置为"20"（图 10-56）。

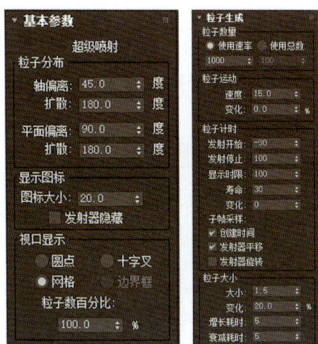

图 10-56　设置"超级喷射粒子"参数

⑧ 调整细节，最终效果如图 10-57 所示。

（a）第 8 帧

（b）第 47 帧

图 10-57　最终动画效果

10.2　空间扭曲

3ds Max 软件的空间扭曲可以影响目标对象的外形，一般将其绑定到目标对象上，使目标对象产生变形。空间扭曲在视图中显示为网格框架，可以作用于一个对象或多个对象，创建爆炸、涟漪、波浪等效果（图 10-58）。同样，一个目标对象也可以受到多个空间扭曲的同时控制，空间扭曲的影响效果与目标对象的距离相关。

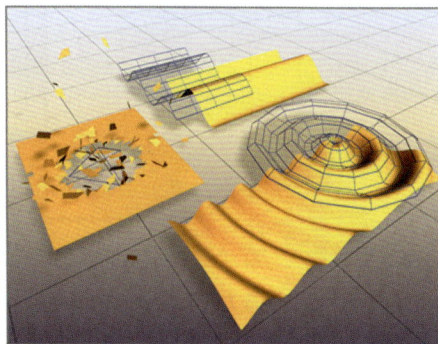

图 10-58　空间扭曲效果

一些空间扭曲专门用于可变形对象，如几何体、面片和样条线等；一些空间扭曲用于粒子系统，如喷射、雪等。此外，重力、粒子爆炸、风力、马达和推力 5 种空间扭曲可以用于粒子系统，也可以用于动力学动画。

10.2.1　力

力空间扭曲位于 ➕（创建）> 〰（空间扭曲）>"力"列表，主要是为粒子系统施加一种外力，从而改变粒子的运动方向或速度（图 10-59）。常用的有以下几种。

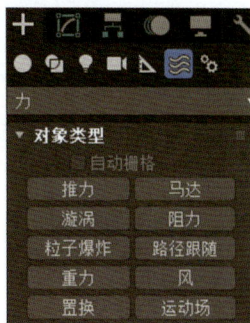

图 10-59　力空间扭曲种类

（1）推力

"推力"将均匀的单向力施加于粒子系统（图10-60）。"推力"空间扭曲没有宽度界限，其宽幅与力的方向垂直。通过"范围"选项设置参数可以对其进行限制。

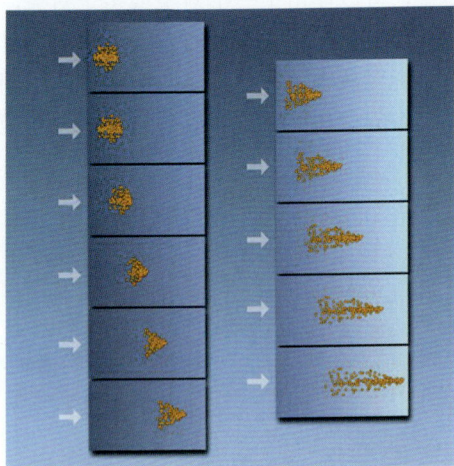

图10-60 "推力"驱散云状粒子

（2）马达

"马达"的作用类似于"推力"，但"马达"对粒子或对象应用的是转动扭曲而不是定向力（图10-61）。"马达"图标的位置和方向都会对围绕其旋转的粒子产生影响。

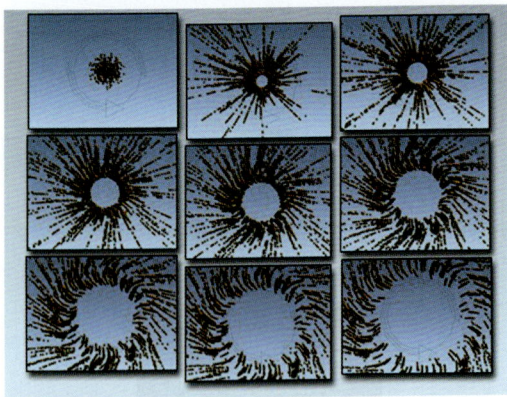

图10-61 "马达"驱散云状粒子

（3）漩涡

"漩涡"应用于粒子系统时，可以使粒子在急转的旋涡中旋转，形成一个长而窄的喷流或旋涡井（图10-62）。"漩涡"可以用于创建黑洞、涡流、龙卷风和其他对象。

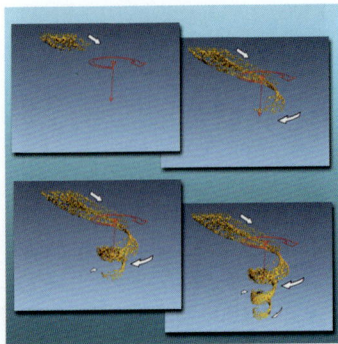

图10-62 "漩涡"捕获的粒子流

（4）阻力

"阻力"是一种按照指定量降低粒子速率的运动阻尼器。应用阻尼的方式可以是线形、球形或者柱形（图10-63）。"阻力"可用于模拟风阻、水阻、力场阻力以及其他类似效果。

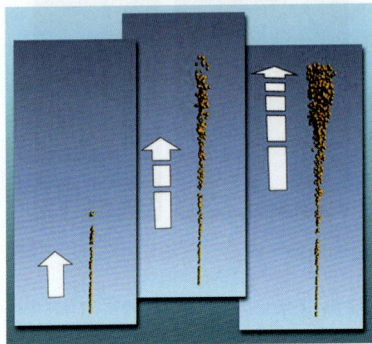

图10-63 "阻力"降低粒子流的速度

（5）粒子爆炸

"粒子爆炸"可用于创建应用于粒子系统爆炸的冲击波，它有别于使几何体爆炸的爆炸空间扭曲（图10-64）。"粒子爆炸"尤其适合"粒子类型"设置为"对象碎片"的粒子阵列系统。

图10-64 环形结爆炸的效果

（6）路径跟随

"路径跟随"空间扭曲可以强制粒子沿螺旋形路径运动（图10-65）。

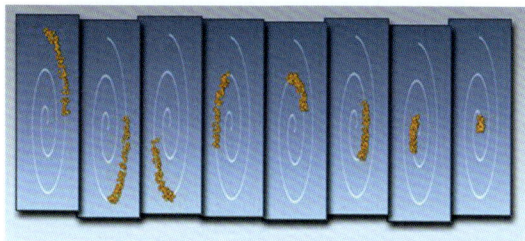

图10-65　粒子沿螺旋形路径运动

（7）重力

"重力"可以模拟自然重力效果，也可以用于动力学模拟（图10-66）。"重力"具有方向性，沿重力箭头方向的粒子进行加速运动，逆着箭头方向运动的粒子呈减速状。

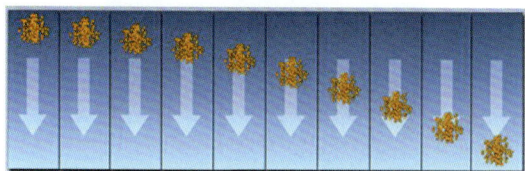

图10-66　"重力"导致粒子降落

（8）风

"风"模拟自然界风吹的效果，也可用于动力学模拟（图10-67）。"风"具有方向性，顺着风力箭头方向运动的粒子呈加速状，逆着箭头方向运动的粒子呈减速状。

图10-67　风力改变喷泉喷射方向

（9）置换

"置换"以力场的形式推动和重塑对象的几何外形，可以作用于几何体、粒子系统等（图10-68）。

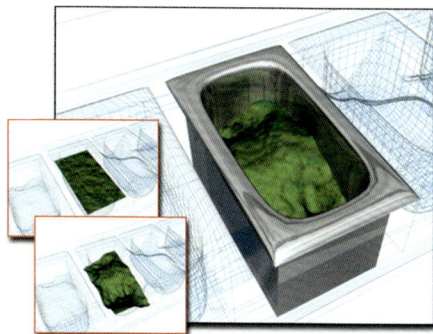

图10-68　"置换"制作水波效果

10.2.2　导向器

导向器可以使粒子发生偏转，一般需要配合粒子系统使用。

"泛方向导向板"空间扭曲：该导向板是一种平面泛方向导向器，能提供折射和繁殖能力（图10-69）。

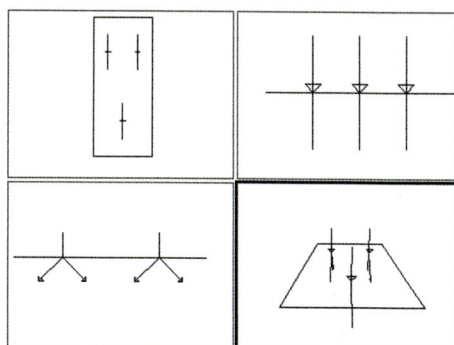

图10-69　"泛方向导向板"视口图标

"泛方向导向球"空间扭曲：该导向球的一种球形泛方向导向器，提供球形的导向表面（图10-70）。

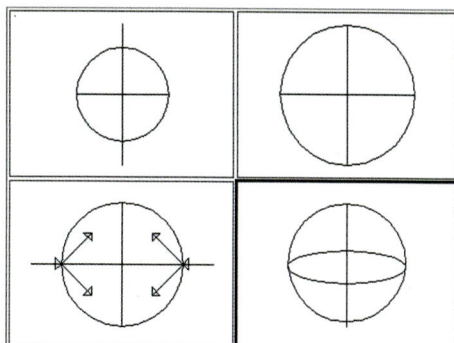

图10-70　"泛方向导向球"视口图标

"全泛方向导向"空间扭曲：该导向能够使用其他任意几何对象作为粒子导向器（图10-71）。

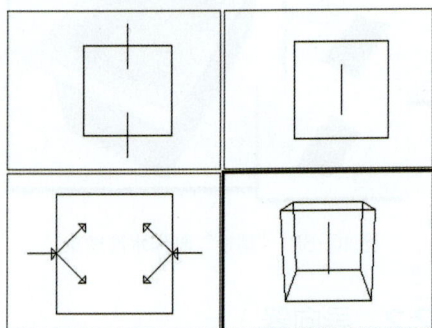

图10-71 "全泛方向导向"视口图标

"导向球"空间扭曲：该导向球起到球形粒子导向器的作用（图10-72）。

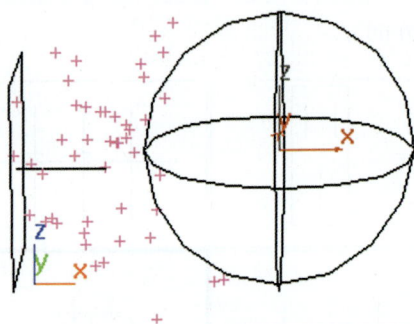

图10-72 "导向球"排斥粒子

"全导向器"空间扭曲：该导向器可以设置任意对象作为粒子导向器（图10-73）。

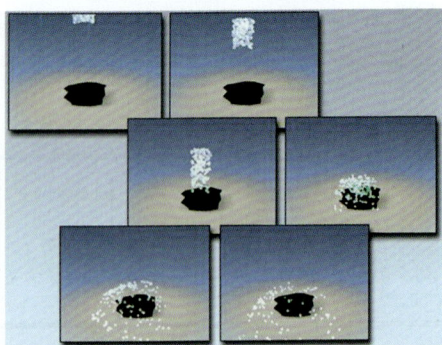

图10-73 粒子撞击"全导向器"后四处散开

"导向器"空间扭曲：该导向器能排斥粒子系统的粒子，起到防护板的作用。与重力结合可以生成瀑布或喷泉效果（图10-74）。

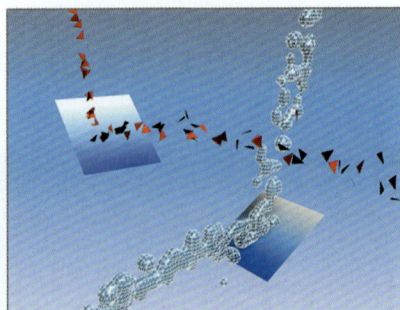

图10-74 两股粒子流撞击两个"导向器"

10.2.3 几何/可变形

几何/可变形主要用于使几何体变形，包括FFD（自由形式变形）、波浪、涟漪、爆炸等（图10-75）。

图10-75 几何/可变形

（1）FFD（圆柱体）

通过调整晶格控制点使对象发生变形，其晶格使用柱形阵列，其卷展栏如图10-76所示。

"尺寸"组

长度/宽度/高度：设置晶格的长度、宽度和高度。

[控制点显示]：显示晶格控制点数目，如4×8×4。

设置点数：设置晶格控制点的点数。

"显示"组

晶格：该选项可以绘制连接控制点的栅格。

源体积：打开该选项时，控制点和晶格会以未修改的状态显示。

"变形"组

仅在体内：打开该选项时，只有位于源体积内的顶

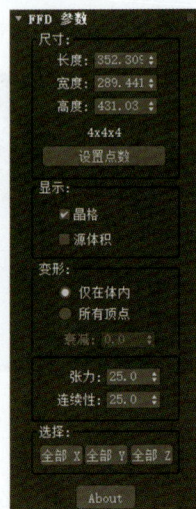

图10-76 "FFD参数"卷展栏

点会变形，源体积外的顶点不受影响。

所有顶点：启用时，所有顶点都会变形。

衰减：该参数仅在选择"所有顶点"时可用。设置为 0 时，不存在衰减。

张力 / 连续性：调整样条线的张力和连续性。

"选择"组

全部 X/ 全部 Y/ 全部 Z：打开其中一个按钮并选择一个控制点时，沿着该按钮的指定维度所有控制点都会被选中。打开两个按钮，可以选择两个维度中的所有控制点。

（2）"波浪"

"波浪"可用于创建线性波浪，可用于影响某个对象或多个对象（图 10-77）。其参数卷展栏如图 10-78 所示。

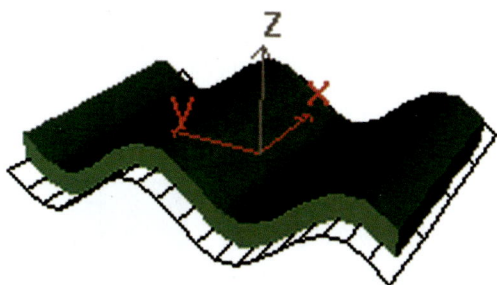

图 10-77　"波浪"变形效果

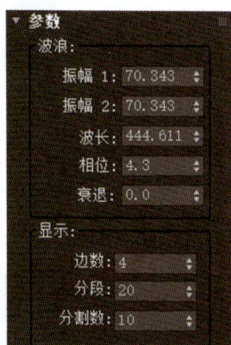

图 10-78　"波浪"参数卷展栏

"波浪"组

这些选项控制波浪效果。

振幅 1/ 振幅 2：设置沿扭曲对象的局部 X 轴的波浪振幅。

波长：以活动单位数设置每个波浪沿其局部 Y 轴的长度。

相位：从波浪对象的中央开始移动波浪的位置。

衰退：增加该值时，振幅从波浪扭曲对象的所在位置开始随距离的增加而减弱。

"显示"组

这些选项控制波浪扭曲 Gizmo 的几何体。

边数：设置沿波浪对象的 X 轴的边分段数。

分段：设置沿波浪对象的 Y 轴的分段数目。

分割数：在不改变波浪效果的情况下，调整波浪图标的大小。

（3）"涟漪"

"涟漪"可用于创建同心波纹（图 10-79）。"涟漪"空间扭曲可用于影响多个对象，或在世界空间中影响某个对象，其参数卷展栏如图 10-80 所示。"涟漪"参数与"波浪"参数类似，不再赘述。

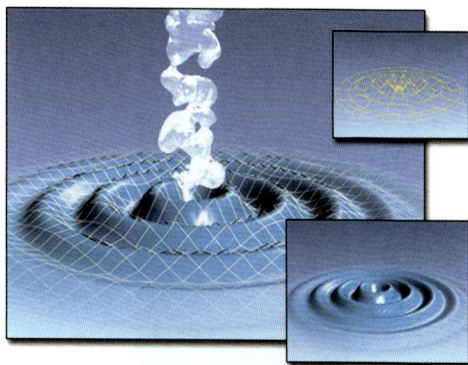

图 10-79　使用"涟漪"使表面变形

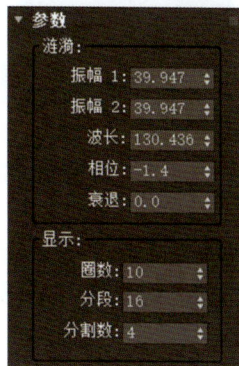

图 10-80　"涟漪"参数卷展栏

（4）"爆炸"

"爆炸"用于制作对象的炸开效果（图 10-81）。其参数卷展栏如图 10-82 所示。

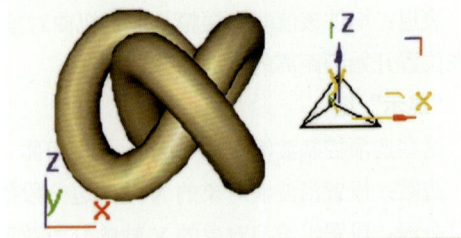

（a）

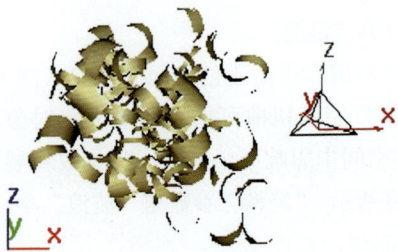

（b）

图 10-81　环形结的爆炸效果

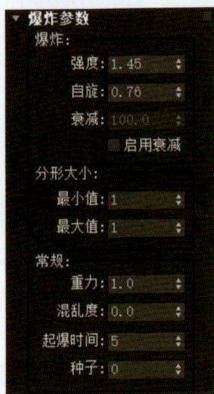

图 10-82　"爆炸"参数卷展栏

"爆炸"组

强度：设置爆炸力。对象离爆炸点越近，爆炸的效果越强。

自旋：碎片旋转的速率，以每秒转数表示。

衰减：爆炸范围的距离，以单位数表示。

启用衰减：勾选该选项即可使用"衰减"设置。

"分形大小"组

该参数决定每个碎片的面数。

最小值：指定"爆炸"随机生成碎片的最小面数。

最大值：指定"爆炸"随机生成碎片的最大面数。

"常规"组

重力：设置由重力产生的加速度。重力的方向总是世界坐标系 Z 轴方向。重力可以为负。

混乱度：增加爆炸的随机变化，使其不均匀。

起爆时间：指定爆炸开始的帧。

种子：设置爆炸中随机生成的数目。

10.2.4　案例：爆炸药丸的制作

案例学习目标：学习粒子系统和空间扭曲力场的操作方式和参数调节。

视频教程

案例知识要点：掌握基础粒子系统的创建方式，通过粒子基础参数的设置和力空间扭曲完成喷泉效果的制作。

效果所在位置：本书配套文件包＞第 10 章＞案例：爆炸药丸的制作。

① 打开初始模型，查看场景效果（图 10-83）。

② 单击 ✚（创建）＞ ⬤（几何体）＞"粒子系统"＞"超级喷射"，在顶视图中创建一个超级喷射粒子，进入"基本参数"卷展栏中，将"显示图标"

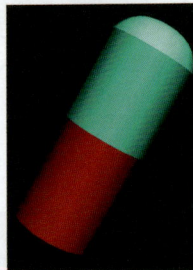

图 10-83　打开初始模型

组中"图标大小"设置为"15"，将粒子图标置于胶囊的中心位置如图 10-84 所示。

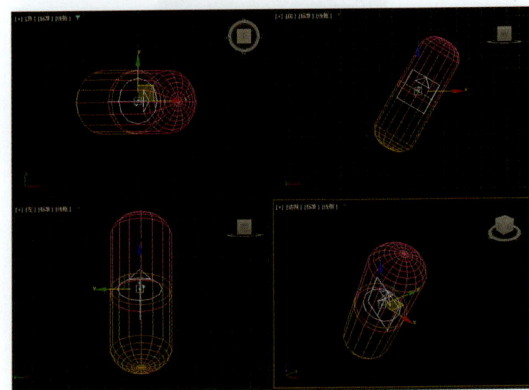

图 10-84　创建超级喷射粒子系统

③ 进入修改面板，打开"基本参数"卷展栏，将"粒子分布"组的"轴偏离"下的"扩散"设置为"180"，"平面偏离"下的"扩散"设置为"180"，"视口显示"设置为"网格"，"粒子数百分比"设置为"100"；打开"粒子生成"卷展栏，选择"使用总数"，将"粒子运动"组的"速度"设置为"2"，将"粒子计时"组的"发射停止"设置为"25"，"寿命"设置为"80"，将"粒子大小"组的"大小"设置为"3.5"；打开"粒子类型"卷展栏，将"标准粒子"设置为"球体"（图10-85）。拖动时间滑块查看动画效果（图10-86）。

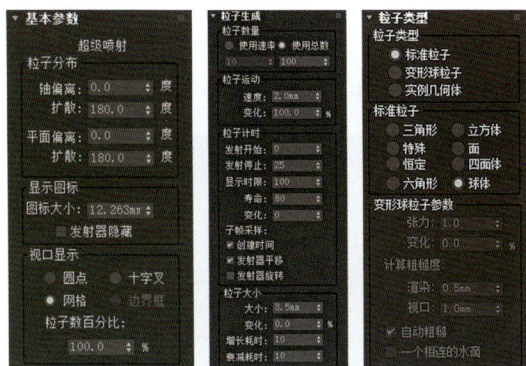

图10-85 设置超级喷射粒子参数

图10-86 查看动画效果（1）

④ 单击 ✚（创建）＞ 〰（空间扭曲）＞"导向器"＞"导向球"，在胶囊中心创建一个导向球，进入修改面板，打开"基本参数"卷展栏，将"粒子反弹"组的"反弹"设置为"0.3"，将"显示图标"的"直径"设置为80（图10-87）。选择"超级喷射粒子"使用 〰（绑定到空间扭曲）绑定到导向球，在拖动时间滑块时发现粒子会受到导向球的约束（图10-88）。

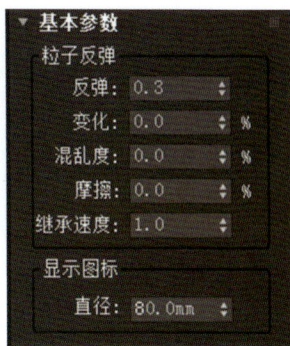

图10-87 导向球设置参数

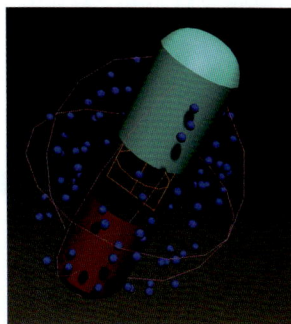

图10-88 查看动画效果（2）

⑤ 单击 ✚（创建）＞ 〰（空间扭曲）＞"力"＞"马达"，进入顶视图，在胶囊中心创建马达，进入修改面板，在"参数"卷展栏中，将"计时"组的"开始时间"设置为"20"，"结束时间"设置为"100"，将"强度控制"组的"基本扭矩"设置为"10"，选择"Lb-in"并勾选"启用反馈"，将"显示图标"组的"图标大小"设置为"20"（图10-89）。选择"超级喷射粒子"使用 〰（绑定到空间扭曲）绑定到马达，拖动时间滑块发现粒子会受到马达的影响而聚集（图10-90）。

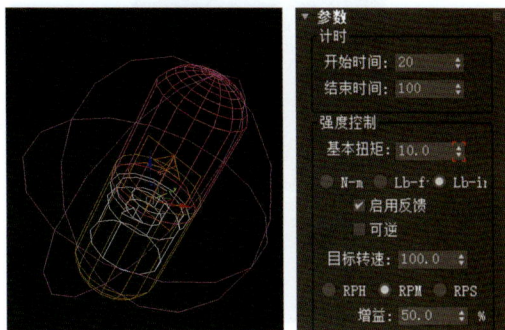

图10-89 马达"参数"设置

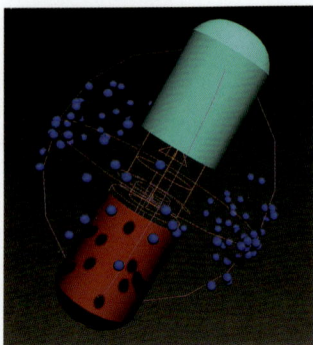

图 10-90　查看动画效果（3）

⑥ 点击快捷键 M 打开"材质编辑器"对话框，通过"多维/子对象"材质设置三个不同颜色的子材质，并直接赋予给超级粒子系统，效果如图 10-91 所示。

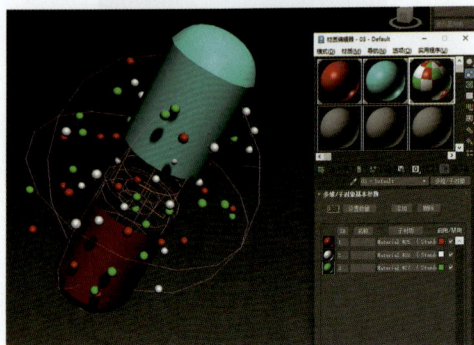

图 10-91　设置"多维/子对象"材质

⑦ 设置动画。将时间滑块拖动到第 0 帧，开启"自动关键点"，选择"胶囊 1""胶囊 2"并点击 ➕（设置关键点）创建第一个关键帧（图 10-92）。将时间滑块拖动到第 30 帧，将"胶囊 1""胶囊 2"朝相反的方向移动，生成第二个关键帧（图 10-93）。

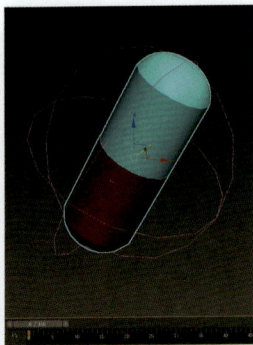

图 10-92　创建第一个关键帧

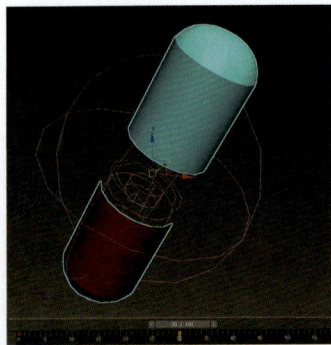

图 10-93　生成第二个关键帧

⑧ 选择马达，将时间滑块拖动到第 0 帧，选择"基本扭矩"设置为"10"，并点击 ➕（设置关键点）创建第一个关键帧。将时间滑块拖动到第 100 帧，选择"基本扭矩"设置为"20"，生成第二个关键帧（图 10-94）。

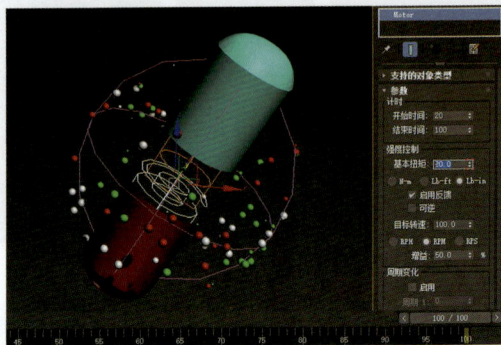

图 10-94　设置"基本扭矩"

⑨ 调整细节，点击"播放"按钮查看动画效果（图 10-95）。

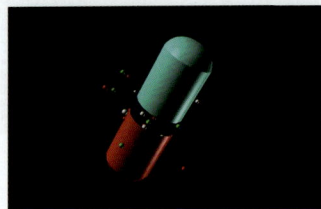

（a）第 15 帧

（b）第 41 帧

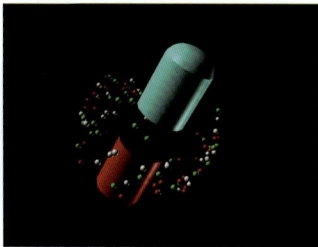

(c) 第 92 帧

图 10-95　最终动画效果

10.3　课堂实训：流体动画的制作

课堂实训目标：学习粒子流源的操作方式和参数调节，理解力在粒子系统中的应用方法。

课堂实训要点：掌握粒子流源的创建方式和粒子事件的设置调整，通过与力效果的组合完成流体动画的制作。

效果所在位置：本书配套文件包＞第 10 章＞课堂实训：流体动画的制作。

① 打开流体制作的初始文件，如图 10-96 所示。

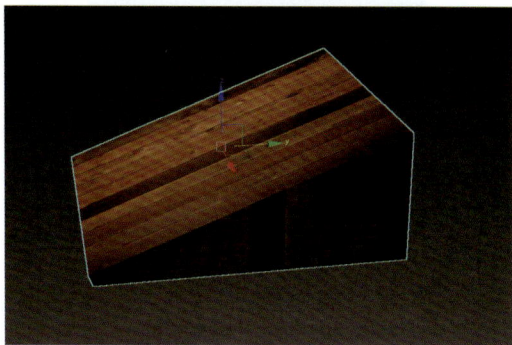

图 10-96　打开初始文件

② 单击 ✚（创建）＞ ⬤（几何体）＞ "粒子系统" ＞ "粒子云"，在木箱上方创建一个粒子云，在 "基本参数" 卷展栏中，将 "显示图标" 组的 "半径/长度" "宽度" "高度" 都设置为 "50"，将 "视口显示" 设置为 "网格"（图 10-97）。

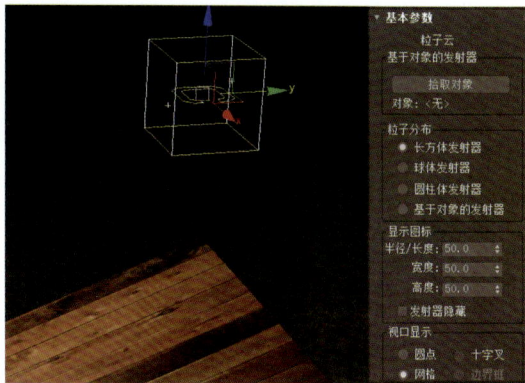

图 10-97　创建粒子云

③ 打开 "粒子生成" 卷展栏，将 "粒子数量" 组选择为 "使用速率" 并将参数设置为 "2"；将 "粒子计时" 组的 "发射停止" 设置为 "100"，"粒子大小" 组的 "大小" 设置为 "30"，"变化" 设置为 "20"（图 10-98）。

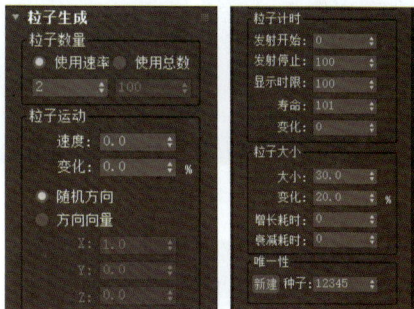

图 10-98　设置 "粒子生成" "粒子计时"

④ 单击 ✚（创建）＞ 〰（空间扭曲）＞ "导向器" ＞ "泛方向导向板"，创建一个泛方向导向板，并放置于木箱的斜坡（图 10-99）。调节参数，将 "反射" 组的 "反弹" 设置为 "0.4"，将 "公用" 组的 "摩擦力" 设置为 "30"，将 "显示图标" 组的 "宽度" "高度" 设置为 "230" "250"（图 10-100）。

图 10-99　创建泛方向导向板

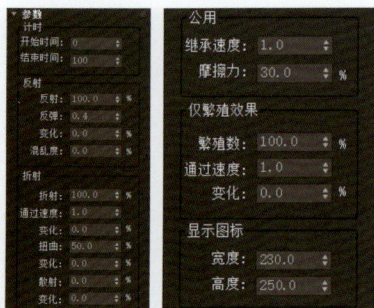

图 10-100　调整泛方向导向板参数

⑤ 在场景中创建一个重力，创建完成的场景如图 10-101 所示。选择粒子云使用 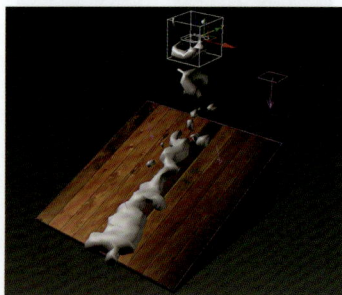（绑定到空间扭曲）绑定到重力。同理，使用同样的方法将粒子云绑定到泛方向导向板，如图 10-102 所示。

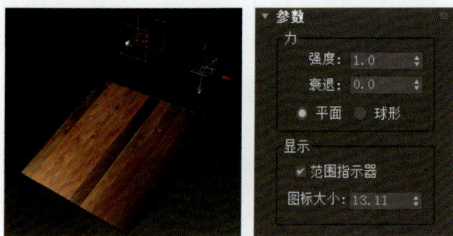

图 10-101　创建重力

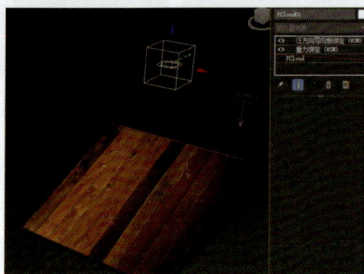

图 10-102　重力、导向板绑定到粒子系统

⑥ 选择粒子云，打开"粒子类型"卷展栏，将"粒子类型"设置为"变形球粒子"（图 10-103）。拖动时间滑块播放动画效果（图 10-104）。

⑦ 打开"材质编辑器"，将设置好的"流体"材质球赋予粒子云，点击快捷键 Shift+Q 快速渲染场景，

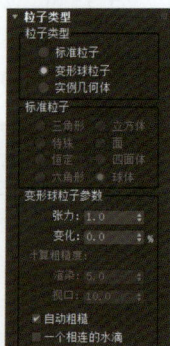

图 10-103　设置"变形球粒子"

如图 10-105 所示。

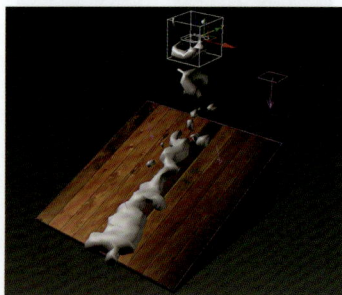

图 10-104　播放动画效果

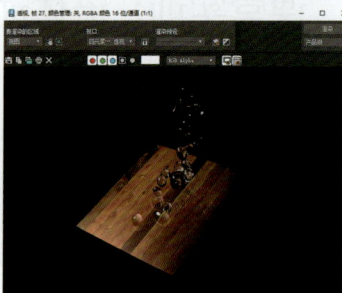

图 10-105　渲染动画场景

⑧ 点击快捷键 8 打开"环境与效果"对话框，在"公用参数"卷展栏勾选"背景"组的"使用贴图"，点击快捷键 Shift+Q 对动画进行快速渲染（图 10-106）。

（a）第 40 帧

（b）第 80 帧

图 10-106　最终动画效果

综合学习粒子流源的使用方式，运用 Find Target 粒子事件来完成 PF Source 粒子聚字动画的设计与制作，实现如图 10-107 所示的动画效果。操作步骤及最终效果文件见本书配套文件包＞第 10 章＞课后拓展：PF Source 粒子聚字动画制作。

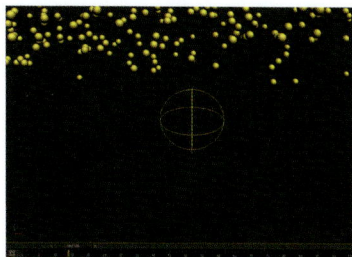 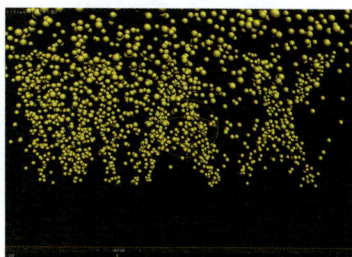 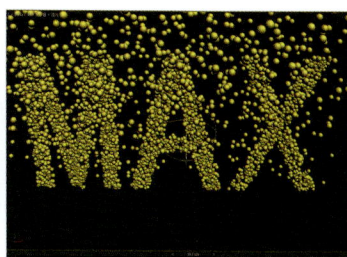

（a）第 14 帧　　　　　　　（b）第 30 帧　　　　　　　（c）第 55 帧

图 10-107　动画效果

参考文献

[1] 唯美世界，曹茂鹏 . 中文版 3ds Max 2023 从入门到精通 [M]. 北京：中国水利水电出版社，2023.

[2] 成健 . 3ds Max 动画设计与制作从新手到高手 [M]. 北京：清华大学出版社，2020.

[3] 马国峰，徐钢涛 . 3ds Max 动画制作案例教程 [M]. 北京：人民邮电出版社，2023.

[4] 梁艳霞 . 3ds Max 三维动画制作技术 [M]. 北京：清华大学出版社，2023.

[5] 张敏，段傲霜，周鹏程 . 3ds Max 三维特效动画实用教程（慕课版）[M]. 西安：西安电子科技大学出版社，2021.